回 路 理 論

工学博士 大石 進一 著

コロナ社

まえがき

There is nothing more practical than a good theory.
— James Clerk Maxwell (英，1831–1879)

　本書では，電磁気学の基礎方程式であるマクスウェルの方程式を公理として仮定し，論理的に回路理論を展開していく。電荷密度と電流密度関数によって，電磁気学的なすべての要素が決まるというのがマクスウェルの方程式の意味するところである。

　本書での最初の学習は，1.1 節で電圧を定義して，キルヒホッフの法則を導くことである。そのためにはベクトル解析の知識が必要である。キルヒホッフの法則を認めてしまうとベクトル解析に基づく解析は必要ないので，最初はキルヒホッフの法則を認めて学習し，のちに 1.1 節に戻るという学び方もある。ついで，集中定数回路モデルを導入する。電磁波による信号伝搬の速度が非常に速く，扱っている回路内の電磁的信号伝搬遅延が無視できるというモデル化が集中定数回路モデルである。

　2 章と 3 章では，線形抵抗回路と非線形抵抗回路について学ぶ。時間的変化のない回路の解析となる。枝電流法と節点解析などの回路方程式の立て方を学ぶ。線形回路方程式は行列によって表される連立一次方程式になる。また，非線形回路については非線形の連立方程式になる。その解法を学ぶ。特に，非線形抵抗としては MOSFET を 3 端子素子としてモデル化して，MOSFET 回路について伝達関数を導く。重要な例としては，MOS 増幅回路，CMOS インバータ回路，差動増幅回路，演算増幅器を挙げる。CMOS インバータ回路を除き，基本的には信号を増幅し，信号処理を行うアナログ電子回路の基礎となるものである。一方，CMOS インバータ回路はコンピュータを構成する基礎となるディ

ジタル電子回路の基礎となる。

4章では，線形回路のダイナミックスを調べる。そのために，回路の状態方程式の導出法を学ぶ。そして，その方程式の初期値問題の解の存在と一意性を証明する。これを基礎として，線形回路のダイナミックスの取扱い法を学ぶ。線形回路方程式の解は特解と行列の指数関数の和となる。ここでは，行列の指数関数の構成法を学ぶ。本書ではラプラス変換によらずに固有値と固有ベクトルを計算して行列の指数関数を構成する方法を説明する。その効用としてディラックのデルタ関数などの超関数を回路入力の範囲外とし，リプシッツ連続な入力関数の範囲内に限ることができる。これにより回路方程式の解の一意性の成り立つ範囲内で議論を閉じることが可能となる。特解の求め方として，複素指数関数励起法とフェーザ法の二つの方法を説明する。漸近安定性を示すことによって，特解が定常状態を表す解であることを説明する。そして，パルス回路の解析を例にとって過渡解析法について説明する。

5章では，フィルタの理論について説明する。まず，古典回路理論の主要な結果の一つとなる「RLC 回路の駆動点インピーダンスは正実関数となる」という定理を証明する。ついで，逆に与えられた正実関数を伝達関数に持つ2ポートを構成する方法について学ぶ。これは逆問題であり，合成される回路は一意的にならない。ここでは，LC はしご型回路の両端に抵抗を終端する，両抵抗終端 LC 回路の構成法を示す。この回路は入力端からの電力が最大に伝送される条件下では素子の値の誤差について一次感度が零となる良い特性を持つものである。ついで，演算増幅器を用いた能動フィルタの構成法と，受動フィルタのインダクタをジャイレータや OTA, FDNR などの素子を用いてシミュレーションする能動フィルタの構成法を示す。

6章では，周期的信号を与えたときの増幅回路の微小信号解析法がガレルキン法と呼ばれる非線形解析の手法として数学的に解釈されることを述べる。ついで，発振回路の発振条件をホップフ分岐理論により解析する。

本書では，集中定数モデルという回路モデルを扱っている。集中定数回路は一般に非線形の常微分方程式で記述される。したがって，この非線形の常微分

方程式の解析が回路解析の主要なテーマとなる．これは，関数をベクトルとして扱う関数解析と呼ばれる数学的な理論によって統一的に扱うことができる．この立場から，非線形回路の直流解析（動作点の決定）や交流解析はガレルキン法と呼ばれる非線形解析の最低次の近似であることを示す．交流解析では波形のひずみは扱うことができないが，ガレルキン法を用いると精度を上げていけるので波形のひずみも扱うことができる．発振回路の発振条件は従来バルクハウゼンの条件がよく知られているが，これは発振のための必要条件にすぎず，力学系理論のホップフ分岐理論に基づき，二次の高調波の振動成分まで考慮することで，安定なリミットサイクルの存在まで示せる十分条件を導けることを述べている．これは従来の回路理論や電子回路の教科書に記述のない，本書の特色になっている．

　回路理論の神髄は工学と技術の総合芸術である電子回路の理論にあると思われるので，本書は電子回路を非線形回路理論の立場から解析し，電子回路の巧みさを解析を通じて理解していくスタイルを採用した．これにより，電気系以外の学生でも本書のみで電気の基礎が応用の先端までわかるように配慮した．また，電気系の学生には回路と電子回路の数学的な取扱いについて他書より詳しく論じることによって貢献することを意図している．

　本書は，通年週1回の講義 (90分の講義30回分) を意図している．6章から成り，各章には平均5節あるので平均的には1節を1回の講義で進むような講義展開が想定される．これはかなりの内容を毎週消化していくことになるので学生は本書によって十分に予習と復習されることを望む．また，相当に複雑な問題も含まれることから，演習問題には解答をつけなかった．

　付録では，複素数，ベクトル，ベクトル空間，ベクトル解析についてまとめた．マクスウェルの時代における回路理論黎明期の数学の発展についても生き生きと把握できるように志した．

2013年3月

大石　進一

目　　　次

1.　集中定数回路モデルとキルヒホッフの法則

1.1　集中定数回路モデル ……………………………………………………… *1*

   1.1.1　集中定数回路モデルを導くための仮定 ……………………………… *1*
   1.1.2　キルヒホッフの法則の原型：静電場に対応する回路の場合 ………… *2*
   1.1.3　キルヒホッフの法則の原型：電磁場に対応する回路の場合 ………… *3*
   1.1.4　集中定数回路モデルの定義 …………………………………………… *5*

1.2　集中定数素子モデル ……………………………………………………… *6*

   1.2.1　線　形　抵　抗 ………………………………………………………… *6*
   1.2.2　電源のモデル …………………………………………………………… *10*
   1.2.3　キャパシタ ……………………………………………………………… *12*
   1.2.4　インダクタ ……………………………………………………………… *16*

1.3　電　　　力 ………………………………………………………………… *17*

   1.3.1　瞬　時　電　力 ………………………………………………………… *17*
   1.3.2　電磁場のエネルギー保存則 …………………………………………… *18*

1.4　キルヒホッフの法則 ……………………………………………………… *21*

   1.4.1　キルヒホッフの電圧則 ………………………………………………… *21*
   1.4.2　キルヒホッフの電流則 ………………………………………………… *22*
   1.4.3　キルヒホッフの法則 …………………………………………………… *22*

章　末　問　題 …………………………………………………………………… *23*

2. 線形抵抗回路

2.1 回路理論の用語と独立な KCL, KVL の数 ································ 25
   2.1.1 回路理論の用語の定義 ·· 25
   2.1.2 線形独立な KCL, KVL の数 ·· 26

2.2 枝 電 流 法 ·· 26
   2.2.1 枝電流法の手順 ·· 26
   2.2.2 メッシュ解析法との関係 ·· 28
   2.2.3 MATLAB による計算例 ··· 29
   2.2.4 精度保証付き数値計算 ··· 30
   2.2.5 電流源を含む場合 ··· 30

2.3 節 点 解 析 法 ··· 32
   2.3.1 抵抗と独立電流源からなる回路の節点解析 ······················ 32
   2.3.2 独立電圧源が含まれる場合の節点解析 ····························· 35
   2.3.3 枝電圧法との関係 ··· 37

2.4 回路のグラフ ·· 37
   2.4.1 グラフの用語 ··· 39
   2.4.2 グラフの基本的な性質 ··· 39
   2.4.3 キルヒホッフの法則の位相構造 ····································· 41
   2.4.4 接続行列による節点方程式の導出 ·································· 45

2.5 線形受動回路の諸定理 ·· 45
   2.5.1 テレヘンの定理 ·· 45
   2.5.2 テブナンの定理 ·· 46

章 末 問 題 ·· 47

3. 非線形抵抗回路

3.1 非線形抵抗素子 …………………………………………………… *52*

 3.1.1 2端子非線形抵抗 …………………………………………… *52*
 3.1.2 3端子非線形抵抗 …………………………………………… *53*
 3.1.3 MOSFETの素子モデル …………………………………… *54*

3.2 非線形抵抗回路方程式 …………………………………………… *60*

 3.2.1 節点方程式 …………………………………………………… *60*
 3.2.2 タブロー方程式 ……………………………………………… *61*
 3.2.3 ニュートン法 ………………………………………………… *62*
 3.2.4 MATLABによるニュートン法のプログラム …………… *62*

3.3 MOSFET回路 ……………………………………………………… *63*

 3.3.1 ソース共通MOSFET回路 ………………………………… *64*
 3.3.2 MOSFETのダイオード接続 ……………………………… *68*
 3.3.3 能動負荷を持つnMOS増幅回路 ………………………… *70*
 3.3.4 デプレションモードnMOS能動負荷回路 ……………… *72*
 3.3.5 CMOSインバータ …………………………………………… *76*
 3.3.6 CMOS論理回路 ……………………………………………… *81*

3.4 差動増幅器 ………………………………………………………… *82*

 3.4.1 MOSFET差動増幅回路 …………………………………… *82*
 3.4.2 MOSFETカレントミラー回路 …………………………… *84*
 3.4.3 カレントミラー能動負荷MOSFET差動増幅回路 ……… *85*

3.5 演算増幅器 ………………………………………………………… *87*

 3.5.1 電圧ホロワ回路 ……………………………………………… *88*
 3.5.2 反転増幅回路 ………………………………………………… *89*
 3.5.3 加算回路 ……………………………………………………… *91*

3.5.4 非反転増幅回路……………………………………………… 92

章 末 問 題 ……………………………………………………………… 93

4. 線形回路ダイナミックスの解析

4.1 回路の状態方程式 ……………………………………………… 97
 4.1.1 状態方程式の自由度 ………………………………………… 97
 4.1.2 抵抗回路に変換することによる状態方程式の導き方 ……… 100
 4.1.3 状態方程式の初期値問題の解の存在と一意性 ……………… 101

4.2 線形回路の状態方程式の基本解行列 …………………………… 106
 4.2.1 変係数線形常微分方程式の基本解行列 ……………………… 106
 4.2.2 行列の指数関数による主要解行列の表現 …………………… 107
 4.2.3 固有値がすべて異なる場合 …………………………………… 109

4.3 線形回路の状態方程式の初期値問題の解 ……………………… 111
 4.3.1 線形方程式の初期値問題の解とその構造 …………………… 111
 4.3.2 線形回路の特解の漸近安定性 ………………………………… 111
 4.3.3 線形回路ダイナミックス解析法のまとめ …………………… 113

4.4 線形回路の状態方程式の特解 …………………………………… 114
 4.4.1 複素指数関数励起 ……………………………………………… 114
 4.4.2 フェーザ法 ……………………………………………………… 116

4.5 共振回路の性質 …………………………………………………… 119
 4.5.1 無損失共振回路とリアクタンス特性 ………………………… 119
 4.5.2 損失を含む共振回路 …………………………………………… 120
 4.5.3 損失を含む並列共振回路 ……………………………………… 121

4.6 過 渡 現 象 ………………………………………………………… 121

- 4.6.1 コンデンサの充放電 ……………………………………… *121*
- 4.6.2 CMOS インバータのスイッチモデル ……………………… *122*

章 末 問 題 …………………………………………………………… *124*

5. フィルタ回路

5.1 二次の受動フィルタ回路 …………………………………… *130*

- 5.1.1 低域通過フィルタ ………………………………………… *130*
- 5.1.2 高域通過フィルタ ………………………………………… *132*
- 5.1.3 帯域通過フィルタ ………………………………………… *133*

5.2 周 波 数 変 換 ……………………………………………… *134*

- 5.2.1 遮断周波数の変換 ………………………………………… *134*
- 5.2.2 低域通過フィルタから高域通過フィルタへ ………………… *135*
- 5.2.3 低域通過フィルタから帯域通過フィルタへ ………………… *135*

5.3 リアクタンス回路の合成 ……………………………………… *136*

- 5.3.1 正 実 関 数 ………………………………………… *136*
- 5.3.2 与えられた正実奇関数をイミタンスとする LC 回路の合成 …… *140*

5.4 与えられた正実関数を伝達関数とする回路の合成 ……………… *148*

- 5.4.1 片抵抗終端 LC 回路の合成 ………………………………… *148*
- 5.4.2 抵抗両終端 LC 回路の合成 ………………………………… *156*
- 5.4.3 バターワースフィルタ ……………………………………… *166*

5.5 能 動 フ ィ ル タ ……………………………………………… *169*

- 5.5.1 低域通過能動フィルタ ……………………………………… *170*
- 5.5.2 反転増幅回路を用いた一次 RC 低域通過フィルタ …………… *171*
- 5.5.3 非反転増幅回路を用いた一次 RC 能動フィルタ ……………… *171*
- 5.5.4 サレン・キー (Sallen-Key) フィルタ ……………………… *172*
- 5.5.5 多重帰還トポロジー二次の能動 RC 低域通過フィルタ ……… *174*

5.5.6	高次の RC 能動フィルタ ………………………………………… *175*

5.6 インダクタンスシミュレーション ……………………………………… *177*

5.6.1	インピーダンススケーリング ……………………………………… *177*
5.6.2	理想ジャイレータ ……………………………………………… *178*
5.6.3	OTA（電圧制御電流源 (VCCS)）によるジャイレータの合成 ……… *180*
5.6.4	OTA–C フィルタ ……………………………………………… *183*

章 末 問 題 ………………………………………………………………… *187*

6. 非線形回路ダイナミックスの解析

6.1 ガレルキン法の概要 ……………………………………………………… *193*
6.2 ガレルキン法による増幅回路の定常解析 ……………………………… *195*
6.3 発振回路とホップフ分岐定理 …………………………………………… *200*

6.3.1	時間領域ホップフ分岐理論 ……………………………………… *201*
6.3.2	ウィーンブリッジ発振回路 ……………………………………… *203*
6.3.3	トンネルダイオード発振回路 …………………………………… *207*

6.4 周波数領域のホップフ分岐定理 ………………………………………… *209*

6.4.1	ウィーンブリッジ発振回路 ……………………………………… *211*
6.4.2	バッファ付き RC 移相発振回路 ………………………………… *213*

章 末 問 題 ………………………………………………………………… *214*

付　　　　　録

A.1 複　素　数 ………………………………………………………………… *217*

A.1.1	オイラーの公式 ………………………………………………… *218*
A.1.2	複 素 平 面 ……………………………………………………… *218*

A.2 複素関数とその微分可能性 ……………………………………………… *221*

  A.2.1 複素数列の収束 ……………………………………………… *221*
  A.2.2 複素関数 …………………………………………………… *223*
  A.2.3 コーシー–リーマンの関係式 …………………………………… *224*

A.3 コーシーの定理 …………………………………………………… *225*

  A.3.1 線積分 ……………………………………………………… *225*
  A.3.2 グリーンの定理 ……………………………………………… *227*
  A.3.3 複素積分とコーシーの定理 …………………………………… *230*

A.4 四元数からベクトルへ …………………………………………… *235*

  A.4.1 四元数 ……………………………………………………… *236*
  A.4.2 四元数と相対性理論 ………………………………………… *238*
  A.4.3 四元数からベクトルへ ……………………………………… *238*
  A.4.4 ベクトル解析の始まり ……………………………………… *239*

A.5 ベクトル空間 ……………………………………………………… *240*

  A.5.1 ノルム空間 …………………………………………………… *240*
  A.5.2 線形作用素 …………………………………………………… *243*
  A.5.3 内積空間 …………………………………………………… *244*

A.6 ベクトル解析 ……………………………………………………… *245*

  A.6.1 マクスウェルの方程式 ……………………………………… *246*
  A.6.2 積分定理 …………………………………………………… *247*

章末問題 ………………………………………………………………… *249*

引用・参考文献 ………………………………………………………… *250*

索引 ……………………………………………………………………… *252*

1 集中定数回路モデルとキルヒホッフの法則

集中定数回路モデルを定義する。集中定数回路モデルに対するキルヒホッフの法則をマクスウェルの方程式から導く。

1.1 集中定数回路モデル

1.1.1 集中定数回路モデルを導くための仮定

本書ではマクスウェルの方程式を公理として仮定する。そして集中定数回路を定義し，その上で成り立つキルヒホッフの法則を導く。以下，(Pi) は i 番目の仮定である。

- (P1) 回路は，$\mathbb{R}$ を実数の集合として，四次元のデカルト座標系 $(x,y,z,t) \in \mathbb{R}^4$ 内に置かれるとする。
- (P2) 電荷分布 $\rho(x,y,z,t) \in \mathbb{R}$ と電流分布 $\boldsymbol{J}(x,y,z,t) \in \mathbb{R}^3$ が $\mathbb{R}^4$ 上で与えられ，電荷保存の法則

$$\frac{\partial \rho}{\partial t} + \mathrm{div}\,\boldsymbol{J} = 0 \tag{1.1}$$

が満たされているとする。このとき，四つのベクトル場 $\boldsymbol{E}(x,y,z,t)$，$\boldsymbol{B}(x,y,z,t)$，$\boldsymbol{D}(x,y,z,t)$，$\boldsymbol{H}(x,y,x,t)$ が，つぎのマクスウェルの方程式の適切な境界条件の下での解として決定される。

$$\mathrm{rot}\,\boldsymbol{E} = -\frac{\partial \boldsymbol{B}}{\partial t} \tag{1.2}$$

$$\mathrm{rot}\,\boldsymbol{H} = \boldsymbol{J} + \frac{\partial \boldsymbol{D}}{\partial t} \tag{1.3}$$

$$\mathrm{div}\boldsymbol{D} = \rho \tag{1.4}$$

$$\mathrm{div}\boldsymbol{B} = 0 \tag{1.5}$$

回路はマクスウェルの方程式に従う電磁気学的な対象とする。

(P3) **（電流の定義）**　空間三次元内に有界な領域 V をとり，その表面は滑らかな閉曲面 S をなすとする。S の各点では曲面の外側に向けての法線 $\boldsymbol{n}(x, y, z)$ が定義できるとする。

$$Q(t) = \iiint_V \rho(x, y, z) dV \tag{1.6}$$

を領域 V 内の全電荷量という。

$$I(t) = \iint_S \boldsymbol{J}(x, y, z, t) \cdot \boldsymbol{n} dS \tag{1.7}$$

を領域 V から閉曲面 S を通って流れ出す電流という。電荷保存の法則とガウスの定理から

$$\begin{aligned}\frac{dQ}{dt} &= \iiint_V \frac{\partial \rho}{\partial t} dV = -\iiint_V \mathrm{div}\boldsymbol{J} dV \\ &= -\iint_S \boldsymbol{J}(x, y, z, t) \cdot \boldsymbol{n} dS = -I\end{aligned} \tag{1.8}$$

が成り立つ。電荷が保存するというのが物理学の最も基本とする保存則であり，ここでもそれを仮定する。回路において重要な量の一つである電流は，このように導入される。

1.1.2　キルヒホッフの法則の原型：静電場に対応する回路の場合

ここでは，電圧[†]の定義を行い，回路がマクスウェルの方程式に従うという (P1), (P2) の仮定の下で，キルヒホッフの電圧則と電流則（の原型）が成り立つことをみる。

[†] 英語で電圧を voltage というが，これは電池の発明者 Alessandro Antonio Volta (1745–1827) に因む。単位に人名を用いることは多いが，電圧というような普通名詞に人名を当てるのは珍しい。電圧の単位ボルト (volt) も Volta に敬意を表してのことである。電池の発見に至る歴史はきわめて興味深い。カエルの解剖の実験に絡むその歴史をぜひたどって欲しい。ボルタの電池の発明は 1796 年でそれを発表したのは 1800 年である。回路理論の誕生の年であるといっても過言ではない。

まず，時間的な変化のない静電場の場合を考える。ファラデーの法則は磁束密度 $\boldsymbol{B}$ が時間的に変化しないときには $\mathrm{rot}\,\boldsymbol{E} = 0$ となって，$\boldsymbol{E} = -\mathrm{grad}\,\phi$ となる静電ポテンシャル ϕ が存在する。これから

$$\int_C \boldsymbol{E} \cdot d\boldsymbol{l} = 0 \tag{1.9}$$

となって，静電場が保存的（任意の周回積分が 0 となること）となる。よって，空間中の任意の点を P_1 とし，基準点を P_0 とするとき

$$\phi(P_1) - \phi(P_0) = -\int_{P_0}^{P_1} \boldsymbol{E} \cdot d\boldsymbol{l} \tag{1.10}$$

と定義すると，これは P_1 と P_0 を結ぶどんな滑らかな積分路によっても値が変わらないことを意味している。こうして定義される値 $\phi(P_1) - \phi(P_0)$ を電位差あるいは電圧という。このとき，式 (1.9) はキルヒホッフの電圧則である。

式 (1.3) から，$\boldsymbol{D}$ の時間的な変化がないとき，$\mathrm{rot}\,\boldsymbol{H} = \boldsymbol{J}$ が成り立つ。この式の発散を取ると，任意の滑らかなベクトル場 $\boldsymbol{H}$ について $\mathrm{div}\,\mathrm{rot}\,\boldsymbol{H} = 0$ となることから，$\mathrm{div}\,\boldsymbol{J} = 0$ を得る。いま，三次元空間内の一点 P_1 を含む滑らかな表面（閉曲面とする）S を持つ有界領域を V として

$$\iiint_V \mathrm{div}\,\boldsymbol{J}\,dV = 0 \tag{1.11}$$

が成り立つ。ガウスの定理により

$$\iiint_V \mathrm{div}\,\boldsymbol{J}\,dV = \iint_S \boldsymbol{J} \cdot \boldsymbol{n}\,dS = 0 \tag{1.12}$$

となる。こうして回路の一部を含む任意の閉曲面 S について

$$\iint_S \boldsymbol{J} \cdot d\boldsymbol{S} = 0 \tag{1.13}$$

が成り立つ。これはキルヒホッフの電流則の原型となる。

1.1.3　キルヒホッフの法則の原型：電磁場に対応する回路の場合

時間的に変化する場合を考えよう。この場合はマクスウェルの方程式は電場と磁場がたがいに影響し合って電磁場を形成することを示している。

〔1〕 **キルヒホッフの電圧則 (KVL)**　ベクトル解析によれば，式 (1.5) から，ベクトルポテンシャル $\boldsymbol{A}$ が存在して $\boldsymbol{B} = \mathrm{rot}\,\boldsymbol{A}$ と表される。これを式 (1.5) に代入すると $\mathrm{rot}\,(\boldsymbol{E} + \partial \boldsymbol{A}/\partial t) = 0$ が成り立つことがわかる。すなわち，$\boldsymbol{E} + \partial \boldsymbol{A}/\partial t$ が保存場となり，スカラーポテンシャル ϕ が存在して

$$-\mathrm{grad}\,\phi = \boldsymbol{E} + \frac{\partial \boldsymbol{A}}{\partial t} \tag{1.14}$$

となることがわかる。これから，ストークスの定理により滑らかな任意の閉路 C について

$$\int_C \boldsymbol{E}\cdot d\boldsymbol{l} + \frac{d}{dt}\int_C \boldsymbol{A}\cdot d\boldsymbol{l} = \int_C \boldsymbol{E}\cdot d\boldsymbol{l} + \frac{d}{dt}\iint_S \mathrm{rot}\,\boldsymbol{A}\cdot \boldsymbol{n}\,dS$$
$$= \int_C \boldsymbol{E}\cdot d\boldsymbol{l} + \frac{d}{dt}\Phi = 0 \tag{1.15}$$

となることがわかる。これが時間的に変化する回路のキルヒホッフの電圧則の原型となる。$v(t) = d\Phi(t)/dt$ の部分をあとに述べるようにインダクタとして一つの素子としてモデル化するのが回路モデリングである。このように，誘導起電力部分をインダクタ素子として取り出せば，式 (1.15) は静電場のときのキルヒホッフの電圧則の拡張になっていることがわかる。

〔2〕 **キルヒホッフの電流則 (KCL)**　式 (1.3) から，$\boldsymbol{D}$ が時間的に変化するとき $\mathrm{rot}\,\boldsymbol{H} = \boldsymbol{J} + \partial \boldsymbol{D}/\partial t$ が成り立つ。この式の発散を取ると，任意の滑らかなベクトル場 $\boldsymbol{H}$ について $\mathrm{div}\,\mathrm{rot}\,\boldsymbol{H} = 0$ となることから，$\mathrm{div}\,\boldsymbol{J} + \partial \mathrm{div}\,\boldsymbol{D}/\partial t = 0$ を得る。いま，三次元空間内の一点 P を含む滑らかな表面（閉曲面とする）S を持つ有界領域を V として

$$\iiint_V \mathrm{div}\,\boldsymbol{J}\,dV + \frac{d}{dt}\iiint_V \mathrm{div}\,\boldsymbol{D} = 0$$

が成り立つ。ガウスの定理により

$$\iiint_V \mathrm{div}\,\boldsymbol{J}\,dV = \iint_S \boldsymbol{J}\cdot \boldsymbol{n}\,dS$$

となる。また，ガウスの法則により

$$\iiint_V \rho \, dV = Q$$

となる。よって，V 内の総電荷を Q とするとき

$$\iint_S \boldsymbol{J} \cdot \boldsymbol{n} dS + \frac{dQ}{dt} = 0 \tag{1.16}$$

を得る。これは時間的に変化する回路に対するキルヒホッフの電流則の原型である。

1.1.4 集中定数回路モデルの定義

ここで，集中定数回路 (lumped constant circuits) を定義しよう。マクスウェルの方程式は電磁的な現象が有限の伝搬速度で伝わることを示している[†1]。これに対して，集中定数回路は電磁的な現象が無限の速度で一瞬にして伝わるという近似的なモデルである。

集中定数回路モデルを定義するために，まず，理想導体モデルを導入する。

(P4) (**理想導体**) 理想導体とは，無限の速度で自由に動き回る電荷分布が存在し，つぎの事項が成り立つものである。

　　(a) 導体内部に電場は存在しない。
　　(b) 導体表面での電場の向きは面の法線方向である。
　　(c) 導体全体は瞬時に等電位となる。

理想導線は，理想導体を長く伸ばした円柱のような三次元空間内の領域で，その表面は滑らかな閉曲面を成すものとする。

(P5) (**集中定数回路素子**) 回路を構成する部品である回路素子を定義する。ここでは，図 **1.1** のような 2 端子素子（1 ポート）を定義する[†2]。二つの端子を p_0 と p_1 とする。端子を形作っている理想導線を通って p_1 から p_0 の方向に向かう電流密度を，理想

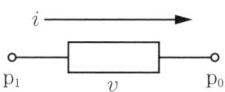

図 **1.1** 2 端子集中定数回路素子

[†1] 光速で伝搬する。章末問題を参照のこと。
[†2] あとで 3 端子素子を定義する。

導線の長軸方向と横断的に切った断面にわたり積分したものを理想導線を流れる電流 i という。これを端子 p_1 から出て端子 p_0 に入り込む電流 i と呼ぶ。また、ϕ をスラカーポテンシャルとする。$\phi(p_0)$ を端子 p_0 での値、$\phi(p_1)$ を端子 p_1 での値とする。$v = \phi(p_1) - \phi(p_0)$ によって端子 p_0 と p_1 の端子間電圧 v を定義する。i も v も時間変数 t について微分可能とする[†1]。x を i と di/dt のいずれか、y を v と dv/dt のいずれかとする。このとき、$f : \mathbb{R}^2 \to \mathbb{R}$ として

$$f(x, y) = 0$$

という関係が満たされるとき、これを 2 端子集中定数回路素子という。f を素子特性という。

(P6) **(集中定数回路)** 複数の集中定数素子の端子間を理想導線で結合したシステムを集中定数回路という。

1.2 集中定数素子モデル

1.2.1 線 形 抵 抗

基本的な素子モデルを導入しよう。まず、抵抗素子を導入する。ベクトルポテンシャルの効果は、インダクタンスとして、別途モデル化して取り入れるとして考える。金属中などでは、多くの場合、電流密度 $\boldsymbol{J}$ が外場となる電場 $\boldsymbol{E}$ に比例し、$\boldsymbol{J} = \sigma \boldsymbol{E}$ となることが現象論的に見られる[†2]。これを微視的なオームの法則という[†3]。σ を導電率と呼ぶ。図 **1.2** のような長さ l の円柱上の導体に一様な準静的電場 $\boldsymbol{E}$ が加わっているとすると

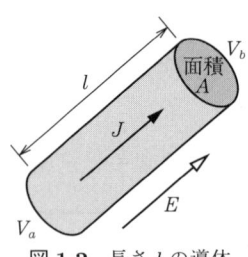

図 **1.2** 長さ l の導体

[†1] マクスウェルの方程式が満たされることから、このように仮定しても自然であろう。

[†2] より正確には金属中の速度 $\boldsymbol{v}$ で動く電荷量 q の導電電荷は $\boldsymbol{F} = q\boldsymbol{E} + \boldsymbol{v} \times \boldsymbol{B}$ というローレンツ力を受けるので、この式において $\boldsymbol{v} \times \boldsymbol{B}$ に比例する項も現れるが、それは $\boldsymbol{v}$ が小さいので無視するという近似を用いていると考える。

[†3] この関係式を導くには物質のモデルが必要で、マクスウェルの方程式だけからは導けないので、数理モデルとしてこれが成り立つと仮定しよう。

$$V = V_b - V_a = -\int_a^b \boldsymbol{E} \cdot d\boldsymbol{l} = El, \qquad E = |\boldsymbol{E}|$$

を得る。よって，この導体を流れる電流密度 J は $J = \sigma E = \sigma(V/l)$ となる。この導体の断面の面積を A とすると，$J = I/A$ となるので，$V = (l/\sigma)J = (l/\sigma A)I = RI$ のように両端の電圧と導体を流れる電流が比例することがわかる。この比例定数を抵抗という。この場合は $R = l/\sigma A$ となる。

図 1.3 は線形抵抗を表す図記号である。これは 2 端子素子の例となる。電流と電圧の基準の向きは図のように取るのが標準である。

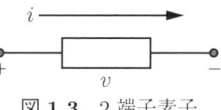

図 1.3 2 端子素子

まず，線形抵抗素子から考察を始める。図のような 2 端子素子に流れる電流が i〔A〕，その端子電圧が v〔V〕であるとき†

$$v = Ri \tag{1.17}$$

となるような回路素子を線形抵抗素子という。ただし，R は定数とし抵抗 (resistance) という。素子特性は $f(v, i) = v - Ri = 0$ となる。式 (1.17) は電圧と電流が時間によって変化する場合でも成り立ち $v(t) = Ri(t)$ となる。また，式 (1.17) は

$$i = \frac{v}{R} = Gv$$

の形で表すこともできる。このとき，$G = 1/R$ はコンダクタンス (conductance) という。銅線など非常に多くの導体において，式 (1.17) が成り立つことがオームによって発見された。この関係をオームの法則という。

〔1〕 **抵抗の直列接続**　図 1.4 の抵抗の直列接続回路を考える。$R = v/i$ を二つの抵抗 R_a と R_b の直列抵抗という。キルヒホッフの電圧則から $v = v_a + v_b$ となる。$v_a = R_a i$, $v_b = R_b i$ であるから，$v = (R_a + R_b)i$ を得る。したがって，直列抵抗は $R = R_a + R_b$ と求められる。$i = v/R = v/(R_a + R_b)$ であるから

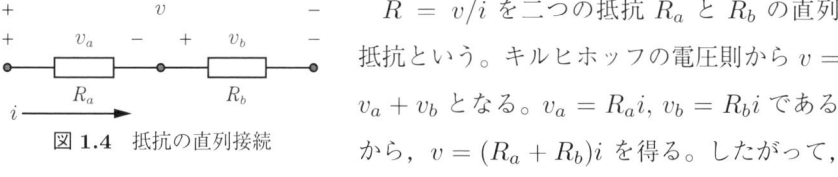

図 1.4 抵抗の直列接続

---

† A はアンペア (電流の単位)，V はボルト (電圧の単位)

が成り立つ。

$$v_a = R_a i = \frac{R_a}{R_a + R_b} v, \qquad v_b = R_b i = \frac{R_b}{R_a + R_b} v \qquad (1.18)$$

が成り立つ。v_a と v_b は v を R_a と R_b の比で分けたものになっている。

〔2〕 抵抗の並列接続　図 1.5 の抵抗の並列接続回路において，キルヒホッフの電流則から $i = i_a + i_b$ が成り立つ。

ここで，$G_a = 1/R_a$，$G_b = 1/R_b$ とすれば，$i_a = G_a v$，$i_b = G_b v$ が成り立つ。こうして，つぎの関係が成り立つ。

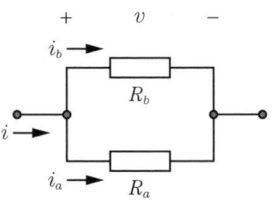

図 1.5　抵抗の並列接続

$$G = G_a + G_b, \qquad i_a = \frac{G_a}{G_a + G_b} i, \qquad i_b = \frac{G_b}{G_a + G_b} i$$

i_a と i_b は i を G_a と G_b の比で分けたものになる。これは式 (1.18) において，v を i に，i を v に，R を G に置き換えたものである。これを双対性という。

〔3〕 MOS 集積回路上のポリシリコン抵抗　現在では，コンピュータやさまざまなエレクトロニクス製品において，集積回路が用いられている。MOS 集積回路はその主流で，半導体基盤の上に酸化膜と金属膜を配置する metal-oxide-semiconductor (MOS) 構造の集積回路である。本書では回路の例として MOS 回路を中心に考えていく。ポリシリコンは多結晶シリコンで，この場合には金属の性質を持つものと考える。これを，後述する MOSFET に使われるゲート酸化膜以外の膜（フィールド酸化膜と呼ぶ）上に図 1.6 (a) のように形成し，これを抵抗として用いる。抵抗から電流や電圧を取り出す部分がコンタクトである。

コンタクトからコンタクトまでのポリシリコンによる抵抗は $R = \rho L/tW$ で与えられる。ただし，ρ はポリシリコンの抵抗率，t はポリシリコン層の厚さ，L はポリシリコン膜の長さで W を幅とする。t と ρ は膜厚と材質であり，通常製造者が決めるので，回路の設計者は，シリコン上に形成する回路の形状を決める。すなわち，L/W を変えることによって，抵抗値を決めることができる。

製造者は $L/W = 1$ の場合の抵抗値を表示する。これをシート抵抗という。

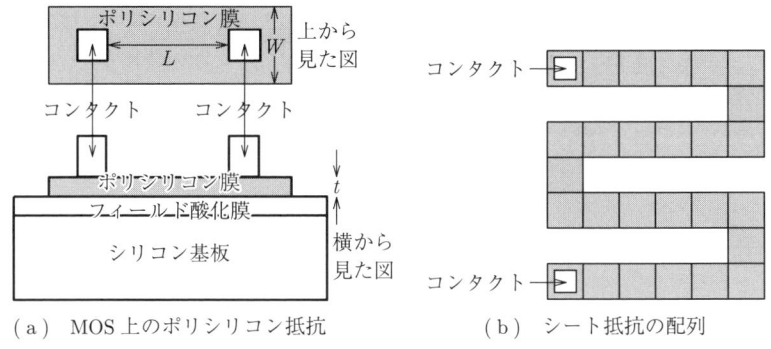

(a) MOS上のポリシリコン抵抗　　(b) シート抵抗の配列

図 1.6　ポリシリコン抵抗

例えば，100Ω/シートという具合である。シート抵抗値は表示から20%程度の誤差があるが，L/W は0.1%程度の精度で決められるので，抵抗比によって，デバイスの特性を決定できると，良い精度の回路を構成することができる。いま，100Ω/シートのポリシリコン抵抗があるとする。例えば，コンタクトからコンタクトまで2.7kΩの抵抗を実現するためには図1.6(b)のようなシート抵抗の配置によって実現する。このように，MOS集積回路上の抵抗を実現するには，大きな面積が必要となることが多い。

コーヒーブレイク

オームとキャベンディッシュ　電流と比例する力が，普遍的に見られること，すなわち電圧と抵抗の概念を形成するために**オーム** (1787–1854) は長い研究生活をかけた。オームの研究の発想はフーリエの熱の研究に模して，2点間の温度差と熱流の関係を電気に置き換えることにあったとされている。電流の強さは電流によって発生する磁気によってコイルが巻かれる検流計で当時でも精度よく測ることができた。しかし，電源として当時発明されたばかりのボルタの電池は精度が悪かった。これをビスマスと銅を組み合わせた熱電対に置き換えて必要な精度が得られるようになった。オームの実験は，磁気作用の強さを X とし，針金の長さを x, a,b を定数とするとき $X = a/(b+x)$ という経験式にまとめられ，これからオームの法則に発展した。1826年のことである。

一方，発見当時には発表されなかったが，すでに1781年には**キャベンディッシュ** (1731–1810) もオームの法則と同様の法則を発見していたとされている。彼

は，ライデン瓶で発生した電気を電源とし，塩水の入ったガラス管内へ彼の体を通して電流を流すという実験によって法則に到達していたといわれている。体に流したのは当時はまだ検流計が発明されておらず，電流の大きさを体に流すときのショックで測ったといわれている。キャベンディッシュの未公開研究資料を公表したのは，初代キャベンディッシュ研究所長となったマクスウェルで，公表に当たりキャベンディッシュの実験をすべて追試したという。

1.2.2 電源のモデル

〔1〕 独立電圧源　　電圧 E を一定とし，両端子間に接続される負荷に関係なく $v = E$ となる 2 端子素子を直流電圧源または定電圧源という。直流電圧源の図記号は図 **1.7** (a) のように表す。ただし，v はこの 2 端子素子の両端の電圧である。数学的モデル化としては図 1.8 のような特性を持つ素子を理想電圧源という。

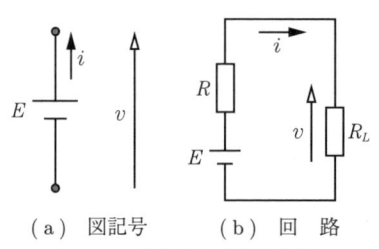

(a) 図記号　　(b) 回　路
図 **1.7**　理想独立直流電圧源

パソコンなどのコンピュータを動かす際には E の値は 10 V 程度である。10 μV から 1 kV 程度が通常の電圧の値と考えられる。1 μV 以下は微小電圧，1 kV 以上は高電圧と呼ばれる領域となり，電圧源を用意するのも，通常の電圧範囲，微小電圧の範囲，高電圧の範囲で異なった技術が要求される。このように考えている電圧の範囲で近似的に図 **1.8** の特性が満たされているとする。

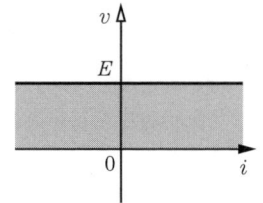

図 **1.8**　理想独立直流電圧源の特性

したがって，実際に存在する直流電圧源をモデル化する際には，他の素子モデルと複合してモデル化することも多い。例えば，図 1.7 (b) のように，内部抵抗 R を併せて考えることがある。このときは

$$v = \frac{R_L}{R_L + R} E \tag{1.19}$$

となる†。

つぎに，交流電源を定義する。これは i によらずに $v(t)$ が決まり，例えば $v(t)$ が図 1.9 で与えられるような電圧源である。ただし，$v(t)$ は指定された関数で，例えば $v(t) = A\sin\omega t$ などである。交流電源にはこのような正弦波がおもに使われるが，広い意味では正弦波とは限らない。本書でも，任意の信号波形を $v(t)$ として考える。このときは暗黙に有界な波形で，正弦波に近い動きをするものを考える。理想交流電源を図 1.10 の図記号で表す。

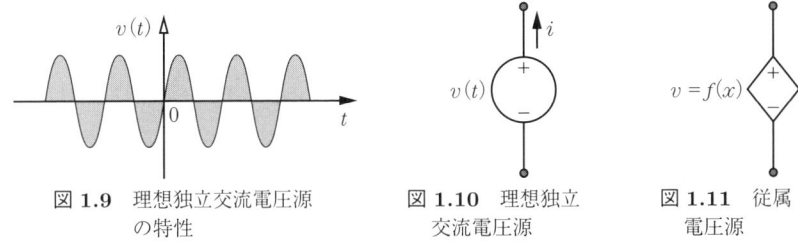

図 1.9　理想独立交流電圧源の特性

図 1.10　理想独立交流電圧源

図 1.11　従属電圧源

〔2〕**従属電圧源**　電圧が，他の素子の電圧あるいは電流の関数として決まる電圧源をを従属電圧源といい，図 1.11 の図記号で表す。ただし，x は他の素子の電圧あるいは電流である。x が電圧のとき，これを電圧制御従属電圧源という。一方，x が電流のとき，電流制御電圧源という。後述するが，電圧制御電圧源の重要な例としては演算増幅器がある。ここに，f は x の関数である。

〔3〕**定 電 流 源**　J を一定として，両端の負荷に関係なく $i = J$ となる 2 端子素子を独立電流源といい，図 1.12(a) の図記号で表す。ここに，i はこの 2 端子素子から流出する電流である。J が時間の関数であっても同じ記号で表すことが多い。本書でも直流の独立電流源も交流の独立電流源も図 (a) で表すことにする。理想独立定電流源は図 1.13 の特性を持つ素子である。これはモデルであって，現実には存在しない。そこで，現実の電流源の特性に近づける際には図 1.12(b) のように内部コンダクタンス G を考えて複数の素子で近似する。この場合，並列接続された抵抗の解析結果から

---

† R が零に近づく極限で理想電源に近づく。

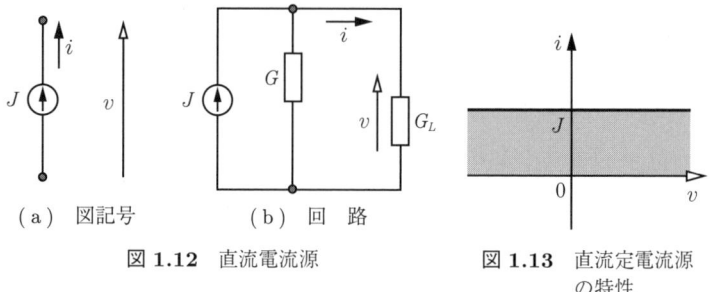

図 1.12 直流電流源   図 1.13 直流定電流源の特性

$$i = \frac{G_L}{G + G_L} J$$

が成り立つ。よって，R が無限大となる極限で，内部抵抗を持つ電流源は理想直流電流源に近づく。

〔4〕 **従属電流源** 電流が，ほかの素子の電圧あるいは電流の関数として決まる電圧源を従属電流源といい，図 1.14 の図記号で表す。ここに，x は他の素子の電圧あるいは電流である。x が電圧のとき，これを電圧制御従属電流源という。一方，x が電流のとき，電流制御電流源という。3.4.3 項で述べるように，電圧制御電流源の重要な例としては OTA がある。ここに，f は x の関数である。

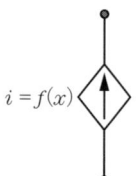

図 1.14 従属電流源

1.2.3 キャパシタ

〔1〕 **平行平板キャパシタ** 図 1.15 のような 2 枚の金属板が平行に並べられている，平行平板キャパシタを考える。

これに対して，ガウスの法則を適用するために図 1.16 を考える。ガウスの法則は，巻末の付録で示すように

$$\iint_S \boldsymbol{E}(x,y,z) \cdot \boldsymbol{n}(x,y,z) dS = \frac{Q'}{\varepsilon_0}$$

となる。ここに，Q' は閉曲面 S 内に含まれる電荷量である。平行平板の端で電場 $\boldsymbol{E}$ が一様でなくなるエッジの効果が無視でき，平行平板内の電場は一様であ

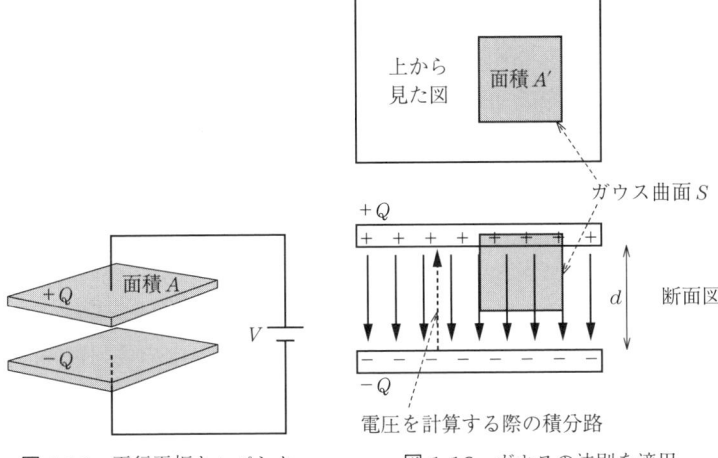

図 1.15 平行平板キャパシタ　　図 1.16 ガウスの法則を適用

ると仮定する。このとき，$E = |\boldsymbol{E}|$ とすると，この式から $EA' = \sigma A'/\varepsilon_0$ を得る。ただし，σ は平行平板を形作る金属の内側部部分と空間の境界に現れる単位面積当りの電荷密度であるとする。これも平行平板を形作る金属の内側部部分の平面で一定であるとすると $E = \sigma/\varepsilon_0$ を得る。両金属板の間の電位差 V は

$$V = \int_C \boldsymbol{E} \cdot d\boldsymbol{l} = Ed = \frac{\sigma d}{\varepsilon_0}$$

となる。キャパシタの片方の金属板に蓄えられる電荷は $Q = \sigma S$ となる。一方，σ は電位の関数で $\sigma = \varepsilon_0 V/d$ であったから

$$Q = \frac{\varepsilon_0 S}{d} V$$

となる。このように，平行平板に蓄えられる電荷 Q はその両端の電圧 V に比例することがわかった。この比例定数をキャパシタンス（静電容量）といい，C で表す。平行平板キャパシタでは

$$C = \frac{\varepsilon_0 S}{d}$$

となる。

〔2〕 **キャパシタの定義**　キャパシタンスが C〔F†〕のキャパシタを図 1.17 の図記号で表す。すなわち，キャパシタとは，この図において $q(t) = Cv(t)$ が成り立つ素子のことである。$i(t) = dq(t)/dt$ であるから，つぎの関係が成り立つ。

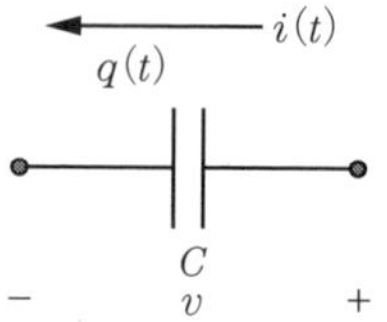

$$i(t) = C\frac{dv(t)}{dt} \tag{1.20}$$

図 1.17　キャパシタ

〔3〕 **キャパシタの並列接続と直列接続**　キャパシタの並列接続について考える。図 1.18(a) の回路を考える。

$$i = C_1\frac{dv}{dt} + C_2\frac{dv}{dt} = (C_1 + C_2)\frac{dv}{dt}$$

となるので，図 (c) の等価キャパシタ C_e が $C_e = C_1 + C_2$ となるときに同じ特性となることがわかる。

一方，図 (b) の直列接続のときには

$$i = C_1\frac{dv_1}{dt} = C_2\frac{dv_2}{dt}$$

となる。ここで，$v = v_1 + v_2$ とすると

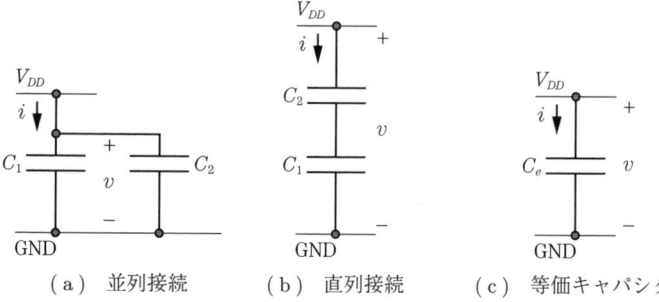

(a) 並列接続　　(b) 直列接続　　(c) 等価キャパシタ

図 1.18　キャパシタの並列接続と直列接続，等価キャパシタ

---

† F はファラド（キャパシタンスの単位）

$$\frac{dv}{dt} = \frac{dv_1}{dt} + \frac{dv_2}{dt} = \left(\frac{1}{C_1} + \frac{1}{C_2}\right)i$$
$$\iff \frac{1}{\left(\dfrac{1}{C_1} + \dfrac{1}{C_2}\right)}\frac{dv}{dt} = \frac{C_1 C_2}{C_1 + C_2}\frac{dv}{dt} = i$$

を得る。よって，図 (c) の等価的な容量が $C_e = C_1 C_2 / (C_1 + C_2)$ となった場合と考えることができる。

〔**4**〕 **MOS集積回路上での容量の実現**　MOS集積回路上に容量を実現する方法はいくつかある。p型半導体は，電子の穴である正孔が多く存在して，その正孔が電圧の印加により動く半導体である。nウェルはn型不純物をドーピングした領域で，導電電子が存在する領域である。図**1.19**は二つのポリシリコン（金属の性質を持つ）の間に絶縁体が入る典型的なキャパシタの構造を持つ。

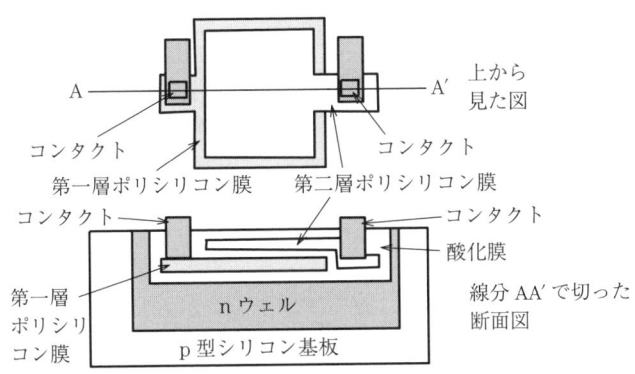

図 **1.19**　二層ポリシリコンキャパシタ

コンタクトの一方が正の電圧に，他方が負の電圧に接続される。容量としては，$1.5 \sim 2\,\mathrm{fF}/\mu\mathrm{m}^2$[†]程度であり，容量の値の絶対精度は5%程度の誤差を持つが，形状による相対精度は0.1%程度にできる。単位の正方キャパシタを組み合わせて所望の容量を持つキャパシタを実現する概念を図**1.20**に示す。

---

† fはフェムトで10^{-15}，μはマイクロで10^{-6}である。

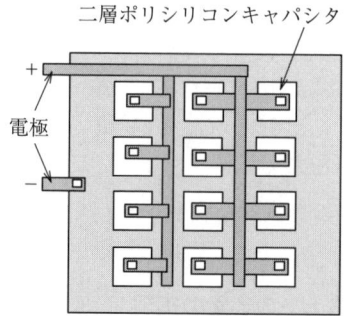

図 1.20 所望の容量を持つキャパシタ

1.2.4 インダクタ

〔1〕 自己インダクタンス 図 1.21 のようなソレノイド（導体をコイル状に巻いたもの）を考える。r_{sol} をこのソレノイドの半径とし，ソレノイドは n 巻きされているとすると，この回路に交わる磁束は $\Phi = \mu_0 n i \pi r_{sol}^2$ で与えられる。ただし，μ_0 は真空中の透磁率で，π は円周率である。また，i はソレノイドに流れる電流である。よって，このソレノイドには起電力

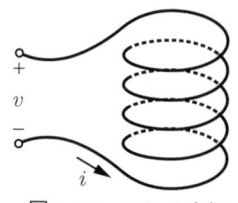

図 1.21 ソレノイド

$$v = -\frac{d\Phi}{dt} = -\mu_0 n^2 \pi r_{sol}^2 i$$

が生じる。そこで，つぎのように，インダクタンスが L 〔H[†1]〕のインダクタは，図 1.22 において

$$v(t) = L\frac{di(t)}{dt} \quad (1.21)$$

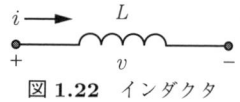

図 1.22 インダクタ

が成り立つ 2 端子素子と定義する[†2]。このとき，図 1.21 のソレノイドは $L = \mu_0 n^2 \pi r_{sol}^2$ のインダクタンスを持つインダクタとなる。

[†1] H はヘンリー（インダクタンスの単位）
[†2] 図 1.21 と図 1.22 で電流の方向を逆に取っていることに注意されたい。電圧源として見ているときの電流と電圧の向きが前者で，受動素子として見ているときの電流と電圧の向きが後者である。

さて，時間的に電流が変化する場合として，図 1.23 の回路を考える。

この回路においては，静電場のときの保存則 $Ri = V_{DD}$ はもはや成立しない[†1]。電場が保存場でないので，回路の電流と電圧の関係は回路の配線に用いる導線がどのような形状であるかにも依存して決まるようになる。この例のように，配線の一部がソレノイドの形状になり，電磁誘導の効果が無視できなくなれば

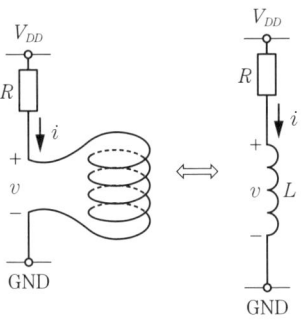

図 1.23 ソレノイドを含む回路

$$Ri + L\frac{di}{dt} = V_{DD}$$

と修正しなければならない。逆にいえば，回路の配線である導線等の形状を考慮して，インダクタンスを決め，これを一つの素子と考えることにより，電場はもはや保存場ではないが，キルヒホッフの電圧則 (KVL) があたかも成立しているかのよう[†2]に記述することができる。このように電磁場が時間的に変化する場合には，インダクタによってベクトルポテンシャルの効果を吸収して，拡張された意味での KVL を成立させることができる。回路理論ではこれも単に KVL と呼ぶ。

1.3 電　　　　力

1.3.1 瞬時電力

図 1.24 のような素子における瞬時電力を定義する。この素子の近くで電場 $\boldsymbol{E}$ が発生しているとする。この電場 $\boldsymbol{E}$ 中では電荷量 q を持つ電荷はローレンツ力 $\boldsymbol{F} = q\boldsymbol{E}$ を受ける。電荷量 q を持つ電荷が，電圧 V の端子間を動いたとき，単位

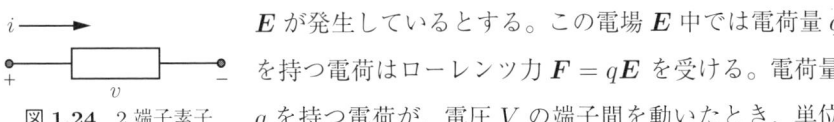

図 1.24 2 端子素子

[†1] コイルは理想導体を巻いたものと考えられるので，i が時間的に変化しなければ単なる導線になるのでこの式が成り立つ。

[†2] 電場を 1 回周回積分する回路には，電流の変化に応じてインダクタンス分の起電力が発生する。

時間当りに電荷になされる仕事量 p を瞬時電力といい，次式で表される．

$$p(t) = \lim_{\Delta t \to 0} \frac{\int_{P_0}^{P_1} q\boldsymbol{E} \cdot d\boldsymbol{l}}{\Delta t} = \frac{dq(t)}{dt} v(t) = i(t)v(t)$$

素子のエネルギーは

$$W = \int_{-\infty}^{t} p(t) dt$$

で与えられる．具体的には，抵抗，インダクタ，キャパシタについて，それぞれ

$$W_R = \int_{-\infty}^{\tau} Ri^2 dt, \qquad W_L = \frac{1}{2} Li^2, \qquad W_C = \frac{1}{2} Cv^2$$

で与えられる．

1.3.2 電磁場のエネルギー保存則

単位面積当りを通過する電磁現象のエネルギーはポインティングベクトル

$$\boldsymbol{P} = \boldsymbol{E} \times \boldsymbol{H}$$

で与えられることが知られている．いま，滑らかな閉曲面 S_1 とそれによって囲まれる体積 V を考える．V 内の総エネルギーを U とすると，エネルギー損失の変化率は

$$-\frac{dU}{dt} = \iint_{S_1} \boldsymbol{P} \cdot d\boldsymbol{S} = \iiint_V \mathrm{div} \boldsymbol{P} dV$$

で与えられる．

ベクトル解析の公式

$$\mathrm{div}(\boldsymbol{E} \times \boldsymbol{H}) = (\mathrm{rot} \boldsymbol{E}) \cdot \boldsymbol{H} - (\mathrm{rot} \boldsymbol{H}) \cdot \boldsymbol{E}$$

とマクスウェルの方程式を用いると

$$\begin{aligned} \mathrm{div} \boldsymbol{P} &= \mathrm{div}(\boldsymbol{E} \times \boldsymbol{H}) = (\mathrm{rot} \boldsymbol{E}) \cdot \boldsymbol{H} - (\mathrm{rot} \boldsymbol{H}) \cdot \boldsymbol{E} \\ &= -\mu \frac{\partial \boldsymbol{H}}{\partial t} \cdot \boldsymbol{H} - \left(\boldsymbol{J} + \varepsilon \frac{\partial \boldsymbol{E}}{\partial t} \right) \cdot \boldsymbol{E} \end{aligned}$$

となる．ここで

1.3 電　　　　力　　19

$$\frac{\partial \bm{H}}{\partial t} \cdot \bm{H} = \frac{1}{2}\frac{\partial (\bm{H}\cdot\bm{H})}{\partial t} = \frac{1}{2}\frac{\partial (H^2)}{\partial t}$$

$$\frac{\partial \bm{E}}{\partial t} \cdot \bm{E} = \frac{1}{2}\frac{\partial (\bm{E}\cdot\bm{E})}{\partial t} = \frac{1}{2}\frac{\partial (E^2)}{\partial t}$$

に注意すれば

$$\mathrm{div}\bm{P} = -\frac{\partial}{\partial t}\left(\frac{1}{2}\mu H^2\right) - \frac{\partial}{\partial t}\left(\frac{1}{2}\varepsilon E^2\right) - \bm{J}\cdot\bm{E}$$

を得る。こうして

$$W = \frac{1}{2}\varepsilon E^2 + \frac{1}{2}\mu H^2$$

を電磁場に蓄えられるエネルギー密度，$\bm{P}$ をエネルギー流速密度，$\varphi = \bm{J}\cdot\bm{E}$ を単位体積当りに生じるジュール熱とすると，つぎの電磁場のエネルギー保存則†が得られる。

$$\frac{\partial W}{\partial t} + \mathrm{div}\bm{P} = \varphi \tag{1.22}$$

〔**1**〕 **抵抗回路における電磁場のエネルギーの流れ**　　図 **1.25** のような抵抗と電源からなる回路を考える。抵抗は円筒状であるとすると，抵抗の上端と下端の間の電場は上から下向きで $E = v/d = iR/d$ の強度がある。また，磁場は抵抗を形成している円筒の中心から半径 r のところでは，図のような，円筒と同心円を成す方向に向きを持ち，強度は $H = i/2\pi r$ で与えられる。

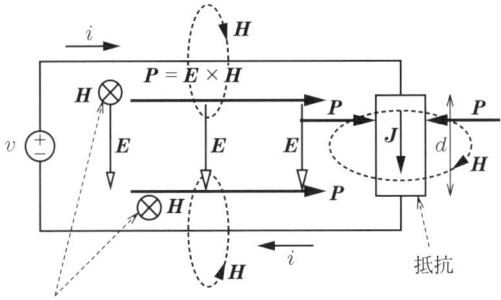

図 **1.25**　抵抗と電源からなる回路のエネルギーの流れ

---

† J.H.Poynting (1852–1914) によって 1884 年に発表された。

よって、抵抗の周りのポインティングベクトルは

$$P = E \times H = -\left(\frac{iR}{d}\right)\left(\frac{i}{2\pi r}\right)r$$

となる。ただし、r は円筒の中心から表面へ向かう円筒座標系の半径方向のベクトルである。符号がマイナスなので、抵抗の近くでは、ポインティングベクトルは抵抗の内部に入る向きになっている。抵抗に入るエネルギーの総量は

$$W_R = \iint_S P \cdot dS = -\frac{i^2 R}{2\pi rd} 2\pi rd = i^2 R$$

となる。$i^2 R$ は抵抗でジュール熱になって消散するエネルギーを表している。

では、この抵抗へ導線はどのようにしてエネルギーを渡しているのであろうか。ここでは、導線は理想導体であると考えているので、その内部は等電位であり、電場は存在しない。したがって、ポインティングベクトルの定義 $P = E \times H$ から、導線の内部を伝わっていくエネルギーは零となる。一方、導線の周りには磁場と導線間に電場が形成されるので、導線は導波線となり、図1.25のような電磁場を形成する。図に示したように、このときのポインティングベクトルは電源から抵抗へ空間を伝わってエネルギーが伝えられていることを示している。

〔2〕 キャパシタに蓄えられるエネルギー　図1.26のキャパシタに蓄えられるエネルギーを計算してみよう。平行平板の電極の面積を A とし、電極間の距離を d とする。端効果が無視できるとすれば、このキャパシタのキャパシタンスは $C = \varepsilon A/d$ で与えられる。また、電場の向きは図のようになり、その強さは $E = v/d$ で与えられる。よって、キャパシタの単位体積当りのエネルギーが $\varepsilon E^2/2$ と

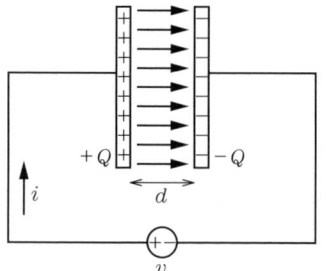

図1.26　蓄えられるエネルギー

なるので、総エネルギー W_C は

$$W_C = \frac{\varepsilon E^2}{2} Ad = \frac{\varepsilon v^2}{2d} Ad = \frac{1}{2} Cv^2$$

となる。

1.4 キルヒホッフの法則

1.4.1 キルヒホッフの電圧則

集中定数回路に対するキルヒホッフの法則を導く。定常的な場においては明白なので，非定常な電磁場に関する考察を加えよう。キルヒホッフの電圧則の適用の例として図 1.27 の回路を考える。閉路 C 内に節点 $p_1, p_2, \cdots, p_6$ を取る。各点のスカラーポテンシャルの値を $e_1 = \phi(p_1), e_2 = \phi(p_2), \cdots, e_6 = \phi(p_6)$ とし

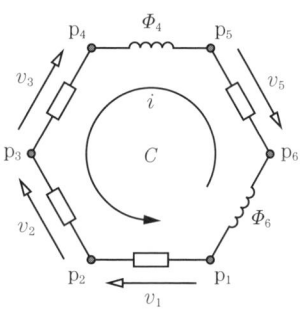

図 1.27　キルヒホッフの電圧則

$$v_1 = e_2 - e_1, \quad v_2 = e_3 - e_2, \quad v_3 = e_4 - e_3$$
$$v_4 = e_5 - e_4, \quad v_5 = e_6 - e_5, \quad v_6 = e_1 - e_6$$

とする。閉路 C を図の向きに電流 i が流れているとする。このとき，式 (1.15) は

$$v_1 + v_2 + v_3 + v_5 + \frac{d\Phi_4}{dt} + \frac{d\Phi_6}{dt} = 0 \tag{1.23}$$

となる。インダクタの定義により，Φ_k のもととなるインダクタを L_k とすると

$$\frac{d\Phi_4}{dt} = L_4 \frac{di}{dt} = v_4, \quad \frac{d\Phi_6}{dt} = L_6 \frac{di}{dt} = v_6$$

であるので，式 (1.15) は

$$v_1 + v_2 + v_3 + v_4 + v_5 + v_6 = 0 \tag{1.24}$$

となる。この場合，E は保存場にはならないが $v_4 = d\Phi_4/dt, v_6 = d\Phi_6/dt$ となるので，この起電力まで含めればキルヒホッフの電圧則が成り立つと考えてよい。これを拡張されたキルヒホッフの電圧則という[†]。

[†] 拡張されたキルヒホッフの電圧則は，導線の形状も含めて，回路の形状によって決まる。すなわち，時間的に変化する電磁場においては，静電場のように電場が保存場ではないことに注意されたい。また，本書では相互インダクタンスは取り上げないが，ほかの回路からの磁束の影響も受けるので，それが考えている閉路において無視できるという仮定も必要となる。

1.4.2 キルヒホッフの電流則

例として図**1.28**の回路を考えよう。点 P を囲む閉曲面 S として網かけの閉曲面（三次元中の曲面に二次元投影が描かれている）を考えよう。

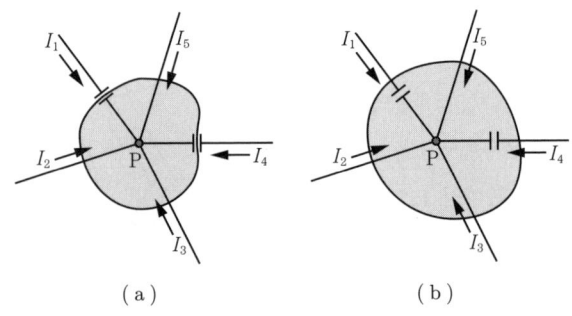

(a)　　　　　　　(b)

図**1.28**　キルヒホッフの電流則

このとき，図 (a) ではキルヒホッフの電流則は

$$I_2 + I_3 + I_5 + \frac{d(Q_1 + Q_4)}{dt} = 0$$

となる。I_1, I_3, I_5 は導線を通して電流が流れ込む分である。コンデンサ 1 と 4 の点 P に近い側の電極には電荷 Q_1 と Q_4 が蓄えられる。また，図 (b) では

$$I_1 + I_2 + I_3 + I_4 + I_5 = 0$$

となる。このときは，コンデンサの 1 と 4 の両極にはそれぞれ正負の同量の電荷が蓄えられ，その和は零となるので，$Q = 0$ となっていることに注意する。

図 (a), (b) において

$$\frac{dQ_1}{dt} = I_1, \qquad \frac{dQ_4}{dt} = I_4 \tag{1.25}$$

となるから，キルヒホッフの電流則としてはどちらも同じ結果を与える。

1.4.3　キルヒホッフの法則

以上の議論から，つぎのキルヒホッフの法則が導かれた。

章末問題 23

キルヒホッフの法則

1. 集中定数回路において，閉路を構成する枝の電圧の代数和は，すべての時刻 t において 0 となる．これを**キルヒホッフの電圧則 (KVL)** という．ただし，電磁場が時間的に変化する場合には拡張されたキルヒホッフの法則として理解する．
2. ガウスの定理が成立するような滑らかな曲面をガウス曲面と呼ぶ．すべての集中定数回路において，すべての時刻 t においてガウス曲面を出て行く電流の代数和は 0 となる．これを**キルヒホッフの電流則 (KCL)** という．

章 末 問 題

【1】付録やベクトル解析の本を参考にしながら，1 章の議論に証明をつけながら読んでみよ．

【2】ガウスの定理が成り立つことを示せ．

【3】ストークスの定理が成り立つことを示せ．

【4】$\mathrm{div}\, \boldsymbol{B} = 0$ が $\mathbb{R}^3$ で成り立つなら，$\boldsymbol{B} = \mathrm{rot}\, \boldsymbol{A}$ となるベクトルポテンシャル $\boldsymbol{A}$ が存在することを証明せよ．

【5】$\mathbb{R}^3$ において $\mathrm{rot}\, \boldsymbol{E} = 0$ となるなら，$\boldsymbol{E} = -\mathrm{grad}\, \phi$ となる静電ポテンシャル ϕ が存在することを証明せよ．

【6】つぎの関係が成り立つことを証明せよ．

$$\mathrm{div}\, \boldsymbol{E} \times \boldsymbol{H} = (\mathrm{rot}\, \boldsymbol{E}) \cdot \boldsymbol{H} - (\mathrm{rot}\, \boldsymbol{H}) \cdot \boldsymbol{E}$$

【7】任意の滑らかなベクトル場 $\boldsymbol{H}$ について，$\mathrm{div}\, \mathrm{rot}\, \boldsymbol{H} = 0$ となることを証明せよ．

【8】式 (1.5) は $\boldsymbol{B} = \mathrm{rot}\, \boldsymbol{A}$ となるベクトルポテンシャル $\boldsymbol{A}$ が存在することと等価になる．また，式 (1.2) は $\mathrm{rot}\,(\boldsymbol{E} + \partial \boldsymbol{A}/\partial t) = 0$ を意味し，スカラーポテンシャル ϕ が存在して $\boldsymbol{E} + \partial \boldsymbol{A}/\partial t = -\mathrm{grad}\, \phi$ が成り立つことと等価となる．ここで，$\boldsymbol{D} = \varepsilon \boldsymbol{E}$, $\boldsymbol{B} = \mu \boldsymbol{H}$ が成り立つとしよう．ε は誘電率, μ は透磁率と呼ばれる．このとき以下の問に答えよ．

(1) マクスウェルの残りの二つの方程式はローレンツゲージ

$$\mathrm{div}\, \boldsymbol{A} + \mu \varepsilon \frac{\partial \phi}{\partial t} = 0$$

の下でつぎの関係となることを示せ．

$$\mathrm{div}(\mathrm{grad}\, A_i) - \mu\varepsilon\frac{\partial^2 A_i}{\partial t^2} = -\mu J_i, \qquad (i=1,2,3)$$

$$\mathrm{div}(\mathrm{grad}\, \phi) - \mu\varepsilon\frac{\partial^2 \phi}{\partial t^2} = -\frac{\rho}{\varepsilon}$$

(2) これは，右辺によって励起される波動方程式である。その解は

$$\boldsymbol{A}(\boldsymbol{r},t) = -\iiint_{V'} \frac{\mu \boldsymbol{J}(\boldsymbol{r},t - \frac{\boldsymbol{r}-\boldsymbol{r}'}{v})}{4\pi|\boldsymbol{r}-\boldsymbol{r}'|} dV'$$

$$\phi(\boldsymbol{r},t) = -\iiint_{V'} \frac{\rho(\boldsymbol{r},t - \frac{\boldsymbol{r}-\boldsymbol{r}'}{v})}{4\pi\varepsilon|\boldsymbol{r}-\boldsymbol{r}'|} dV'$$

で与えられるを示せ。ただし，$v = 1/\sqrt{\mu\varepsilon}$ である。

(3) 集中定数回路は，電磁的な影響が瞬時に伝わるというモデルである。したがって，伝搬速度 v が無限大となる極限を考えるのが集中定数回路の出発点である。これは

$$\boldsymbol{A}(\boldsymbol{r},t) \approx \boldsymbol{A}_s(\boldsymbol{r},t) = -\iiint_{V'} \frac{\mu \boldsymbol{J}(\boldsymbol{r},t)}{4\pi|\boldsymbol{r}-\boldsymbol{r}'|} dV'$$

$$\phi(\boldsymbol{r},t) \approx \phi_s(\boldsymbol{r},t) = -\iiint_{V'} \frac{\rho(\boldsymbol{r},t)}{4\pi\varepsilon|\boldsymbol{r}-\boldsymbol{r}'|} dV'$$

と近似解 $\boldsymbol{A}_s(\boldsymbol{r},t)$ と $\phi_s(\boldsymbol{r},t)$ を作ることに相当している。これをもとに，集中定数回路理論とは何かを論ぜよ

【9】 インダクタの直列接続と並列接続の式を導け。

【10】 インダクタの蓄える電磁エネルギーが $W_L = Li^2/2$ となることを，1.3.2 項〔1〕と同様に導け。

2 線形抵抗回路

　線形抵抗素子と電源[†1]からなる線形抵抗回路を考える。このような線形回路の素子を流れる電流と素子を流れる電圧あるいは節点の電圧は，回路素子の接続の状況（これを回路のトポロジーという）によってKVLとKCLから導かれる関係式と，素子の両端の電圧と流れる電流の関係式（素子特性）を適切に組み合わせることにより得られる連立一次方程式から決定できる。このような解析を体系的に行う方法として，まず，枝電流法[†2]について紹介する。これはKVLを基礎とする解析法である。ついで，節点解析法について述べる。これはKCLを基礎とする解析法である[†3]。

2.1 回路理論の用語と独立なKCL, KVLの数

2.1.1 回路理論の用語の定義
まず，用語の定義を行う。
(1) **節　点** (node)　　複数の素子が接続されている点をいう。導線で直接接続された節点は等電位となるので同じ節点と考える。
(2) **本質的節点** (essential node)　　素子が三つ以上接続されている節点のことをいう。
(3) **パ　ス** (pass)　　素子[†4]をたどる道で同じ素子が2度現れないものの

[†1] 独立電圧源，独立電流源，従属電圧源，従属電流源を想定する。
[†2] branch current method という。
[†3] 枝電流法には枝電圧法，節点解析法にはメッシュ解析法という双対の解析法がある。ある意味で節点解析法は枝電圧法を効率化したものであり，またメッシュ解析法は枝電流法の効率化であるが，平面回路にしか適用できない。枝電圧法とメッシュ解析法については，節点解析法と枝電流解析法の説明の中で触れる。
[†4] この場合は抵抗と電源。

ことである。

(4) **枝** (branch)　　二つの節点をつなぐパスのことである。
(5) **本質的枝** (essential branch)　　二つの本質的節点をつなぐパスで，途中で本質的節点を通らないものをいう。
(6) **閉　路** (loop)　　出発する節点と終わる節点が同じパスのことをいう。
(7) **メッシュ**　　他の閉路を包含しない閉路のことをいう。
(8) **回路が連結**　　回路の任意の節点間をパスを通って移動できること。

2.1.2　線形独立な KCL, KVL の数

KCL と KVL は，回路の素子に流れる電流やその端子電圧に関する一次式として与えられる。つぎの定理が成り立つ[†]。（証明は脚注に示す文献を参照）。

定理 2.1　　連結な回路で n 個の節点と b 本の枝を持つものを考える。このとき，回路の素子の電流や電圧に関する関係式について，各節点でのKCL の中にちょうど $n-1$ 個の一次独立な一次式がある。また，回路の閉路に対する KVL の中にちょうど $b-n+1$ 個の一次独立な一次式がある。また，任意のガウス閉曲面に関する KCL は，節点における KCL の一次結合で表現できる。

2.2　枝　電　流　法

2.2.1　枝電流法の手順

枝電流法による解析の手順を示す。

1) 本質的節点と本質的枝をすべて抽出する。

[†] 通常はグラフ理論を使って証明される。グラフ理論を使わないで，帰納法によって初等的に証明したものにつぎの文献がある。P. Feldmann and R. A. Roher: Proof of the number of independent Kirchhoff equations in an electrical circuit, IEEE Trans. Circuits and Syst., Vol. **38**, No. 7, pp.681–684 (1991)

2) 本質的節点を一つ決めこれを 0 番の節点とする。また，それ以外の本質的節点に番号を振る。これを，$1, 2, \cdots, n$ とする。

3) 各本質的枝に番法を振る。これが $1, 2, \cdots, b$ と定まったとする。k 番目の枝の電流の方向を定め，その電流を I_k, $(k = 1, 2, \cdots, b)$ とする。

4) 0 番以外の本質的節点で KCL により，I_k 間の線形方程式を導く。これは n 個の方程式となる。

5) 本質的枝でできる閉路を $b - n$ 個探し，KVL により，$b - n$ 個の方程式をつくる。一つ前の KCL による方程式が n 個で，いま，さらに $b - n$ 個の方程式が立てられたので，総計 b 個の方程式が得られた。ここで得られた方程式を，枝特性を使って，枝電流 I_k で表すことにすれば b 個の未知数 $I_1, I_2, \cdots, I_b$ に対して，b 個の方程式が得られ，すべての枝電流が求められることがわかる。

ここで，例をもとに枝電流法を説明する。図 **2.1** の回路を考える。

本質的節点は 0 と 1 であり，本質的枝は b_1, b_2, b_3 である。まず，本質的節点 1 で KCL を適用すると $I_3 = I_1 + I_2$ を得る。よって，三つの枝電流の中で独立なのは二つである。この二つの枝電流を決めるために，二つの独立な閉路を考える。ここでは，閉路 l_1 と l_2 を考え，それぞれに KVL を適用すると

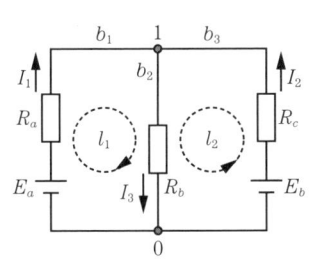

図 **2.1** 枝電流法による解析例

$$E_a - R_a I_1 = R_b I_3, \qquad E_b - R_c I_2 = R_b I_3$$

を得る。$I_3 = I_1 + I_2$ によって，I_3 を消去して，未知数 I_1 と I_2 の連立方程式として，上式を整理すると

$$(R_a + R_b)I_1 + R_b I_2 = E_a, \qquad R_b I_1 + (R_b + R_c)I_2 = E_b$$

となる。行列 $\boldsymbol{A}$ を

と定義すると

$$A = \begin{bmatrix} R_a + R_b & R_b \\ R_b & R_b + R_c \end{bmatrix}$$

と定義すると

$$Ax = b$$

となる。ただし，$x = (I_1, I_2)^t$ で $b = (E_a, E_b)^t$ である。回路解析では通常，数値計算を用いて連立一次方程式を解く。解法はガウスの消去法などが用いられる。

2.2.2 メッシュ解析法との関係

前節の枝電流法による解析においては，どの閉路を用いてよいのかはいろいろな選択肢がある。メッシュ法は平面グラフに適用されるもので，枝電流法における閉路として，すべてのメッシュを採用するものである。また，独立な枝電流としてメッシュ電流を用いる。メッシュ法を図 **2.2** の回路に適用する。

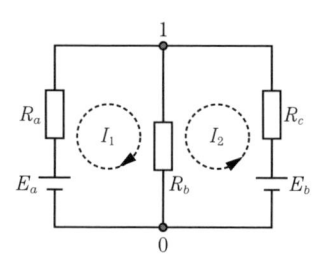

図 **2.2** メッシュ法による解析例

これは，図 2.1 の閉路 l_1 と l_2 をメッシュ電流 I_1 と I_2 に置き換え，このメッシュ電流に対して KVL を立てる方法である。メッシュ電流の数とメッシュの数は一致するので，すべてのメッシュの電流を決定することができる[†]。図 2.1 のように R_b に流れる電流を I_3 とすれば，自動的に $I_3 = I_1 + I_2$ となっている。また，二つのメッシュにおける KVL から

$$(R_a + R_b)I_1 + R_b I_2 = E_a, \qquad R_b I_1 + (R_b + R_c)I_2 = E_b$$

も導かれる。このように，メッシュ法は，① メッシュ電流を考えることによって，一次従属となる枝電流を自動的に消去する，② KVL を適用するための独

[†] このようにメッシュ法は非常に巧みである。マクスウェルの発案であり，マクスウェルのループ電流法とも呼ばれる。キルヒホッフが回路方程式の作り方を示し，マクスウェルがその解き方を示したといえる。

立な閉路としてすべてのメッシュを用いる，枝電流法であると考えられる。枝電流法は，独立な閉路として必ずしもメッシュを用いないので，平面グラフ以外にも適用可能になっている[†1]。

2.2.3 MATLAB による計算例

数値計算を実行する数値計算環境は多数あるが，ここでは，欧米をはじめ最近では日本でも一般的になりつつある MATLAB 環境を用いる方法を紹介する。MATLAB によれば，数式を書くのと同じ感覚でプログラムを組むことができる[†2]。MATLAB は数値計算をするためのインタプリタである。MATLAB には LAPACK という数値計算のプロが開発した高速で，高性能の数値計算パッケージが組み込まれている。ここでは MATLAB による，線形抵抗回路を記述する連立一次方程式の解き方を示そう。

例として，$R_a = 1.1, R_b = 2, R_c = 3, E_a = 7, E_b = 12$ の場合を考えよう。MATLAB を立ち上げると ">>" というプロンプトが現れる。

```
>> Ra=1.1; Rb=2; Rc=3; Ea=7; Eb=12;
```

とパラメータの値を入れる。つぎに係数行列と右辺ベクトルを入力する。

```
>> A=[Ra+Rb,Rb;Rb,Rb+Rc];
>> b=[Ea;Eb];
```

このとき，連立一次方程式 $\boldsymbol{Ax} = \boldsymbol{b}$ の解は

```
>> x=A\b
x =
   0.9565
```

[†1] したがって，枝電流法を平面グラフに用いるときはメッシュ法と同等に運用し，平面グラフ以外では独立な閉路を用いるようにすると，両者の利点が利用できることになる。なお，閉路法は，メッシュ法のように閉路における KVL を立てる方法であるが，閉路をメッシュに限定しない方法である。

[†2] MATLAB は，MathWorks 社の有料の商用ソフトウェアである。無料の互換ソフトとして Scilab や Octave がある。

2.0174

と求められる。バックスラッシュ "\" は連立一次方程式の解を求める MATLAB の命令で、ガウスの消去法により $Ax = b$ の解が求められる。

2.2.4 精度保証付き数値計算

MATLAB による計算は近似計算で、どこまで正しいかは保証されない。これに対して、最近では、精度保証付き数値計算[†1]といわれる、結果の正しさを保証する数値計算が近似計算の 2,3 倍の計算時間で実行可能となり実用域に達した。例えば、MATLAB のツールボックスとして INTLAB[†2] があるが、これを利用すると、表示された結果まで正しい結果が得られる。数学的に正しい結果を得たいときには、精度保証付き数値計算を用いる必要がある。INTLAB での精度保証付き数値計算はつぎのように行う。

```
>> Ra=intval('1.1'); Rb=2; Rc=3; Ea=7; Eb=12;
>> A=[Ra+Rb,Rb;Rb,Rb+Rc];
>> b=[Ea;Eb];
>> x=verifylss(A,b)
intval x =
    0.95652173913043
    2.01739130434782
```

表示されている桁まで数学的に正しい値であることが保証されている。

2.2.5 電流源を含む場合

例 1 図 **2.3** の回路を考える。この場合、$I_1 = J$ がただちにわかる。そこで、本質的節点 1 に KCL を適用すると $I_3 = J + I_2$ を得る。よって、独立な

[†1] これについては筆者の書:精度保証付き数値計算、コロナ社 (2000) を参照されたい。
[†2] S.M.Rump (ハンブルグ工科大学教授) の作成による。筆者の共同研究者で、筆者の精度保証付き数値計算の成果も多くはこのツールボックスに取り入れられている。インターネット検索で INTLAB と入力し、必要なソフトウェアをダウンロードすれば使用可能である。

枝電流は一つである。そこで，l_2 の閉路を考え，閉路に沿って KVL を適用すると

$$R_b I_3 = E_b - R_c I_2$$
$$\iff R_b(J + I_2) = E_b - R_c I_2$$

となる。よって

$$I_2 = \frac{E_b - R_b J}{R_b + R_c}$$

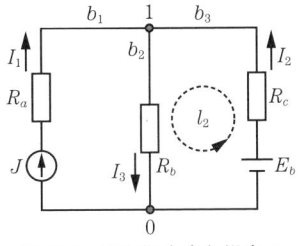

図 **2.3** 電流源を含む場合 1

を得る。このように，枝電流法を適用する際に，電流源を含む枝がある場合には，その枝を含まない閉路に対する KVL を使う。この例の場合は l_2 である。

例 2 図 **2.4**(a) の回路を考える。

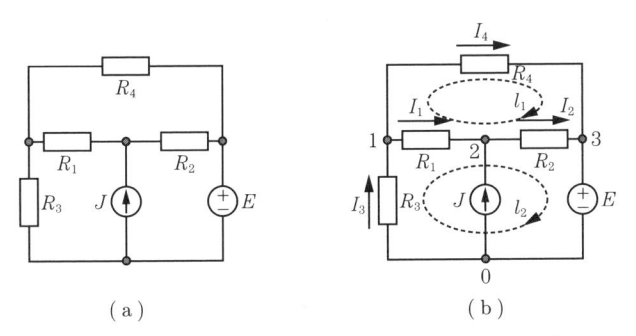

（a）　　　　　　　　　　（b）

図 **2.4**　電流源を含む場合 2 (枝電流法による解析例)

図 (b) のように，この回路には，節点 0 以外に，本質的節点が 1, 2, 3 と 3 個ある。抵抗枝電流 I_k, $(k = 1, 2, 3, 4)$ を図 (b) のように定義する。これらの枝電流間の関係式を与えるのは節点 1, 2 である。ここでの関係式は $I_3 = I_1 + I_4$, $I_2 = I_1 + J$ である。よって，I_k, $(k = 1, 2, 3, 4)$ を決定するためには二つの独立な閉路を見つければよい。電流源を含まない閉路として l_1, l_2 を考える。両閉路の KVL は

$$\frac{I_1}{R_1} + \frac{I_2}{R_2} = \frac{I_4}{R_4}, \qquad \frac{I_1}{R_1} + \frac{I_2}{R_2} + \frac{I_3}{R_3} = -E \tag{2.1}$$

となる。式 (2.1) に $I_3 = I_1 + I_4$, $I_2 = I_1 + J$ を代入して

$$(G_1 + G_2)I_1 - G_4 I_4 = -G_2 J$$

$$(G_1 + G_2 + G_3)I_1 + G_3 I_4 = -G_2 J - E$$

を得る。ただし，$G_k = 1/R_k$, $(k = 1, 2, 3, 4)$ である。閉路 l_2 はメッシュではない。メッシュ解析でも l_2 という閉路を用いるように方法を修正しなければならないが，それはスーパーメッシュという概念として定式化されている[†1]。

2.3 節点解析法

2.3.1 抵抗と独立電流源からなる回路の節点解析

節点解析法と呼ばれる，回路方程式の導出法について述べる。まず，節点解析の手順を示す。

1) 本質的節点をすべて探し出す。
2) 基準節点を本質的節点から一つ選ぶ。これを節点 0 とする。
3) この基準節点以外の本質的節点に番号を振り，$1, 2, \cdots, n$ とする。節点 0 の電位を基準として，各節点の電圧を $v_1, v_2, \cdots, v_n$ とし，未知変数とする。
4) 1 から n までの節点に KCL を適用して，n 個の方程式を導く。KCL は各節点に流れ込む電流の総和は零という関係式である。各節点に流れ込むのは，仮定から独立電流源の電流か抵抗の電流であるので，抵抗値がわかっていれば，抵抗の電流は節点の電圧で表される（図 2.5）。よって，KCL から得られる方程式を $v_1, v_2, \cdots, v_n$ の方程式として表すことができる。

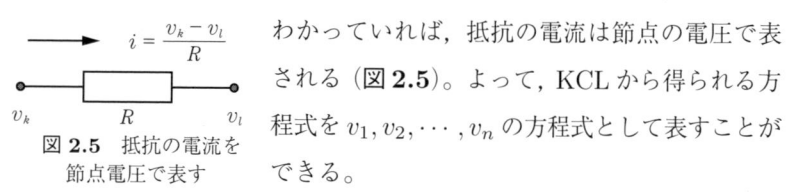

図 2.5 抵抗の電流を節点電圧で表す
$i = \dfrac{v_k - v_l}{R}$

5) 上で求めた方程式は $v_1, v_2, \cdots, v_n$ を未知数とする n 個の連立一次方程式であり，方程式と未知数は一致するので，原理的に解きうるもの[†2]で

[†1] 電流源を開放除去したときにメッシュとなるという定義である。その用い方は上記と同等の解析ができるようにするということで明らかであろう。

[†2] 広い条件の下で係数行列の正則性が保証されることをあとに示す。

ある。こうして $v_1, v_2, \cdots, v_n$ が求められる。

〔1〕 **節点解析による解析の例** 以上の手順を図 **2.6**(a) の回路に適用してみよう。図 (b) のように，本質的節点 0 を基準節点として取る。図のように，本質的節点に番号 1, 2 を振る。そして，節点 0 の電位を基準として，節点 1, 2 の電圧を V_1, V_2 とする。

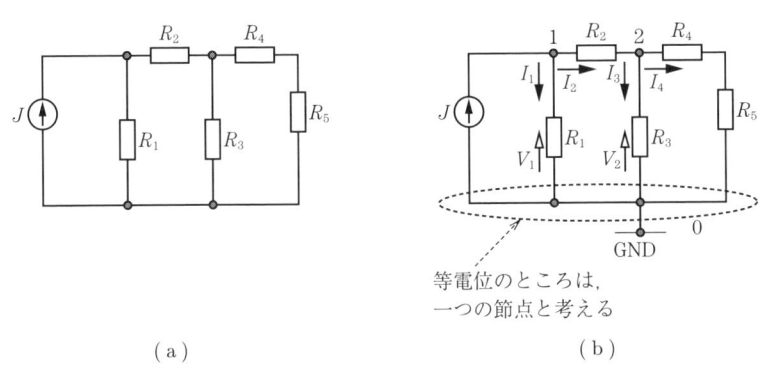

(a)

(b)

図 **2.6** 節点解析の例

本質的節点 1, 2 でそれぞれ KVL を立てると

$$I_1 + I_2 = J, \qquad I_2 - I_3 - I_4 = 0 \tag{2.2}$$

を得る。ここで，$G_1 = 1/R_1, G_2 = 1/R_2, G_3 = 1/R_3, G_4' = 1/(R_4 + R_5)$ とすると，コンダクタンスの特性から，$I_1 = G_1 V_1, I_2 = G_2(V_1 - V_2), I_3 = G_3 V_2, I_4 = G_4' V_2$ である。よって，式 (2.2) はつぎのような V_1, V_2 の連立一次方程式になる。

$$\left. \begin{array}{l} (G_1 + G_2)V_1 - G_2 V_2 = J \\ -G_2 V_1 + (G_2 + G_3 + G_4')V_2 = 0 \end{array} \right\} \tag{2.3}$$

これを節点方程式 (nodal equation) という。

〔2〕 **優 対 角 性** 節点方程式の可解性を調べよう。式 (2.3) は

$$\boldsymbol{V} = [V_1, V_2]^t, \qquad \boldsymbol{b} = [J, 0]^t$$

として

$$GV = b$$

となる。ただし

$$G = \begin{bmatrix} G_1 + G_2 & -G_2 \\ -G_2 & G_2 + G_3 + G_4' \end{bmatrix} \tag{2.4}$$

である。$R_i > 0, (i = 1, 2, \cdots, 5)$ であれば

$$|G_{ii}| > \sum_{j \neq i} |G_{ij}|, \quad (i = 1, 2) \tag{2.5}$$

が成り立つ。ただし，G_{ij} は行列 G の第 ij 成分であるとする。このことが成り立つことを行列 G が狭義対角優位性を持つという。狭義対角優位性を持つ複素行列についてはつぎの定理が成り立つ。

定理 2.2 狭義対角優位な $n \times n$ の複素行列は正則である。

証明 背理法による。G が正則でないとすると，$\det G = 0$ となり，0 が G の固有値となる。よって，$v (\neq 0)$ を $\lambda = 0$ の固有値で $|v_i| = \max\limits_{j=1,2,\cdots,n} |v_j|$ とする。

$$G_{ii} v_i = \sum_{j \neq i} G_{ij} v_j$$

が成り立つ。狭義対角優位性と $v \neq 0$ から

$$|G_{ii}||v_i| \leq \sum_{j \neq i} |G_{ij}||v_j| \leq \sum_{j \neq i} |G_{ij}||v_i| < |G_{ii}||v_i|$$

となる。したがって，$|G_{ii}||v_i| < |G_{ii}||v_i|$ を得て，矛盾である。これから，G は 0 を固有値に持たず，正則であることがわかる。 □

こうして，式 (2.3) の可解性がわかった。節点方程式の立て方から，回路が連結であり，基準節点と各節点の間に非零の抵抗が接続されていると，節点方程式の係数行列が優対角行列になることは明らかである。したがって，そのような条件の下で，節点方程式は必ず解けて，各節点の電圧が求められる。

2.3.2 独立電圧源が含まれる場合の節点解析

以上では独立電流源と抵抗からなる回路を仮定した。これを独立電圧源も含まれる場合に拡張しよう。

〔1〕 抵抗と直列に電圧源が入る場合 独立電源を含む場合で，図 2.7 のように独立電源と直列に抵抗がある場合を考える。この場合は，R_4 と独立電源 E が直列であり，それを分ける節点が本質的節点でないので，これを一つの枝と考える。前項の節点解析の手順に従うことにする。

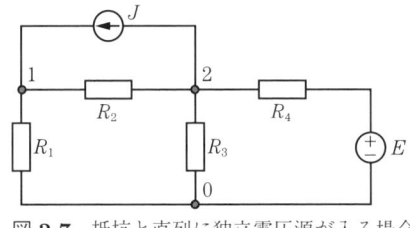

図 2.7 抵抗と直列に独立電圧源が入る場合

本質的節点を探し，その中から基準節点を選び，図の 0 の節点とする。基準節点以外の本質的節点に番号を振る。ここでは 1 と 2 の節点番号を振る。基準節点の電位から節点 1, 2 の電位の差をそれぞれ，v_1, v_2 とする。節点 1, 2 で KCL を立てる。$G_k = 1/R_k, (k = 1, 2, 3, 4)$ として，節点 1 では

$$\frac{v_1}{R_1} + \frac{v_1 - v_2}{R_2} = J \iff (G_1 + G_2)v_1 - G_2 v_2 = J$$

となり，節点 2 では

$$\frac{v_2 - v_1}{R_2} + \frac{v_2}{R_3} + \frac{v_2 - E}{R_4} + J = 0$$
$$\iff -G_2 v_1 + (G_2 + G_3 + V_4)v_2 = G_4 E - J$$

となる。これを行列を使って表すと，係数行列が優対角行列となることがわかるので，$G_k > 0, (k = 1, 2, 3, 4)$ なら解が存在することがわかる。

〔2〕 浮遊独立電源が存在する場合 つぎに，本質的節点と本質的節点の間に独立電源しか存在しない枝を含む場合を考える。例として，図 2.8(a) の回路を考えよう。基準節点を 0 とし，本質的節点に節点番号 1, 2, 3 を振り，基準節点からの電位差として節点電圧 v_1, v_2, v_3 を定義する。

さて，この例では，節点 1 と 2 の間に独立電源のみが含まれおり，独立電源を流れる電流は任意であるので，ここでの KCL を立てることができない。そ

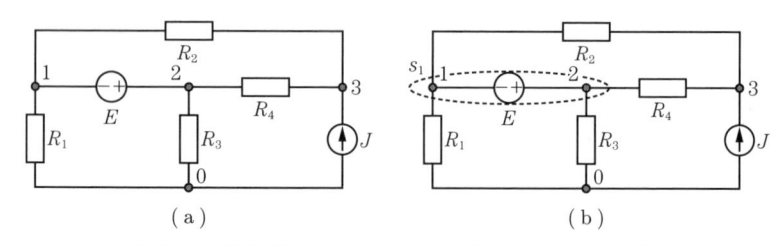

図 2.8 独立電源が含まれる場合（浮遊電圧源が入る場合）

こで，ガウス曲面として図 (b) のような閉曲面 s_1 を考える．これを節点の拡張と考え，スーパーノードという．スーパーノード s_1 についての KCL は書き下すことができる．なぜなら，KCL はガウス曲面に出入りする電流の和が 0 となるという法則であるが，ガウス曲面内だけで閉じる電流の流れについては記述する必要がないからである．したがって，スーパーノードについての KCL に節点 1, 2 間の電流の流れは記述する必要がなくなる．

一方，スーパーノードを導入すると，未知電圧が v_2, v_2, v_3 であるのに対して，KCL は節点 3 とスーパーノード s_1 に対してしか立てられないので，方程式数が一つ減少する．そこで，スーパーノード内で成り立つ関係式

$$v_1 - v_2 = -E$$

を加えることにする．すると，方程式数と未知数が一致する．一般にスーパーノードを導入すると，方程式数が一つ減るが，スーパーノード内で成立する上のような関係式を加えることで，方程式数を一つ増やすことができ，方程式数は差し引き増減なしにできる．

図 (a) から，節点 3 では $G_k = 1/R_k$, $(k = 1, 2, 3, 4)$ として

$$\frac{v_2 - v_3}{R_4} + \frac{v_1 - v_3}{R_2} = -J \iff G_2 v_1 + G_4 v_2 - (G_2 + G_4) v_3 = -J$$

が成り立つ．スーパーノード s_1 では，図 (b) から

$$\frac{v_1}{R_1} + \frac{v_2}{R_3} + \frac{v_2 - v_3}{R_4} + \frac{v_1 - v_3}{R_2} = 0$$

が成り立つ．

2.3.3 枝電圧法との関係

枝電圧法と節点解析法との関係を考える。枝電圧法による解析の手順[†]を示す。

1) 本質的節点と本質的枝をすべて抽出する。
2) 本質的節点を一つ決めこれを 0 番の節点とする。また，それ以外の本質的節点に番号を振る。これを，$1, 2, \cdots, n$ とする。
3) 各本質的枝に番号を振る。これが $1, 2, \cdots, b$ と定まったとする。k 番目の枝の電圧の方向を定め，その電圧を V_k, $(k = 1, 2, \cdots, b)$ とする。
4) 独立な閉路に対する KVL により，V_k 間の線形方程式を導く。これは $b - n$ 個の方程式となる。
5) 本質的節点に対して，KCL により，n 個の方程式をつくる。4) で作った KVL による方程式が $b - n$ 個で，さらに n 個の方程式が立てられたので，総計 b 個の方程式が得られた。ここで得られた方程式を，枝特性を使って，枝電圧 V_k で表すことにすれば b 個の未知数 $V_1, V_2, \cdots, V_b$ に対して，b 個の方程式が得られ，すべての枝電圧が求められることがわかる。

この方法において，基準節点 0 を基準として各本質的節点の電位を定める。そして，各本質的節点で KCL を立てるのが節点解析法であるので，節点解析法は枝電圧法の一種であると考えることができる。節点解析法にスーパーノードの概念を入れたものは幅広く一般の線形抵抗回路の解析に使えるので，枝電圧法にまで立ち返る必要はない。これはメッシュ解析が平面回路にしか適用できないことと対照的である。

2.4 回路のグラフ

回路解析で必要となる，独立な閉路，独立な KCL の数や独立な KVL の数な

[†] 枝電流法において電流を電圧に，KCL を KVL に，KVL を KCL に置き換えると得られるという意味で枝電流法と双対になる方法である。

どは，回路の接続状況を抽象化した回路のグラフから求められることを示そう。

回路のグラフは有向グラフである。n を節点の総数を表す自然数として，節点の集合 $\mathcal{N} = \{\alpha_1, \alpha_2, \cdots, \alpha_n\}$ を定義する。また，b を枝の総数を表す自然数として，枝の集合 $\mathcal{B} = \{\beta_1, \beta_2, \cdots, \beta_b\}$ を定義する。ただし，$k = 1, 2, \cdots, b$ について

$$\beta_k = (\alpha_{k1}, \alpha_{k2}), \quad \alpha_{k1}, \alpha_{k2} \in \mathcal{N} \tag{2.6}$$

と表されるとする。すなわち，枝 β_k は二つの節点のペアで定義され，α_{k1} を始点，α_{k2} を終点とする向きがつけられているとする。このとき，グラフとは $\mathcal{G} = (\mathcal{N}, \mathcal{B})$ という2字組のことである。

回路のグラフを定義するために，まず，2端子集中定数素子の素子グラフを定義する。図 **2.9**(a) のような2端子素子があるとき，その電圧は − の端子から + の端子へ向きを定義するとする。このとき，電流の向きは，+ の節点からから − の節点へ向かう方向に定義する。これを図 (b) のようなグラフで表す。これを素子グラフという。素子グラフには電流の向きを表す矢印のみをつける。

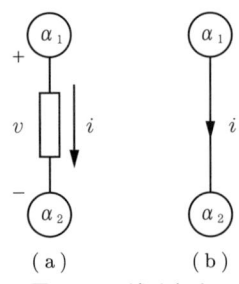

図 **2.9** 2端子素子の素子グラフ

つぎに，図 **2.10** に示す3端子集中素子の素子グラフを定義する。図 (a) において，キルヒホッフの電圧則と電流則から $v_{21} = v_{20} - v_{10}$, $i_3 = -(i_1 + i_2)$

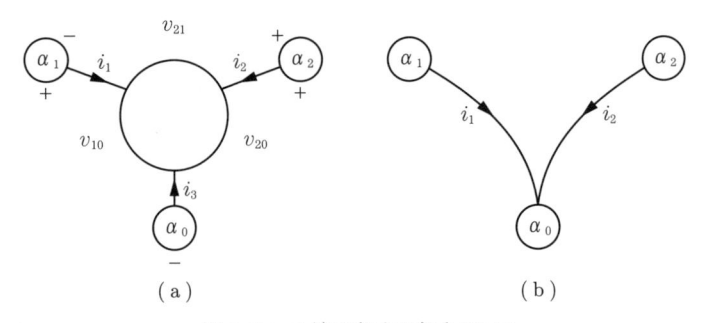

図 **2.10** 3端子素子の素子グラフ

が成り立つ．したがって，図 (b) のように，i_1 と i_2 を示し，陰に v_{10} と v_{20} を考えるので十分であり，3 端子素子も図 (b) のようにグラフ表現ができる．これを 3 端子素子の素子グラフという[†1]．

回路において素子を素子グラフに置き換えたものを回路のグラフという．ただし，理想導線によって結ばれた端子は，一つの節点とする．

2.4.1 グラフの用語

まず，グラフの用語を準備する．

(1) **パ　ス**　グラフにおいて，ある節点からある節点へ途中同じ節点を通ることなく，枝をたどっていく道をパスという．また，始点と終点が同じパスを閉路という．パスに向きをつけて考えるとき，有向パスという．向きを持つ閉路を有向閉路という．

(2) **連　結**　任意の節点間を結ぶパスがあるときグラフは連結であるという．

(3) **部分グラフ**　グラフ $\mathcal{G} = (\mathcal{V}, \mathcal{B})$ に対して，グラフ $\mathcal{G}' = (\mathcal{V}', \mathcal{B}')$ が部分グラフであるとは，$\mathcal{V}' \subset \mathcal{V}$ かつ $\mathcal{B}' \subset \mathcal{B}$ が成り立つことをいう．

(4) **木**　連結グラフ $\mathcal{G} = (\mathcal{V}, \mathcal{B})$ において，その部分グラフ $\hat{\mathcal{G}} = (\mathcal{V}', \mathcal{B}')$ が $\mathcal{G}$ の木であるとは，$\mathcal{V}' = \mathcal{V}$ で $\hat{\mathcal{G}}$ が連結で閉路を含まないことをいう．

(5) **補　木**　連結グラフ $\mathcal{G} = (\mathcal{V}, \mathcal{B})$ において，木 $\hat{\mathcal{G}} = (\mathcal{V}, \mathcal{B}')$ を一つ定めたとき，$\mathcal{L} = \mathcal{B} - \mathcal{B}'$[†2] を木 $\hat{\mathcal{G}}$ に対する補木という．すなわち，補木とは，$\mathcal{G}$ の枝の中で，木 $\hat{\mathcal{G}}$ に含まれない枝の集合をいう．

(6) **リンク**　補木の要素である枝をリンクという．

2.4.2 グラフの基本的な性質

〔1〕**木の枝の総数**　木は複数の取り方があることが多い．

☆ **性質 1**　連結なグラフの木の枝の総数は $n - 1$ である．

[†1] n 端子素子もその素子グラフの定義の仕方は同様である．
[†2] $\mathcal{B} - \mathcal{B}' = \{\beta \in \mathcal{B} \text{ and } \beta \notin \mathcal{B}'\}$ と定義される集合のこと．

〔2〕 独立な枝電圧と独立な枝電流の数

☆ **性質 2** 木に含まれるすべての枝の枝電圧を与えると，補木に含まれるすべてのリンクの枝電圧が決まる。

証明 木に一つのリンクをつけ加えると，一つ閉路ができる。この閉路を形成する枝集合は，一つがリンクで他は木の枝集合である。したがって，キルヒホッフの電圧則を用いると，仮定から，この閉路の中の木の枝である枝の枝電圧をはすべて与えられているので，リンクの枝電圧が決まることがわかる。 □

☆ **性質 3** 連結グラフ $\mathcal{G} = (\mathcal{V}, \mathcal{B})$ において，補木の要素数を l, $\mathcal{G}$ の枝集合 $\mathcal{B}$ の要素数を b とすると，$l = b - (n-1) = b - n + 1$ が成り立つ。

☆ **性質 4** 補木に含まれるすべてのリンクの枝電流を与えると，木に含まれるすべての枝の枝電流が決まる。

証明 まず，補木のすべてのリンクの枝電流が零であるとき，木の枝の枝電流も零となることを示そう。節点でその節点に接続される木の枝が一つであるような枝の枝電流は電流則より零となる。つぎに，節点でその節点に接続される枝電流がまだ零と決まっていない枝が一つの節点を考えると，この決まっていない枝の枝電流も零とわかる。このようにして，木の枝電流を順次決定していくと，すべての木の枝電流が零となることがわかる。よって，補木のすべてのリンクの枝電流が零であるとき，木の枝の枝電流も零となることがわかる。

さて，補木に含まれるすべてのリンクの枝電流が同じである二つの電流分布が存在したとしよう。このとき，この二つの電流分布の差の電流分布は，補木に含まれるすべてのリンクの枝電流が零であるような分布となる。よって，木に含まれるすべての枝の枝電流は零となる。これは二つの電流分布が等しいことを意味する。 □

〔3〕 **基本閉路** 与えられたグラフに対して一つの木を定め，その補木を考える。補木に含まれるリンクを一つ選ぶと，そのリンクとほかは木の枝だけからなる閉路を作ることができる。これをリンクによって定まる基本閉路と呼ぶ。

〔4〕 **基本閉路系** 木とその木の補木によって定まる基本閉路（l 個ある）の組を基本閉路系という。

〔5〕 **カットセット** 連結グラフにおいてそのグラフの枝集合の部分集合

で，その部分集合を除いたグラフは連結ではなく，また，その部分集合の任意の枝を戻すと連結なグラフになるような枝集合をカットセット (cut set) という。連結グラフのカットセットはグラフを二つの部分に分ける境界である。分けられたグラフをそれぞれグラフ1とグラフ2と呼ぶことにすると，カットセットの向きをグラフ1からグラフ2へ向かう方向かその逆に定めることができる。

> ☆ **性質5** 電気回路を表す連結グラフを考える。そのグラフの各枝の向きを枝電流の向きとする。このグラフのカットセットが与えられたとする。カットセットに含まれる枝の枝電流の代数和を取ると零となる。ただし，枝電流の代数和とは，カットセットに含まれる各枝について，枝の向きとカットセットの向きが同じときには枝電流にプラスサインをつけて，また，逆のときにはマイナスサインをつけて足しあわせたときの和である。

〔6〕**基本カットセット** 連結グラフを考える。そのグラフの木が与えれたとき，基本カットセットとは，木の枝を一つ含み，ほかはリンクからなるカットセットのことである。グラフの木を定めたとき，その木から作られるすべての基本カットセットの組を基本カットセット系という。

2.4.3 キルヒホッフの法則の位相構造

連結な回路があり，その回路のグラフ $G = (M, B)$ は節点が n 個で，枝が b 個とする。$M = \{\alpha_j | j = 1, 2, \cdots\}$, $B = \{\beta_j | j = 1, 2, \cdots, b\}$ とする。ここで，ベクトル空間 C_0, C_1 を次式によって定義する[†]。

$$C_0 = \left\{ \boldsymbol{h} = \sum_{j=1}^{n} h_j \alpha_j \right\}, \qquad C_1 = \left\{ \boldsymbol{i} = \sum_{j=1}^{b} i_j \beta_j \right\}$$

h_j は節点 α_j に流れ込む正味の電流量で，i_j は枝 β_j の枝電流である。ここで，α_j と β_j の双対基底 m_i, p_i を

[†] $C_r, r = 0, 1$ は + の演算によって群を成す。これを r 次元鎖群 (chain group) という。以下の議論は数学的にはホモロジーに関する議論であるとみなせる。

$$m_i(\alpha_j) = \delta_{ij},\ p_i(\beta_j) = \delta_{ij}, \qquad \delta_{ij} = \begin{cases} 1 & i = j \\ 0 & i \neq j \end{cases}$$

で定義する。以下, $m_i(\alpha_j) = \langle m_i, \alpha_j \rangle$, $p_i(\beta_j) = \langle p_i, \beta_j \rangle$ と表す。そして, C_0, C_1 の双対空間 C^0, C^1 を

$$C^0 = \left\{ \boldsymbol{u} = \sum_{j=1}^n u_j m_j \right\}, \qquad C^1 = \left\{ \boldsymbol{v} = \sum_{j=1}^b v_j p_j \right\}$$

で定義する。u_j は基準節点から測った節点 α_j の電圧で, v_j は枝 β_j の枝電圧である。$\beta_j = (\alpha_q, \alpha_k)$ のとき, 線形写像†$\partial : C_1 \to C_0$ を $\partial \beta_j = \alpha_k - \alpha_q$ と定義する。∂ の双対線形写像 $\partial^* : C^0 \to C^1$ を考える。∂^* は $\langle \partial^* m_i, \beta_j \rangle = \langle m_i, \partial \beta_j \rangle = \langle m_i, \alpha_k - \alpha_q \rangle = \delta_{ik} - \delta_{iq}$ で定義される。ここで

$$\partial^* m_i = \sum_{k=1}^b a_{ik} p_k, \qquad (i = 1, 2, \cdots, n)$$

とすると

$$\langle \partial^* m_i, \beta_j \rangle = \left\langle \sum_{k=1}^b a_{ik} p_k, \beta_j \right\rangle = \sum_{k=1}^b \langle a_{ik} p_k, \beta_j \rangle = \sum_{k=1}^b a_{ik} \delta_{kj} = a_{ij}$$

となる。よって, $a_{ij} = \delta_{ik} - \delta_{iq}$ を得る。すなわち

$$a_{ij} = \begin{cases} 1 & (節点\ \alpha_i\ から枝\ \beta_j\ が出ているとき) \\ -1 & (節点\ \alpha_i\ に枝\ \beta_j\ が入るとき) \\ 0 & (その他) \end{cases} \qquad (2.7)$$

を得る。a_{ij} を成分とする $n \times b$ 行列 A_a を接続行列 (incidence matrix) という。

$\boldsymbol{i} = \sum_{j=1}^b i_j \beta_j \in C_1$ とする。このとき

---

† 境界写像という。

$$\partial \boldsymbol{i} = \sum_{j=1}^{b} i_j \partial \beta_j = \sum_{l=1}^{n} h_l \alpha_l$$

とすると

$$h_k = \left\langle m_k, \sum_{l=1}^{n} h_l \alpha_l \right\rangle = \left\langle m_k, \sum_{j=1}^{b} i_j \partial \beta_j \right\rangle = \sum_{j=1}^{b} \langle \partial^* m_k, \beta_j \rangle i_j$$

となって $h_k = \sum_{j=1}^{b} a_{kj} i_j$ を得る．こうして，h_k が節点 α_k に流れ込む総電流であることがわかった．したがって，KCL が各節点で成立するためには $h_k = 0$ が $k = 1, 2, \cdots, n$ で成り立つこと，すなわち

$$\boldsymbol{i} \in \ker \partial \iff A_a \boldsymbol{i} = 0 \tag{2.8}$$

が十分条件であることがわかる[†]．

つぎに，$\boldsymbol{u} = \sum_{j=1}^{n} u_j m_j \in C^0$ とする．このとき

$$\partial^* \boldsymbol{u} = \sum_{j=1}^{n} \partial^* m_j = \sum_{l=1}^{b} v_l p_l$$

となるとする．ここで

$$v_k = \left\langle \sum_{l=1}^{b} v_l p_l, \beta_k \right\rangle = \left\langle \sum_{j=1}^{n} u_j \partial^*, \beta_k \right\rangle = \sum_{j=1}^{n} u_j A_{jk}$$

を得る．よって，各枝電圧が KVL を満たすには

$$\boldsymbol{v} \in \operatorname{im} \partial^* \iff \boldsymbol{v} = A_a^t \boldsymbol{u} \tag{2.9}$$

となることが十分条件になる．

ここで，電圧の基準となる基準節点を 0 として，A_a から基準節点の行を除いた行列を既約接続行列といい，A と表す．このときつぎの定理が成り立つ．

[†] $Z_1 = \ker \partial$ を一次元輪体 (1-cycle) という．すなわち，∂ の零は枝の集合の集まりで，その枝集合に含まれる枝の始点と終点の数が一致するもの，すなわち閉路である．これは回路のグラフのホモロジー群 H_1 となる．

定理 2.3　　$(n-1) \times b$ 行列である既約接続行列 A はフルランク ($\mathrm{rank} A = n-1$) となる。また，$\mathrm{rank} A_a = n-1$ である。

証明　連結なグラフでは $n-1 \leq b$ となることは明らかである。いま

$$A\boldsymbol{i} = \begin{pmatrix} l_1(i_1, i_2, \cdots, i_b) \\ l_2(i_1, i_2, \cdots, i_b) \\ \cdots \\ l_{n-1}(i_1, i_2, \cdots, i_b) \end{pmatrix} \tag{2.10}$$

と表す。以下，背理法で証明する。A がフルランクでないということは，このとき，ある $k \leq n-1$ が存在して，$A\boldsymbol{i}$ の k 個の成分を選んでその一次結合

$$\lambda_1 l_{i_1}(i_1, i_2, \cdots, i_b) + \lambda_2 l_{i_2}(i_1, i_2, \cdots, i_b) + \cdots + \lambda_k l_{i_k}(i_1, i_2, \cdots, i_b)$$
$$= 0 \tag{2.11}$$

が $\lambda_1 = \cdots = \lambda_k = 0$ 以外で成立することを意味する。これから矛盾が導かれることを示す。この場合，節点の集合 $\mathcal{N}_1 = \{\alpha_{i_1}, \alpha_{i_2}, \cdots, \alpha_{i_k}\}$ と $\mathcal{N}$ の残りの節点の集合 $\mathcal{N}_2$ を考える（図 **2.11** 参照）。

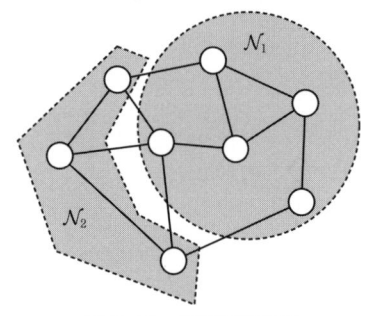

図 2.11　証明の補助図

節点数は n なので，$k=1$ から $k=n-1$ まで $\mathcal{N} = \mathcal{N}_1 \bigcup \mathcal{N}_2$, $\mathcal{N}_1 \neq \phi$, $\mathcal{N}_2 \neq \phi$ となる。$\mathcal{N}_1$ は式 (2.11) の各式の元となる節点である。すなわち，$j=1, 2, \cdots, k$ について，$l_{i_j}(i_1, i_2, \cdots, i_b) = 0$ は節点 α_{i_j} で成り立つ KCL である。このとき，グラフが連結であることから，少なくとも一つの枝が存在して $\mathcal{N}_1$ と $\mathcal{N}_2$ を結んでいる。この枝の両端点を考えると，一つは $\mathcal{N}_1$ に含まれるからこの枝電流は式 (2.11) の中に一度現れる。一方，もう一つの節点は $\mathcal{N}_2$ に属するので，この枝電流が式 (2.11) の中に現れるのはこの一度だけということになる。したがって，式 (2.11) の中でこの枝電流はキャンセルすることができないので，式 (2.11) が成り立つことはあり得ない。よって，A はフルランクでないという仮定と矛盾する。

さらに，$A_a \boldsymbol{i}$ を考えると，このベクトルの行すべてを足すと，各枝電流はプラスとマイナスで打ち消し合うことになり，0 となることがわかる。よって，$\mathrm{rank} A_a = n-1$

となる。 □

まとめると、$\ker A = \{i \in \mathbb{R}^b | Ai = 0\}$, $\operatorname{im} A^t = \{v \in \mathbb{R}^b | v = A^t e, e \in \mathbb{R}^{n-1}\}$ とするとき

$$\text{KCL} \quad i \in \ker A, \quad \text{KVL} \quad v \in \operatorname{im} A^t \tag{2.12}$$

が成り立つ。

2.4.4 接続行列による節点方程式の導出

さて，各枝が図 **2.12** で与えられる回路を考える。このとき，$I_k = J_k - Y_k V_k$ が成り立つ。対角成分を Y_k とする $b \times b$ 対角行列を Y とすると

$$I = J - YV \tag{2.13}$$

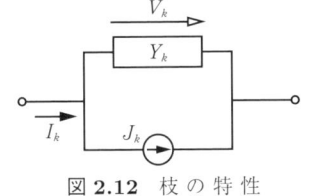

が成り立つことがわかる。ただし，$J = (J_1, J_2, \cdots, J_b)^t$ である。式 (2.13) の両辺に A をかけると $AI = 0, V = A^t E$ に注意して

$$AYA^t E = AJ \tag{2.14}$$

図 **2.12** 枝の特性

が成り立つことがわかる。ただし，E は節点電圧ベクトルとする。これを節点方程式という。

2.5 線形受動回路の諸定理

2.5.1 テレヘンの定理

☆ **性質6** (テレヘンの定理) $i \in \mathbb{R}^b$ が $Ai = 0$ を満たしているとしよう。また，ある $e \in \mathbb{R}^{n-1}$ によって $v = A^t e$ と $v \in \mathbb{R}^b$ が与えられているとする。$v \cdot i = 0$ が成り立つ[†]。

[†] B. D. H. Tellegen: A general network theorem, with applications, Philips Res. Rept., Vol. **7**, pp. 259-269 (1952)

証明 $v \cdot i = A^t e \cdot i = (A^t e)^t i = e^t (A^t)^t i = e^t (Ai) = 0$ より証明される。 □

2.5.2 テブナンの定理

入出力特性のみに着目したとき，まったく同じ動作をする回路を等価回路 (equivalent circuit) という。線形回路においては複雑な回路も簡単な等価回路に書き直すことができる。このことに気がついたのは 1850 年代の半ばのヘルムホルツであったといわれる。具体的な定理としては 1883 年に発表されたフランスの技術者テブナン (Thévenin) の定理である。線形抵抗，独立電圧源，独立電流源，線形従属電圧減，線形従属電流源からなる図 **2.13** (a) 線形回路を考える。その電圧電流特性を図 (b) 示す。V_{Th} は $I = 0$ のときの回路の電圧である。これは，端子を開放したときの電圧である。また，端子を短絡したとき $V = 0$ となるので，そのときの端子電流を I_N とする。また，線形回路のすべての電源を零としたときの抵抗を R_{Th} とすると，$-I_N = -V_{Th}/R_{Th}$ となる。

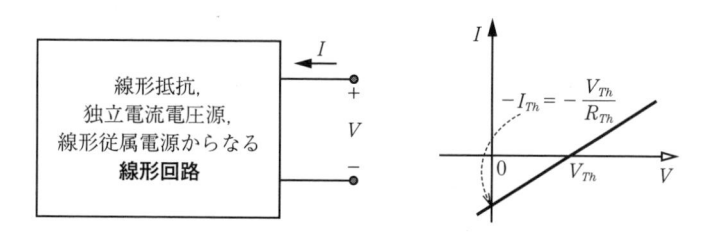

図 **2.13** 線形回路と電圧電流特性

以上を総合すると，図 2.13 の線形回路と同じ電圧電流特性を持つ等価回路は図 **2.14** となることがわかる。

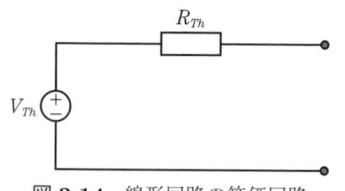

図 **2.14** 線形回路の等価回路

例題 2.1　図 2.15 の回路の出力電圧 V_o を求めよ。ただし，$V = 14\text{V}$ とする。

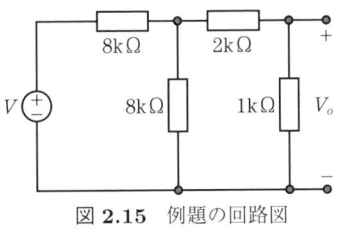

図 2.15　例題の回路図

【解答】　図 2.16 のように考える。まず，図 (a) のようにテブナンの定理で変形する。つぎに，図 (b) のように直列抵抗をまとめると，電圧配分により $V_o = 1\text{V}$ がわかる。

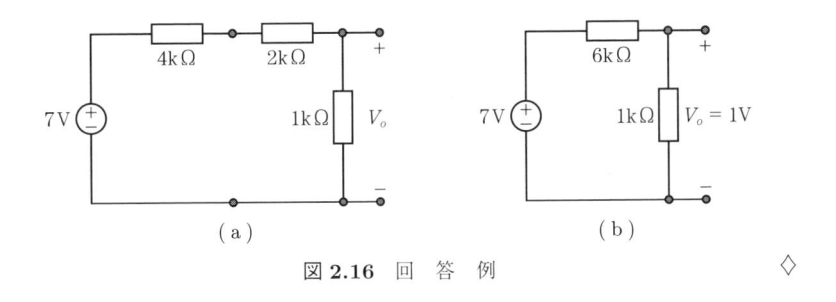

(a)　　　　　　　　　　　　(b)

図 2.16　回答例　　　　　　　　　　　　◇

章　末　問　題

- **【1】**（発展の問題）回路の幾何学的性質はグラフによって表される。この数学的構造は，さらにホモロジーやコホモロジーと呼ばれる幾何学的な量で表される。回路のホモロジーについて調べてレポートにまとめよ。
- **【2】**　図 2.3，図 2.4 の回路に対する方程式は網目方程式と呼ばれる。各網目に含まれる抵抗の値が正であれば，連結な線形抵抗回路に対する網目方程式は正則となることを示せ。
- **【3】**　MATLAB のコマンドに関するヘルプは help コマンド名で得られる。
  ```
  >> help \
  ```
  と打ち込んで，連立一次方程式の解法についての MATLAB の help を読んで，

連立一次方程式の解法の使い方などについてまとめよ。

【4】 MATLAB 上での LU 分解による連立一次方程式の解法について
>> help lu
により調べ，2.2.3 項の回路方程式を LU 分解を用いて解け。

【5】 抵抗値の測定など有用な回路の例を示そう。この回路において，G はガルバノメータなどの検流計で，流れる電流を検知するものとする。いま，検流計の測定によって G に電流が流れていない状態であるとしよう。これをブリッジはバランスしているという。図 2.17 の回路を考える。このとき，素子値間には

$$\frac{i_{12}}{i_{11}} = \frac{R_{11}}{R_{21}} = \frac{R_{12}}{R_{22}}$$

が成り立つことを示せ。

つぎに，図 2.18 の回路において，端子対 a–b から見たテブナンの等価回路を求めよ。

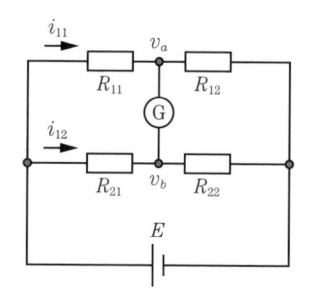

図 2.17　ホイートストンブリッジ回路

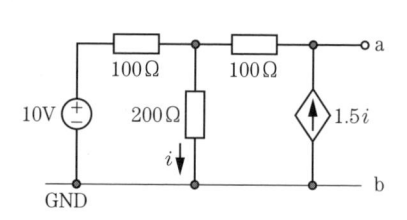

図 2.18　テブナンの定理

【6】 ノルトンの定理について調べてレポートにまとめよ。

【7】 図 2.19 の回路を考える。この回路の節点 1 と 0 の電位差 v_{10} はつぎのように与えられることを示せ。

$$v_{10} = \frac{\frac{E_a}{R_a} + \frac{E_b}{R_b} + \frac{E_c}{R_c}}{\frac{1}{R_a} + \frac{1}{R_b} + \frac{1}{R_c}}$$

【8】 連結なグラフの木の枝の総数は $n - 1$ であることを証明せよ。

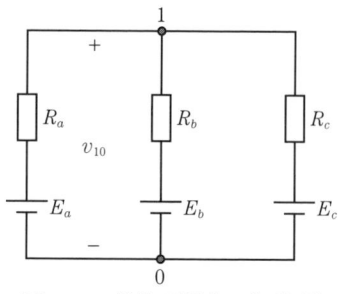

図 2.19　抵抗–電源枝の並列回路

【9】 図 2.17 の回路の検流計 G から見たホイートストンブリッジ回路のテブナンの等価回路を作れ。

【10】 図 2.20 の回路を考える。この回路において, v_s と R_s は電源のモデルとする。この電源から負荷 R_L に電力を供給することを考える。そのとき, R_L で消費される電力が

$$P_L = \frac{v_L^2}{R_L} = \frac{R_L}{(R_s + R_L)^2} v_s^2$$

で与えられることを示せ。P_L を R_L の関数としてみたとき, P_L の最大値が, $R_L = R_s$ で与えられることを示せ。これを最大電力供給定理という。

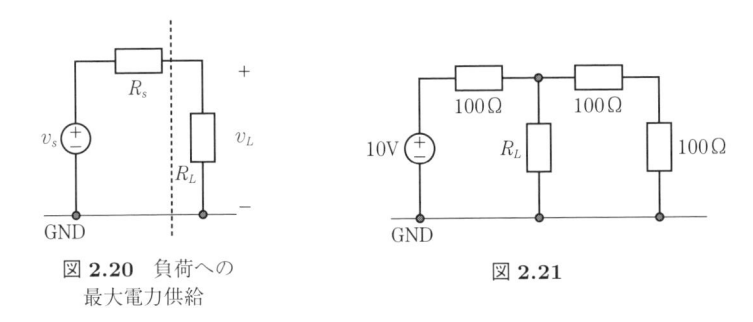

図 2.20 負荷への最大電力供給

図 2.21

【11】 図 2.21 の回路の R_L に最大電力が供給されるときの R_L の値とその最大電力を求めよ。

【12】 図 2.22 の回路において, 電流 I_1 が零となるときの v の値を求めよ。

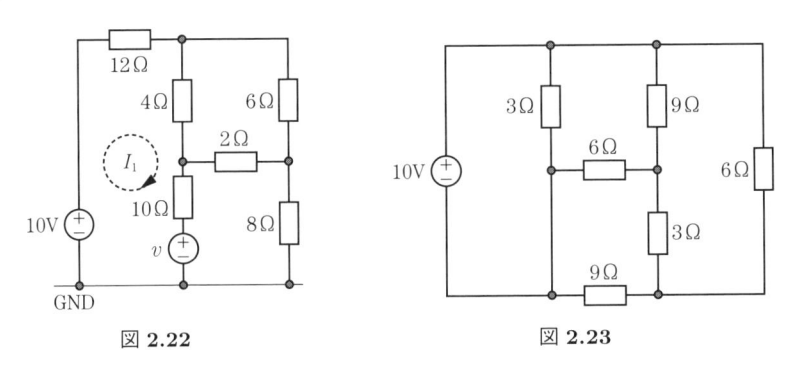

図 2.22

図 2.23

【13】 図 2.23 の回路において, 回路で消費される電力を求めよ。

【14】 図 2.24 の回路において, 図 (a) に対して図 (b) が等価な回路となるには, すなわち, 両回路において i_1, v_1 と i_2, v_2 の特性が等しくなるためには

(a)

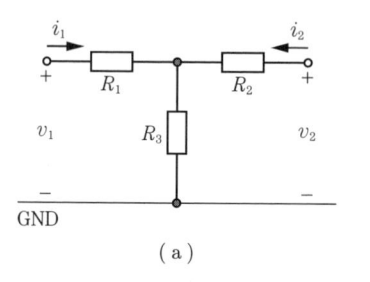

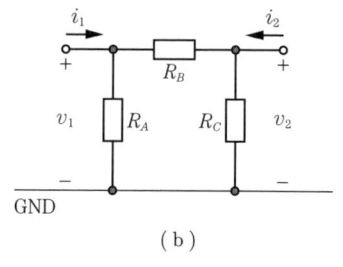

(b)

図 2.24 Δ − Y 変換

$$R_1 = \frac{R_A R_B}{R_A + R_B + R_C}$$
$$R_2 = \frac{R_B R_C}{R_A + R_B + R_C}$$
$$R_3 = \frac{R_C R_A}{R_A + R_B + R_C}$$

となればよいことを示せ。

逆に，図 (b) に対して図 (a) が等価な回路となるには

$$R_A = \frac{R_1 R_2 + R_2 R_3 + R_3 R_1}{R_2}$$
$$R_B = \frac{R_1 R_2 + R_2 R_3 + R_3 R_1}{R_3}$$
$$R_C = \frac{R_1 R_2 + R_2 R_3 + R_3 R_1}{R_1}$$

となればよいことを示せ。

【15】 図 2.25(a) の線形抵抗回路 $\mathcal{N}$ を考える。この回路の抵抗 $R(\geqq 0)$ に電流 I が

線形抵抗と電源
からなる回路

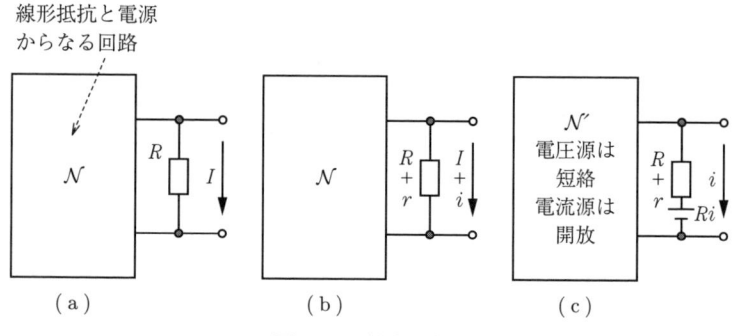

(a) (b) (c)

図 2.25 補償の定理

流れていたとしよう。このとき，図 (b) のように，$r \geqq 0$ として抵抗 R を $R+r$ に変化させたとする。このときに，図 (b) の回路の抵抗 $R+r$ に流れる電流 $I+i$ を求めたいとしよう。この i は $\mathcal{N}$ において電圧源は短絡，電流源は解放した回路を $\mathcal{N}'$ とするとき，図 (c) のように構成した回路の抵抗 $R+r$ を流れる電流 i に等しくなる。これを補償の定理という。テブナンの定理によって $\mathcal{N}$ を等価回路に置き換えてこの定理を証明せよ。

3 非線形抵抗回路

トランジスタ (transistor) という用語は transfer resistor から作られた造語である。バーディーン，ブラッテン，ショックレーの3名がその発明により 1956 年にノーベル賞を受賞した。トランジスタの発明が現在の集積回路の基礎となり，電子化社会を形成する基礎となっている。現在の集積回路は MOSFET を多用している。直流レベルでは MOSFET は一種の非線形抵抗とみなすことができる。本章では，MOSFET 回路などの電子回路を非線形抵抗回路という側面から調べる。

3.1 非線形抵抗素子

3.1.1 2端子非線形抵抗

非線形抵抗素子の数理モデルを挙げる。初めに図 **3.1** のような2端子抵抗素子を考えよう。

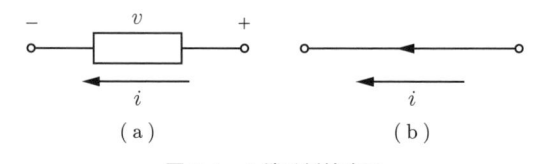

(a)   (b)

図 **3.1** 2端子抵抗素子

これが2端子非線形抵抗であるとは，$f:\mathbb{R}\to\mathbb{R}$ が存在して $f(v,i)=0$ が成り立つことである。例として，pn 接合ダイオードを考えよう。これは，i–v 特性が

$$i = I_s\left\{\exp\left(\frac{v}{V_T}\right)-1\right\}$$

特性で与えられる非線形抵抗である。I_s は逆飽和電流で $10^{-10} \sim 10^{-12}$ A のオーダである。また，$V_T = kT/q$ は熱電圧と呼ばれる物性量で，k はボルツマン定数，q は電子の電荷量，T は絶対温度である。25°C では $V_T = 0.026$ V 程度である。図 3.2 にダイオードの図記号と i–v 特性を示す。

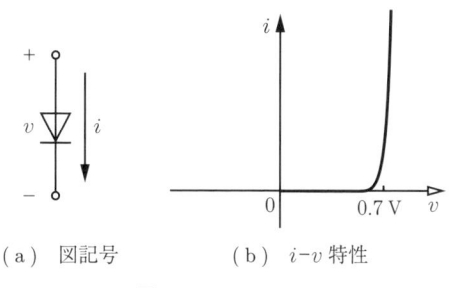

(a) 図記号　　(b) i–v 特性

図 3.2　ダイオード

3.1.2　3 端子非線形抵抗

つぎに，3 端子非線形抵抗のモデルについて考える。3 端子素子モデルは，共通して，キルヒホッフの方程式による拘束条件を受ける。このことを最初に確認しておこう。図 3.3 のような 3 端子抵抗素子を考えよう。

キルヒホッフの電圧則（KVL）から

$$v_{13} + v_{32} + v_{21} = 0 \tag{3.1}$$

図 3.3　3 端子抵抗素子

を得る。また，キルヒホッフの電流則（KCL）から

$$i_1 + i_2 + i_3 = 0 \tag{3.2}$$

を得る。式 (3.1) は 3 端子素子の 3 電圧 v_{13}, v_{32}, v_{21} の間には一つの関係式が成り立ち，二つしか独立に取れないことを示している。同様に，式 (3.2) は 3 端子素子の 3 電流 i_1, i_2, i_3 の間には一つの関係式が成り立ち，二つしか独立に取れないことを示している。これが 3 端子素子を扱うときの基本事項である。

3.1.3 MOSFET の素子モデル

MOSFET[†1]の3端子回路素子モデルについて扱う。能動素子と呼ばれる，信号を増幅する機能を持つ素子は多数存在するが，現代の集積回路のほとんどで用いられている MOSFET を基本の能動素子として本書では取り上げる。これは MOSFET について理解しておけば，ほかの能動素子についても同様に理解できるからである。

〔1〕 **nMOSFET のモデル**　まず，MOSFET の簡単な理論的なモデルを考え，そのモデルの特性を導く。図 **3.4** のように，MOSFET は仕事関数が等しい金属[†2]，絶縁体[†3]，p 型半導体の3層構造を形成している。これが MOS という名の由来である。p 型半導体は電子の穴である正孔が多く存在して，正の電荷である正孔が電圧の印加により動く半導体である。MOS 構造体の金属側を正，半導体側を負に電圧を加えると，正孔は絶縁体と半導体の境界から，半導体側に押しやられて，正孔の少ない空乏層が形成される。さらに，電圧を増すと，半導体の荷電帯が金属のフェルミ準位を下回るようになり，絶縁体と半導体の界面に電子がたまって n 型反転層と呼ばれる層を形成する。ここでいう n とは，negative の n で，負の電荷を持つ伝導電子のことである。こうして，

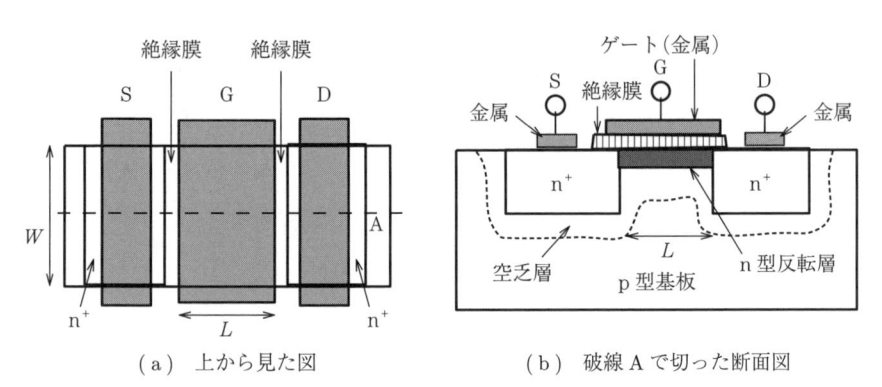

（a）上から見た図　　（b）破線 A で切った断面図

図 **3.4**　MOSFET の構造

[†1]　metal-oxide-semiconductor field effect transistor, 金属酸化膜半導体電界効果トランジスタ
[†2]　多結晶シリコン (poly-Si) などが用いられる。
[†3]　2 酸化シリコン SiO_2 が用いられる。

ゲート側を正，p 型半導体側を負に電圧をかけていくと図 (b) のように，ゲート，絶縁体，n 型反転層，空乏層，p 型半導体という層構造が形成される。図 3.4 のように，n$^+$ 領域†を対^{つい}として，ゲートにかかるように半導体表面に設置する。片方がソース S で，片方がドレーン D になる。

ここで，図 3.5 のように MOSFET に電圧印加することを考える。x 軸を図のように取り，原点をソースのドレーン寄りの端に取る。そして，ドレーンのソース寄りの端の座標を L とする。n 型反転層によって，ソースからドレーンへの電子の伝導チャネルが形成される。最初に，このチャネルがソースからドレーンまでつながっている場合を考える。v_{ds} によって，ゲート酸化膜に $x = 0$ で $v(x) = 0$ で，$x = L$ で $v(x) = v_{ds}$ になる電圧が発生しているとする。すなわち

$$v(x) = \frac{x}{L} v_{ds}$$

で与えられるとする。したがって，ゲートと p 型基板間には $0 < x < L$ のとき位置 x において $v_{gs} - v(x)$ の電圧がかかることになる。

MOSFET には，nMOS と pMOS の二つのタイプが存在する。図 3.5 に示す MOS 回路においてゲートを G，ドレーンを D，ソースを S で表す。FET においてはソースとドレーンの違いはなく，nMOSFET の場合はソースとドレーンの違いは $v_{ds} > 0$ とソースのほうがドレーンより低い電圧とすることで決まる。pMOSFET の場合は，逆に，$v_{ds} < 0$ によってソースのほうがドレーンより高い電圧とすることで決まる。さて，x の位置の MOS 構造体に反転層が形成されるには，$V_t > 0$ という電圧以上の電圧が加わることが必要となる。これをし

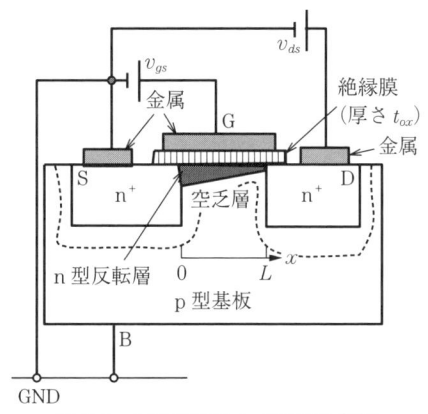

図 3.5 MOSFET への電圧の印加

$\dagger$ n 型不純物をドーピングした領域で，伝導電子が存在する領域である。

きい値電圧という。こうして，x の位置の反転層に誘起される電荷密度 $q(x)$ は

$$q(x) = C_{ox}(v_{gs} - v(s) - V_t)$$

で与えられる。ただし，$C_{ox} = \varepsilon_{ox}/t_{ox}$ はこの MOS 構造の持つ単位面積当りのキャパシタンスである。ここに，t_{ox} は絶縁膜の厚さで，ε_{ox} は絶縁膜の誘電率である。以上から，このチャネルに流れる電流 i_d は

$$i_d = -q(x)\mu W E(x) \tag{3.3}$$

で与えられる。ただし，μ は電荷の移動度で，W はチャネル幅[†1]である。また，$E(x) = -dv(x)/dx$ はチャネルの点 x における電場である。ここで，式 (3.3) を x について 0 から L まで積分すると

$$\int_0^L i_d dx = L i_d = -\int_0^L \mu W q(x) E(x) dx$$

となる。

$$\int_0^L q(x)E(X)dx = C_{ox}\int_0^L (v_{gs} - v(x) - V_t)\frac{dv(x)}{dx}dx$$
$$= C_{ox}\int_0^L (v_{gs} - v(x) - V_t)dv(x) = C_{ox}\left\{(v_{gs} - V_t)v_{ds} - \frac{1}{2}v_{ds}^2\right\}$$

より

$$i_d = \mu C_{ox}\frac{W}{L}\left\{(v_{gs} - V_t)v_{ds} - \frac{1}{2}v_{ds}^2\right\}, \quad (0 < v_{ds} \leqq v_{gs} - V_t)$$

を得る。$0 < v_{ds} \leqq v_{gs} - V_t$ を満たす v_{ds} と v_{gs} の領域を非飽和領域[†2]という。

さて，さらに v_{ds} を増やしていくと，チャネルがソースからドレーンまで届かなくなる[†3]。これは $v_{ds} = v_{gs} - V_t$ となるときである。ここからさらに v_{ds} を増やしても，i_d は増えることなく，一定の飽和状態となることが知られている。すなわち

[†1] W は 0.2〜100 μm 程度，L は 0.1〜3 μm 程度である。
[†2] linear region または triode region という。
[†3] ピンチオフが発生するという。

$$i_d = \mu C_{ox} \frac{W}{L}(v_{gs} - V_t)^2, \qquad (v_{ds} > v_{gs} - V_t > 0)$$

となる。条件 $v_{ds} > v_{gs} - V_t$ を満たす，v_{ds} と v_{gs} の領域を飽和領域[†1]という。

〔2〕 **MOSFET の図記号と特性**　以上，MOSFET のモデルを作り，そのモデルの特性を解析した。ここではこれを 3 端子素子として述べる。

図 **3.6** に MOSFET の図記号を示す。3 端子素子としてはソース (S) を基準としたゲート (G) 電圧 v_{gs} とソースを基準としたドレーン (D) 電圧 v_{ds} が用いられる[†2]。また，ゲートに流れ込むゲート電流 i_g とドレーンに流れ込むドレーン電流 i_d が用いられる。

(a) nMOSFET　　(b) pMOSFET

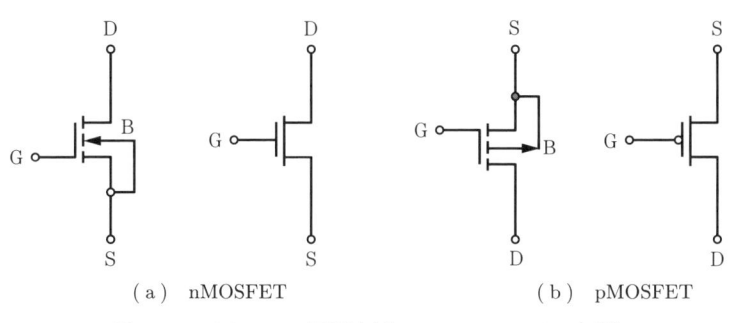

図 **3.6**　MOSFET の図記号 (すべてエンハンスメント型)

まず，nMOSFET の特性について議論しよう。nMOSFET では，v_{ds} は定義より正である。MOSFET にはエンハンスメント型[†3]とデプレション型[†4]がある。どちらも，任意の v_{gs} に対して，$i_g = 0$ になる。$v_{gs} = 0$ で $i_d \approx 0$ であるのがエンハンスメント型である。$v_{gs} = 0$ で $i_d > 0$（大）となるのがデプレション型である。v_{ds} と i_d が共に非負となる領域（第一象限）において，v_{ds} と i_d は区分的に滑らかな非線形特性で与えられる。すなわち

[†1] saturation region という。
[†2] 図中の B はバックゲートと呼ばれ，例えばソースと基板間に電圧（バックゲート電圧）を印加する。
[†3] 通常，オフ型とも呼ばれる。
[†4] 通常，オン型とも呼ばれる。

$$v_{ds} = v_{gs} - V_t \tag{3.4}$$

で与えられる直線を境界として，v_{ds} と i_d の特性は別々の式で与えられる。ここに V_t はしきい値電圧で，正の供給電圧 V_{DD} に対して，およそ $V_t = 0.2V_{DD}$ となる。以下では $V_t = 0.7$V と置いた。

$$i_g = 0, \quad (\text{すべての } v_{ds} \text{ と } v_{gs} \text{ について})$$

$$i_d = \begin{cases} 0 & v_{gs} - V_t < 0 \\ \dfrac{1}{2}\beta(v_{gs} - V_t)^2(1 + \lambda v_{ds}) & v_{ds} \geqq v_{gs} - V_t > 0 \\ \beta\left\{(v_{gs} - V_t)v_{ds} - \dfrac{1}{2}v_{ds}^2\right\} & 0 < v_{ds} < v_{gs} - V_t \end{cases} \tag{3.5}$$

となる。これがエンハンスメント型 nMOSFET のモデルである。ここで，$\beta = \beta_0 W/L$，$\beta_0 = \mu C_{ox}$ である。β_0 はおもに物性から決まる定数で，W/L は MOSFET の回路構造によって決まる値である。W/L の値を調整することによって，β の値をある程度所望の値とすることができる。λ はチャネル長変調パラメータといい，$1/V$ の次元を持つ正の定数である。前節のモデル解析では現れない効果であるが，より詳細なモデルを作って解析するとこの項を得る。この定数は MOSFET の出力抵抗を決める定数となるが，以下においては特に断らない限り $\lambda = 0$ の場合を扱う。この定義から，関数 f_d は直線の式 (3.4) 上で関数値も導関数値も共に v_{gs} と v_{ds} について連続なことがわかる。すなわち，C^1 級となる。このモデルに基づいて特性を計算した結果を示す。本書の数値例においては $\beta = 0.055\,\text{AV}^{-2}$ としている。まず，i_d が v_{gs} の変化によってどのように変わるかを図 3.7 に示す。これは，しきい値電圧が $V_t = 0.7$V であるから，$v_{gs} < 0.7$V では $i_d = 0$ となり，$v_{gs} \geqq 0.7$ では $\beta(v_{gs} - V_t)^2/2$ という二次関数のグラフとなっている。

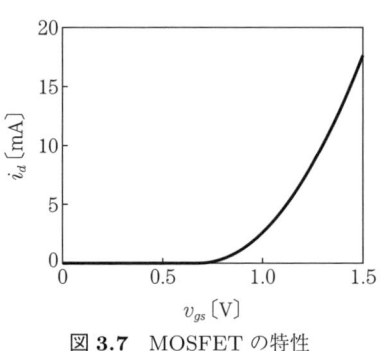

図 3.7 MOSFET の特性

つぎに，v_{ds} を変化させたときの i_d の変化のグラフを図 3.8 (a) に示す。

(a) 二次元表示 (b) 三次元表示

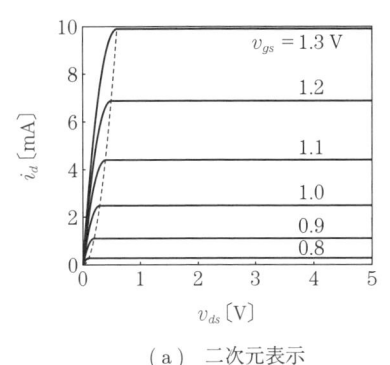

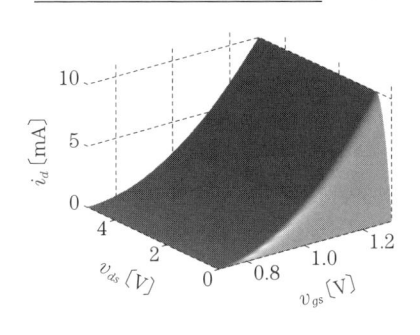

図 **3.8** nMOSFET の特性

横軸は v_{ds} で縦軸は i_d である。パラメータの値は $V_t = 0.7\,\mathrm{V}, \beta = 0.055\,\mathrm{AV^{-2}}$ と設定した。図 (a) において破線は飽和領域と非飽和領域の境界を示したもので

$$i_d = \frac{1}{2}\beta v_{ds}^2 \iff v_{ds} = v_{gs} - V_t, \qquad i_d = \frac{1}{2}\beta(v_{gs} - V_t)^2$$

で与えられる。

続いて，pMOSFET の特性について議論しよう。pMOSFET では，v_{ds} は nMOSFET とは逆に負である。pMOSFET にもエンハンスメント型とデプレション型がある。以下，エンハンスメント型を考えよう。v_{ds} と i_d が共に非正となる領域（第 3 象限）において，v_{ds} と i_d は区分的に滑らかな非線形特性で与えられる。すなわち

$$v_{ds} = v_{gs} - V_{tp} \tag{3.6}$$

で与えられる直線を境界として，v_{ds} と i_d の特性は別々の式で与えられる。ここに，V_{tp} はしきい値電圧で，以下では $V_{tp} = -0.7\mathrm{V}$ と置いた。

$$i_g = 0, \quad (\text{すべての } v_{ds} \text{ と } v_{gs} \text{ について})$$

$$i_d = \begin{cases} 0 & v_{gs} - V_{tp} > 0 \\ -\dfrac{1}{2}\beta_p(v_{gs} - V_{tp})^2(1 - \lambda_p v_{ds}) & v_{ds} \leqq v_{gs} - V_{tp} < 0 \\ -\beta_p\left\{(v_{gs} - V_{tp})v_{ds} - \dfrac{1}{2}v_{ds}^2\right\} & 0 > v_{ds} > v_{gs} - V_{tp} \end{cases} \tag{3.7}$$

となる。これがエンハンスメント型 pMOSFET のモデルである。$\beta_p = \beta_0 W/L$ である。W/L の値を調整することによって，β_p の値をある程度所望の値とすることができるのは nMOSFET と同じである。λ_p はチャネル長さ変調パラメータで正の定数であるが，以下においては特に断らない限り $\lambda_p = 0$ の場合を扱う。この定義から，i_d は直線 (3.6) 上で関数値も導関数値も共に v_{gs} と v_{ds} について連続なことがわかる。

3.2 非線形抵抗回路方程式

3 端子非線形抵抗について定義した。これは素子特性を与える。これにキルヒホッフの法則によって回路の接続情報を付加すると非線形抵抗回路の回路方程式が導かれる。本節ではいろいろな非線形抵抗回路の回路方程式を導くので，まず，一般的な非線形抵抗回路の回路方程式の導出法を示す。

3.2.1 節点方程式

いま，考えている非線形抵抗回路 $\mathcal{N}$ は，連結で時間不変の電圧制御型抵抗と独立電流源からなるとする。$\mathcal{N}$ に含まれる独立電流源以外の枝に番号を付けて 1 から b とするとき，$\boldsymbol{v} = (v_1, v_2, \cdots, v_b)^t$ と $\boldsymbol{i} = (i_1, i_2, \cdots, i_b)^t$ をそれぞれ枝電圧ベクトルと枝電流ベクトルとする。すべての抵抗（線形のものと非線形のものが混在しているとする）が電圧制御型抵抗であることから，$\boldsymbol{g}: \mathbb{R}^b \to \mathbb{R}^b$ を電圧制御型特性を表す写像として

$$\boldsymbol{i} = \boldsymbol{g}(\boldsymbol{v}) \tag{3.8}$$

が成り立つ。ここで，$\mathcal{N}$ の基準節点を 0 とし，それ以外の節点を $1, 2, \cdots, n-1$ とする。電流ベクトルを $\boldsymbol{i}_s = (i_{s1}, i_{s2}, \cdots, i_{s(n-1)})^t$ とする。ここで，$\boldsymbol{i}_{sk}$ は節点 k に入る独立電流源の電流の総和である。ただし，独立電流源からなるカットセットは存在しないとする。これは，独立電流源を開放除去した回路のグラフが連結となることと同値である。$\boldsymbol{A}$ をこの独立電流源を開放除去した回路の

グラフの既約接続行列（基準節点に対応する行のない接続行列）とする。このとき

$$Ai = i_s \tag{3.9}$$

が成り立つ。式 (3.8) を式 (3.9) に代入して

$$Ag(v) = i_s \tag{3.10}$$

を得る。ここで, $e = (e_1, e_2, \cdots, e_{n-1})^t$ を節点電圧ベクトルとする。$v = A^t e$ であるから，式 (3.10) は

$$Ag(A^t e) = i_s \tag{3.11}$$

が成り立つ。式 (3.11) を $\mathcal{N}$ の節点方程式という。

3.2.2 タブロー方程式

つぎに，もっと一般の非線形抵抗回路を考えよう。考えている非線形抵抗回路 $\mathcal{N}$ は，連結で時間不変の抵抗と独立電源からなるとする。$\mathcal{N}$ に含まれる枝に番号を付けて 1 から b とするとき, $v = (v_1, v_2, \cdots, v_b)^t$ と $i = (i_1, i_2, \cdots, i_b)^t$ をそれぞれ枝電圧ベクトルと枝電流ベクトルとする。また，$\mathcal{N}$ の基準節点を 0 とし，それ以外の節点を $1, 2, \cdots, n-1$ とする。このとき，A を回路のグラフの既約接続行列とすると, KCL は $Ai = 0$ となり, KVL は $v - A^t e = 0$ となる。一方，枝電流ベクトルと i と枝電圧ベクトル v の間には $h(v, i) = 0$ の関係式（非線形抵抗の特性）が成り立つ。非線形回路のタブロー方程式は

$$F(v, i, e) = \begin{bmatrix} Ai \\ v - A^t e \\ h(v, i) \end{bmatrix} = 0 \tag{3.12}$$

で与えられる。タブロー方程式は，コンピュータで自動的に回路方程式を導く場合に便利である。$x = (v, i, e)$ とおけば非線形回路方程式を解くことは

$$F(x) = 0 \tag{3.13}$$

を解く問題となる。ただし，$x \in \mathbb{R}^m$ とするとき，$F : \mathbb{R}^m \to \mathbb{R}^m$ である。

3.2.3 ニュートン法

非線形回路方程式 $\boldsymbol{F}(\boldsymbol{x}) = 0$ を解く方法についてここで説明する。

〔1〕 単独非線形方程式　$F : \mathbb{R} \to \mathbb{R}$ の場合を考えよう。ニュートン[†]は古典力学を展開したプリンキピアで一変数の非線形方程式を解いた。それを敷衍するとつぎのような方法となる。F を C^1 級の関数とする。x_0 を $F(x) = 0$ の近似とする。このとき，$x_1 = x_0 + d$ をよりよい近似にしたいとする。$F(x_1) = F(x_0 + d) \approx F(x_0) + F'(x_0)d$ と一次近似して

$$F(x_0) + F'(x_0)d = 0$$

から d を決定しようというのがニュートンのアイディアである。これから $d = -F(x_0)/F'(x_0)$ と求められる。すなわち，よりよい近似の候補として $x_1 = x_0 - F(x_0)/F'(x_0)$ を計算する。適当な初期値 x_0 からこれを反復するのがニュートン法である。

$$x_{n+1} = x_n - \frac{F(x_n)}{F'(x_n)}, \qquad (n = 0, 1, 2, \cdots) \qquad (3.14)$$

〔2〕 連立非線形方程式　つぎに，$\boldsymbol{F} : \mathbb{R}^m \to \mathbb{R}^m$ で $m \geq 2$ の場合を考えよう。この場合は連立非線形方程式を解くことになる。連立非線形方程式のニュートン法は単独非線形方程式に対するニュートン法の拡張として

$$\boldsymbol{x}^{(n+1)} = \boldsymbol{x}^{(n)} - \boldsymbol{F}'(\boldsymbol{x}^{(n)})^{-1}\boldsymbol{F}(\boldsymbol{x}^{(n)}), \qquad (n = 0, 1, 2, \cdots) \qquad (3.15)$$

と定義される。ただし，$\boldsymbol{F}'(x)$ は $\boldsymbol{F}$ のヤコビ行列である。また，初期値 $\boldsymbol{x}^{(0)}$ を適切に与えることが重要である。

3.2.4　MATLABによるニュートン法のプログラム

有限次元非線形方程式

[†] I. Newton (1643-1727) は古典力学や微積分を創始した。いわゆるプリンキピアにおいてニュートン力学を展開したが，これはユークリッド原論を模して，公理から出発して数学的に力学を展開している。用いられている数学はギリシャ数学で楕円までの幾何学である。しかし，ときに 300 年後の数学によってしか証明できないような数学的事実も用いられており，プリンキピアは難解をきわめる。

$$f(x) = 0, \quad f : \mathbb{R}^n \to \mathbb{R}^n \tag{3.16}$$

を解く典型定なニュートン法のプログラムを示す[†1]。

プログラム 3-1 (newt.m)

```
1  function y=newt(func,x)
2  h=0.000001;
3  [m,n]=size(x);
4  f=func(x);
5  xx=x;
6  for j=1:m,
7      xx(j)=x(j)+h;
8      dp=(func(xx)-f)/h;
9      A(:,j)=dp;
10     xx(j)=x(j);
11 end;
12 y=x-A\f;
```

ニュートン法において，よい収束を得るには，ヤコビ行列（プログラム中の行列 A) の計算は精度がほどほどでよいので，数値微分を用いて計算している[†2]。これが変数 j に関するループ部分である。現在の近似値を x としてニュートン法を一反復した修正された近似解 y を出力する。x, y は列ベクトルとする。

解くべき非線形関数は関数ハンドルと呼ばれる MATLAB の技法を用いて指定する。非線形関数 $f(x)$ を $f.m$ に保存してあるときにはつぎのように関数名を入れて実行できる。

────── MATLAB での実行法 ──────
```
>> func=@f;
>> y=newt(func,x);
```

3.3 MOSFET回路

CMOS, the most abundant devices on earth

3端子素子を用いると，さまざまな機能を持った回路を構成することができ

[†1] 実際のプログラムには行番号はついていないことに注意されたい。
[†2] $f(x)$ の値の評価は精密である必要がある。

る。ここでは，基本となる電圧増幅回路の構成について調べることにする。情報を伝える電圧波形を何倍もの大きな振幅を持つ波形に変換することを増幅 (amplification) という。信号の増幅にはエネルギーが必要なので外部からバイアス電圧源を加える。そのエネルギーを情報を伝える信号波形へ移して増幅を行う。増幅を行う回路には MOSFET などが用いられる。

3.3.1　ソース共通 MOSFET 回路

MOSFET の基本回路として図 **3.9** の回路を考える。この回路は入力電圧 v_{in} を出力電圧 v_{out} に変換する機能を持つ回路であると考える。その機能を表すには，入力から出力への写像 $f : \mathbb{R} \to \mathbb{R}$, $v_{out} = f(v_{in})$ を決定すればよい。f を伝達関数[†]という。

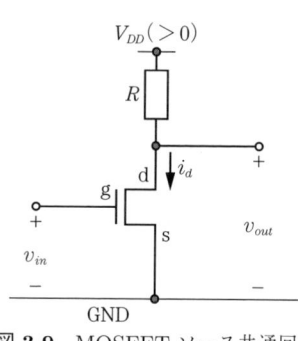

図 **3.9**　MOSFET ソース共通回路

〔1〕 回路の伝達関数　　nMOSFET の特性として $\beta = 0.055\,\mathrm{AV}^{-2}$, $V_t = 0.7\,\mathrm{V}$, 回路のパラメータとして，$V_{DD} = 5\,\mathrm{V}$, $R = 500\,\Omega$ を仮定する。まず，$v_{in} < V_t = 0.7$ の遮断領域に MOSFET があるとすると，出力は $v_{out} = 5$ となる。つぎに，$v_{in} > V_t$ の場合を考える。$v_{out} = v_{ds} > v_{in} - V_t$ の飽和領域に nMOSFET があるとすると

$$v_{out} = V_{DD} - R i_d(v_{in}) = 5 - 13.75(v_{in} - 0.7)^2$$

であるから

$$5 - 13.75(v_{in} - 0.7)^2 > v_{in} - 0.7$$
$$\iff 0 > 13.75(v_{in} - 0.7)^2 + (v_{in} - 0.7) - 5$$

となる。よって

$$0.7 < v_{in} < v_p = \frac{-1 + \sqrt{276}}{27.5} + 0.7 \approx 1.2678$$

[†] transfer function という。伝達関数は，非線形回路では，一般に非線形な関数となる。

が回路中の nMOSFET が飽和領域に入る条件となる。

最後に $v_{in} \geqq v_p$ の場合には nMOSFET は非飽和領域に入り

$$v_{out} = 5 - i_d R = 5 - 13.75\{2(v_{in} - 0.7)v_{out} - v_{out}^2\}$$

すなわち，$13.75v_{out}^2 - (27.5v_{in} - 18.25)v_{out} + 5 = 0$ となる．よって

$$v_{out} = \frac{27.5v_{in} - 18.25 \pm \sqrt{(27.5v_{in} - 18.25)^2 - 275}}{27.5}$$

を得る．つぎの関数が連続となるのはマイナス符号の場合であることが容易にわかる．こうして，伝達関数

$$f(v_{in}) = \begin{cases} 5 & (v_{in} < 0.7) \\ 5 - 13.75(v_{in} - 0.7)^2 & (0.7 \leqq v_{in} < v_p) \\ \dfrac{27.5v_{in} - 18.25 - \sqrt{(27.5v_{in} - 18.25)^2 - 275}}{27.5} & (v_{in} \geqq v_p) \end{cases}$$

を得る（図 **3.10**）．ただし $v_p \approx 1.2678\,\mathrm{V}$ である．

この伝達関数から，MOSFET の応用として，大別してつぎのような回路が考えられる．

① 飽和領域を利用して，微小振幅の信号を大きな振幅の信号に変換する信号のアナログ回路としての増幅回路

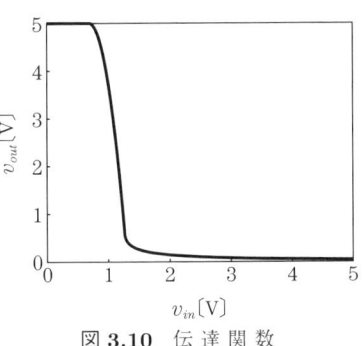

図 **3.10** 伝達関数

② 遮断領域を 0, 非飽和領域を 1 と考えるディジタル回路のインバータ

〔**2**〕**増幅回路としての機能**　MOSFET の飽和領域 ($v_{ds} \geqq v_{gs} - V_t > 0$) を使った，信号の増幅回路としての応用について詳しく見てみよう．図 3.9 の回路を考える．このとき，$i_d(v_{gs}) = \beta(v_{gs} - V_t)^2/2$ となる．ここで $v_{in} = \tilde{v}_{in}(t) + V_B$ とする．すなわち，直流のバイアス電源 V_B と信号成分 $\tilde{v}_{in}$ に v_{in} を分ける．以下，$\beta = 0.055\,\mathrm{AV^{-2}}, V_t = 0.7\,\mathrm{V}, V_{DD} = 5\,\mathrm{V}$ と仮定する．KVL から

$$v_{ds} + i_d(v_{gs})R = V_{DD}$$

が成り立つ. ただし, $v_{out} = v_{ds}$ である. $R = 500\Omega$ とする. また, $\tilde{v}_{in} = 0$ のときに v_{ds} が V_{DD} の半分の 2.5V 程度となるようにバイアス電圧 V_B を設定しよう. すると

$$2.5 + i_d(v_{gs})R = 5 \iff i_d(V_B)R = 2.5$$

を得る. よって

$$\frac{1}{2}\beta(V_B - 0.7)^2 = \frac{2.5}{R} \iff V_B = \sqrt{\frac{5}{R\beta}} + 0.7 \approx 1.1\,\text{V}$$

となる. ここで, 入力信号が $\tilde{v}_{in}(t) = -0.05\sin t$ と与えられたとしよう. 図 **3.11** は $v_{gs}(t) = 1.1 + 0.05\sin t$ としたときの $Ri_d(v_{gs}(t))$ を表している. このようにして, 入力信号 $\tilde{v}_{in}(t) = 0.05\sin t$ が

$$v_{ds}(t) = V_{DD} - Ri_d(v_{gs}(t)) = 2.8 - (0.55\sin t + 0.034\,375\sin^2 t)$$

と出力されることがわかる.

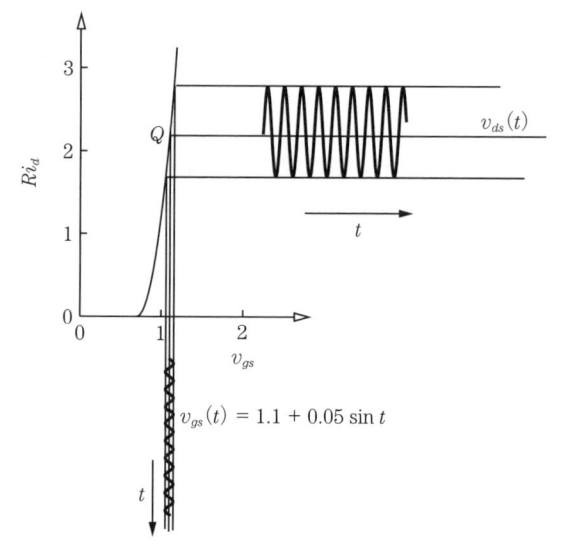

図 **3.11** 信号増幅の原理

出力の信号成分は $-0.55\sin t + 0.017\,187\,5\cos 2t$ であり，高調波 $\cos 2t$ を含むひずんだ信号となる．また，図 3.11 から MOSFET が飽和領域にあるという条件 $v_{ds} \geqq v_{gs} - V_t > 0$ も満たされていることがわかる．図 3.9 の回路は $\tilde{v}_{in}$ という入力信号を加えることによって，それが増幅され，出力信号 v_{ds} になるという増幅機能を持っている．したがって，この回路を電圧増幅回路という．

$$A = \frac{dv_{ds}}{dv_{gs}} = -R\beta(v_{gsQ} - V_t) = -11, \quad (v_{gsQ} = 1.1)$$

を増幅率という．

〔3〕 **nMOSFET の出力抵抗**　　ピンチオフが生じてチャネル長が L より短くなっていくことにより，飽和領域でも i_d は一定にならず，詳しくは，$i_d = K(v_{gs} - V_t)^2(1 + \lambda v_{ds})$ と v_{ds} に依存するようになる．ただし，$K = \beta/2$ である．$\lambda > 0$ となることの効果をここで調べよう．飽和領域内で $i_d = i_{d_Q} + \hat{i}_d$, $v_{gs} = v_{gs_Q} + \hat{v}_{gs}$, $v_{ds} = v_{ds_Q} + \hat{v}_{ds}$ と変化しているとする．

$$i_{d_Q} = i_d(v_{gs_Q}, v_{ds_Q}), \qquad \hat{i}_d = \hat{i}_d(v_{gs_Q}, v_{ds_Q})$$

Q は動作点を表す．このとき

$$\hat{i}_d(v_{gs_Q}, v_{ds_Q}) = \frac{\partial i_d(v_{gs_Q}, v_{ds_Q})}{\partial v_{gs}}\hat{v}_{gs} + \frac{\partial i_d(v_{gs_Q}, v_{ds_Q})}{\partial v_{ds}}\hat{v}_{ds}$$

となる．ここで

$$\frac{\partial i_d(v_{gs_Q}, v_{ds_Q})}{\partial v_{gs}} = 2K(v_{gs_Q} - V_t)(1 + \lambda v_{ds_Q}) \approx 2K(v_{gs_Q} - V_t) := g_m$$

および

$$\frac{\partial i_d(v_{gs_Q}, v_{ds_Q})}{\partial v_{ds}} = \lambda K(v_{gs_Q} - V_t)^2 := \frac{1}{r_o}$$

となる．こうして

$$\hat{i}_d = g_m \hat{v}_{gs} + \frac{\hat{v}_{ds}}{r_o}$$

と表すことができる．ただし

68   3. 非線形抵抗回路

$$g_m = 2K(v_{gs_Q} - V_t),$$
$$r_o = \frac{1}{\lambda K(v_{gs_Q} - V_t)^2}$$

である。r_o を飽和領域における微小信号に対する nMOSFET の線形化モデルの出力抵抗という。この微小信号に関する nMOSFET の線形化モデルを回路図として表すと図 3.12 となる。

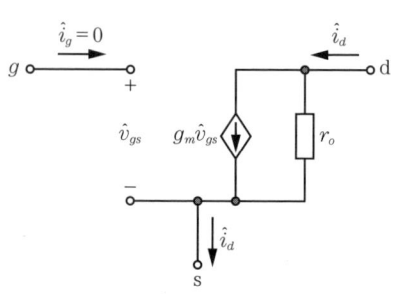

図 3.12 微小信号モデル

3.3.2 MOSFET のダイオード接続

〔1〕 **nMOSFET ダイオード接続** 図 3.13 (a) のように nMOSFET を接続するとし，この FET を M と呼ぶことにする。$i_{ref} > 0$ であるとき，回路中の M のソース s とドレーン d が図のように配置され，M が飽和状態において動作することを示そう。

(a) nMOSFET   (b) pMOSFET

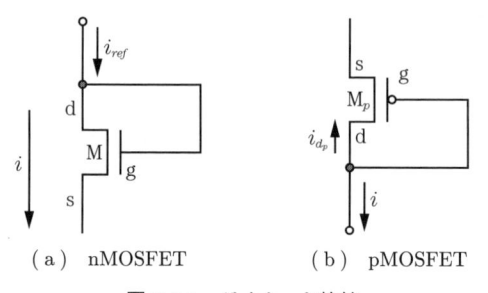

図 3.13 ダイオード接続

回路のトポロジー†から $v_{gs} = v_{ds}$ である。$V_t > 0$ であるから $v_{ds} > v_{ds} - V_t = v_{gs} - V_t$ がつねに成り立つ。よって

$$i = \begin{cases} 0 & v_{gs} - V_t \leqq 0 \\ \dfrac{\beta}{2}(v_{gs} - V_t)^2 & v_{gs} - V_t > 0 \end{cases} \tag{3.17}$$

---

†　接続状況からという意味である。

となる。ここで，ゲートに流れる電流は0であるから $i = i_{ref} > 0$ となることを注意する。すなわち，$i_{ref} > 0$ という条件下では $v_{gs} - V_t > 0$ となる。すなわち，M が飽和状態で動作していることになる。

$i_{ref} > 0$ のときには，i_{ref} と v_{gs} は1対1に対応する。

$$i_{ref} = \frac{\beta}{2}(v_{gs} - V_t)^2 \iff v_{gs} = V_t + \sqrt{\frac{2i_{ref}}{\beta}}$$

したがって，i_{ref} が与えられれば v_{gs} が決まり，v_{gs} が決まれば i_{ref} が決まる。

$i_{ref} > 0$ かどうかわからないときには，式 (3.17) が成り立つので，M は V_t をしきい値とするダイオードとして動作する。これを nMOSFET のダイオード接続という。nMOSFET のダイオード接続は，電流を吸い取る形のシンク型であるといえる。

〔2〕 **pMOSFET ダイオード接続**　つぎに，pMOSFET の場合のダイオード接続を図 3.13(b) に示す。pMOSFET の動作は nMOSFET の動作の正負の符号を反転したものであるので，つぎのように動作する。すなわち，$i > 0$ であるとき，M_p のソース s とドレーン d が図のように配置され，M が飽和状態において動作することを示そう。回路のトポロジーから $v_{gs} = v_{ds}$ である。$V_{tp} < 0$ であるから $v_{ds} < v_{ds} - V_{tp} = v_{gs} - V_{tp}$ がつねに成り立つ。よって

$$i_{d_p} = \begin{cases} 0 & v_{gs} - V_{tp} \geqq 0 \\ -\frac{\beta}{2}(v_{gs} - V_t)^2 & v_{gs} - V_{tp} < 0 \end{cases} \tag{3.18}$$

となる。ここで，ゲートに流れる電流は0であるから $i = -i_{d_p} > 0$ となることを注意する。すなわち，$i > 0$ という条件下では $v_{gs} - V_{tp} < 0$ となる。すなわち，M_p が飽和状態で動作していることになる。

$i > 0$ かどうかわからないときには，式 (3.18) が成り立つので，M_p は V_{tp} をしきい値とするダイオードとして動作することは nMOSFET の場合と同じである。pMOSFET のダイオード接続は電流を供給する形のソース型であると考えることができる。

3.3.3 能動負荷を持つ nMOS 増幅回路

図 3.14 の nMOSFET ダイオード接続を能動負荷とするソース共通 nMOS FET 増幅回路 (enhancement load circuit) を考える。二つの FET に流れるゲート電流は 0 であるから，二つの FET に流れるドレーン電流は等しい。これを i_d と置く。以下，M の状態に応じて，v_{out} を計算する。

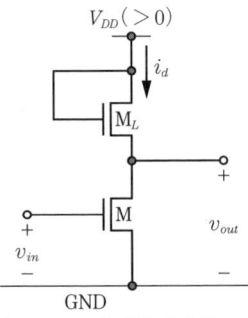

図 3.14 能動負荷を持つ nMOS 増幅回路

〔1〕**M が遮断状態の場合** nMOSFET の M について，そのゲート–ソース間の電圧を $v_{in} = v_{gs}$ とすると，$v_{gs} < V_t$ では $i_d = 0$ となる。よって，ダイオード接続された FET である M_L の特性から

$$v_{ds_L} = v_{gs_L} = V_{t_L} + \sqrt{\frac{2i_d}{\beta_L}} = V_{t_L}$$

となる。ただし，M_L のゲート–ソース間電圧など，M_L の特性を表す量には L の添え字をつけることにする。一方，M の特性を表す量には添え字はつけないことにする。よって，$v_{out} = V_{DD} - V_{t_L}$ となる。

〔2〕**M が飽和領域にある場合** つぎに，v_{gs} が増えて，$v_{ds} > v_{gs} - V_t$ が成り立つとする。すなわち，M の飽和領域での振舞いを考える。このとき，M のドレーン電流は $i_d = \beta(v_{gs} - V_t)^2/2$ となる。この電流は M_L のドレーン電流にもなるので $r_\beta = \sqrt{\beta/\beta_L}$ として

$$\begin{aligned}v_{ds_L} &= v_{gs_L} = V_{t_L} + \sqrt{\frac{2i_d}{\beta_L}} = V_{t_L} + r_\beta(v_{gs} - V_t) \\ &= r_\beta v_{gs} + V_{t_L} - r_\beta V_t\end{aligned}$$

となる。よって

$$v_{out} = V_{DD} - V_{t_L} + r_\beta V_t - r_\beta v_{gs}$$

となる。これから，M の飽和領域では，v_{out} は v_{gs} の一次関数となることがわかる。また，電圧利得は $A_v = \partial v_{out}/\partial v_{in} = -r_\beta$ となる。

〔3〕 M が非飽和領域にある場合

さらに, v_{gs} が増えて, v_{out} が $v_{gs} - V_t$ に一致する点を

$$V_{DD} - V_{t_L} + r_\beta(V_t - v_{gs}) = v_{gs} - V_t$$
$$\iff v_{gs}^* = \frac{V_{DD} - V_{t_L} + (1 + r_\beta)V_t}{1 + r_\beta}$$

とする。このとき, $v_{gs} > v_{gs}^*$ では M は非飽和領域に入る。よって

$$v_{out} = V_{DD} - V_{t_L} - \sqrt{\frac{2i_d}{\beta_L}}$$
$$= V_{DD} - V_{t_L} - \sqrt{\frac{2\beta\{(v_{gs} - V_t)v_{out} - \frac{1}{2}v_{out}^2\}}{\beta_L}}$$

となる。こうして, v_{out} はつぎの二次方程式を解いて求めることができる。

$$\left(r_\beta^2 + 1\right)v_{out}^2 - 2\left\{r_\beta^2(v_{gs} - V_t) + (V_{DD} - V_{t_L})\right\}v_{out} + (V_{DD} - V_{t_L})^2 = 0$$

したがって, 図 3.14 の回路の伝達関数 $v_{out} = f(v_{in})$ は

$$f(v_{in}) = \begin{cases} V_{DD} - V_{t_L} & v_{in} < V_t \\ V_{DD} - V_{t_L} + r_\beta(V_t - v_{in}) & V_t \leqq v_{in} < v_{gs}^* \\ \dfrac{-b \pm \sqrt{b^2 - ac}}{a} & v_{in} > v_{gs}^* \end{cases} \quad (3.19)$$

となることがわかる。ただし

$$v_{gs} = v_{in}$$
$$v_{gs}^* = \frac{V_{DD} - V_{t_L} + (1 + r_\beta)V_t}{1 + r_\beta}$$
$$a = \left(r_\beta^2 + 1\right), \quad -b = r_\beta^2(v_{gs} - V_t) + (V_{DD} - V_{t_L})$$
$$c = (V_{DD} - V_{t_L})^2$$

である。

例題 3.1 $V_{DD} = 5\,\text{V}$, $r_\beta = 10$, $\beta = 0.055\,\text{AV}^{-2}$, $V_t = 0.7\,\text{V}$, $V_{t_L} = 0.7\,\text{V}$ のとき図 3.14 の回路の伝達関数 $v_{out} = f(v_{in})$ を描け。

【解答】 式 (3.19) にパラメータ値を代入して図を描くと図 3.15 を得る。この図からわかるように, v_{in} が M の飽和領域にあるときは, 伝達関数が線形になることが特徴である。

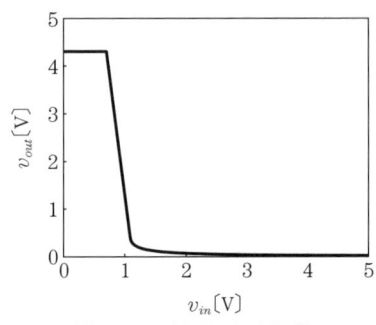

図 3.15 例題の伝達関数

$\diamond$

3.3.4 デプレションモード nMOS 能動負荷回路

デプレションモード (deplition-mode) nMOSFET は, nMOSFET の特性

$i_g=0,$ (すべての v_{ds} と v_{gs} について)

$$i_d = \begin{cases} 0 & v_{gs} - V_{t_d} < 0 \\ \frac{1}{2}\beta(v_{gs} - V_{t_d})^2(1 + \lambda v_{ds}) & v_{ds} \geqq v_{gs} - V_{t_d} > 0 \\ \beta\{(v_{gs} - V_{t_d})v_{ds} - \frac{1}{2}v_{ds}^2\} & 0 < v_{ds} < v_{gs} - V_{t_d} \end{cases} \quad (3.20)$$

において, $V_{t_d} < 0$ が成り立つ素子である。デプレションモード nMOSFET の図記号を図 3.16 (a) に示す。

これを図 (b) のように接続したとき, デプレションモードnMOSFETダイオード接続という。$v_{gs} = 0$ から図 (b) において

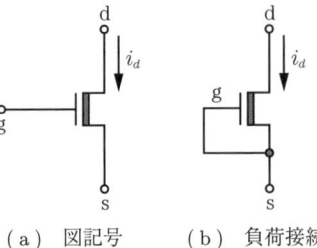

(a) 図記号　(b) 負荷接続
図 3.16　デプレションモード nMOSFET

$$i_d = \begin{cases} \frac{1}{2}\beta_L V_{t_d}^2(1 + \lambda v_{ds}) & v_{ds_L} \geqq -V_{t_d} > 0 \\ \beta_L \left(-V_{t_d}v_{ds} - \frac{1}{2}v_{ds}^2\right) & 0 \leqq v_{ds_L} < -V_{t_d} \end{cases} \quad (3.21)$$

が成り立つ。その特性を描いたものを図 3.17 に示す。これを使った図 3.18 の回路を考える。

3.3 MOSFET 回路 73

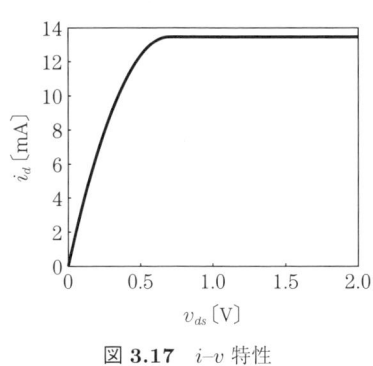

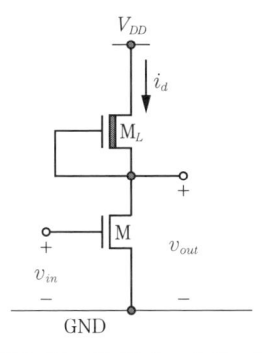

図 3.17 i–v 特性

図 3.18 デプレションモード負荷接続

〔1〕 $v_{in} < V_t$ のとき　このときは $i_d = 0$ となる。式 (3.21) から $v_{ds_L} = 0$ となる。このように FET の M_L の特性には下添字 L をつけるものとする。よって，$v_{out} = v_{DD}$ となる。

〔2〕 $0 \leqq v_{in} - V_t < v_{ds}$ のとき　このときは，M は飽和領域にある。よって，$i_d = \beta(v_{in} - V_t)^2/2$ となる。このとき，M_L は，まず，$v_{ds_L} < -V_{t_d}$ の非飽和領域に入る。よって

$$\frac{1}{2}\beta_L v_{ds_L}^2 + \beta_L V_{t_d} v_{ds_L} + \frac{1}{2}\beta(v_{in} - V_t)^2 = 0$$

を得る。この方程式の解はつぎのようになる。

$$v_{out} = V_{DD} - d_{ds_L} = V_{DD} + V_{t_d} + \sqrt{V_{t_d}^2 - \frac{\beta}{\beta_L}(v_{in} - V_t)^2}$$

〔3〕 M と M_L が共に飽和領域のとき　つぎに M_L が $v_{ds_L} \geqq -V_{t_d}$ の領域に入り，飽和状態となる。この領域を移るときの v_{in} の値を求めよう。これは

$$v_{ds_L} = -V_{t_d} - \sqrt{V_{t_d}^2 - \frac{\beta}{\beta_L}(v_{in} - V_t)^2}$$

から

$$V_{t_d} - \frac{\beta}{\beta_L}(v_{in} - V_t)^2 = 0$$

3. 非線形抵抗回路

となる v_{in} の値となる。これを v_1 と置くと

$$v_1 = -\sqrt{\frac{\beta_L}{\beta}} V_{t_d} + V_t$$

となる。これから、$v_{in} \geqq v_1$ のとき、$i_d = \beta(v_{in} - V_t)^2/2$ に対して、$i_d = \beta_L V_{t_d}^2(1 + \lambda v_{ds_L})/2$ となるので

$$\frac{1}{2}\beta(v_{in} - V_t)^2 = \frac{1}{2}\beta_L V_{t_d}^2(1 + \lambda v_{ds_L})$$
$$\iff v_{ds_L} = \frac{1}{\lambda}\left(\frac{\beta}{\beta_L}\frac{(v_{in} - V_t)^2}{V_{t_d}^2} - 1\right)$$

を得る。よって

$$v_{out} = V_{DD} - \frac{1}{\lambda}\left(\frac{\beta}{\beta_L}\frac{(v_{in} - V_t)^2}{V_{t_d}^2} - 1\right)$$

〔4〕 $\mathbf{M}$ が非飽和領域で $\mathbf{M}_L$ が飽和領域のとき　さらに、v_{in} が増えて、v_{out} が $v_{in} - V_t$ に一致する点 v_2 を求める。

$$v_{in} - V_t = V_{DD} - \frac{1}{\lambda}\left(\frac{\beta}{\beta_L}\frac{(v_{in} - V_t)^2}{V_{t_d}^2} - 1\right)$$

これから

$$v_{in}^2 + \left(-2V_t + \lambda\frac{\beta_L}{\beta}V_{t_d}^2\right)v_{in} + V_t^2 - \lambda\frac{\beta_L}{\beta}V_{t_d}^2(V_t + V_{DD}) - \frac{\beta_L}{\beta} = 0$$

を得る。よって

$$v_2 = \frac{-b_2 - \sqrt{b_2^2 - 4c_2}}{2}$$

となる。ただし

$$b_2 = -2V_t + \lambda\frac{\beta_L}{\beta}V_{t_d}^2, \qquad c_2 = V_t^2 - \lambda\frac{\beta_L}{\beta}V_{t_d}^2(V_t + V_{DD}) - \frac{\beta_L}{\beta}$$

である。$v_{in} > v_2$ のとき

$$i_d = \beta\left\{(v_{gs} - V_t)v_{ds} - \frac{1}{2}v_{ds}^2\right\}$$

となる。よって
$$\beta\left\{(v_{gs}-V_t)v_{ds}-\frac{1}{2}v_{ds}^2\right\}=\frac{1}{2}\beta_L V_{t_d}^2(1+\lambda v_{ds_L})$$
の解を求めればよい。すなわち，$v_{ds}=V_{DD}-v_{ds_L}$ より
$$\frac{\beta}{\beta_L}v_{ds}^2+\left\{-2\frac{\beta}{\beta_L}(v_{in}-V_t)-V_{t_d}^2\lambda\right\}v_{ds}+V_{t_d}^2\lambda V_{DD}+V_{t_d}^2=0$$
の解を求める。よって
$$v_{ds}=\frac{-b_3-\sqrt{b_3^2-4a_3c_3}}{2a_3}$$
となる。ただし
$$a_3=\frac{\beta}{\beta_L},\qquad b_3=-2\frac{\beta}{\beta_L}(v_{in}-V_t)-V_{t_d}^2\lambda,\qquad c_3=V_{t_d}^2\lambda V_{DD}+V_{t_d}^2=0$$
である。

以上をまとめると，図 3.18 の回路の電圧伝達関数は
$$f(v_{in})=\begin{cases} V_{DD} & v_{in}<V_t \\ V_{DD}+V_{t_d}+\sqrt{V_{t_d}^2-\frac{\beta}{\beta_L}(v_{in}-V_t)^2} & V_t\leqq v_{in}<v_1 \\ V_{DD}-\frac{1}{\lambda}\left(\frac{\beta}{\beta_L}\frac{(v_{in}-V_t)^2}{V_{t_d}^2}-1\right) & v_1\leqq v_{in}<v_2 \\ \dfrac{-b_3-\sqrt{b_3^2-4a_3c_3}}{2a_3} & v_2\leqq v_{in} \end{cases} \quad (3.22)$$
となる。

図 **3.19** に，$V_t=0.7\,\mathrm{V}$, $V_{t_d}=-0.7\,\mathrm{V}$, $\beta=0.055\,\mathrm{AV}^{-2}$, $\beta_L=0.055\,\mathrm{AV}^{-2}$, $V_{DD}=5\,\mathrm{V}$, $\lambda=0.001$ の場合の伝達関数を示す。

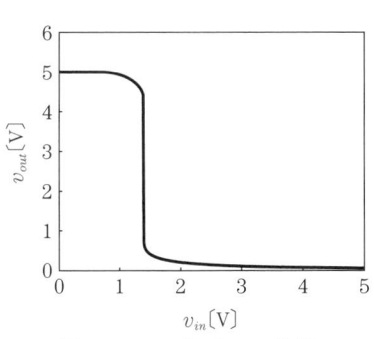

図 **3.19** デプレション負荷

3.3.5 CMOS インバータ

pMOSFET を負荷に持つ nMOSFET ソース共通回路を考える。これは集積回路での実現を考えると，nMOS と pMOS を一つの集積回路上に実現することになるので，相補的 (complementary) に二つのタイプの MOS を用いるという意味で，CMOS 回路と呼ばれる。図 **3.20** の CMOS インバータを考える。

nMOSFET の特性は

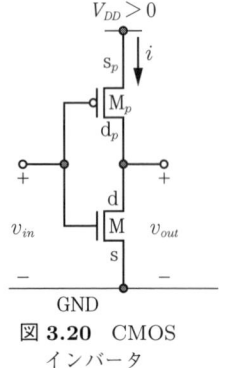

$i_g = 0$，（すべての v_{ds} と v_{gs} について）

$$i_d = \begin{cases} 0 & v_{gs} - V_t < 0 \\ \frac{1}{2}\beta(v_{gs} - V_t)^2(1 + \lambda v_{ds}) & v_{ds} \geqq v_{gs} - V_t > 0 \\ \beta\left\{(v_{gs} - V_t)v_{ds} - \frac{1}{2}v_{ds}^2\right\} & 0 < v_{ds} < v_{gs} - V_t \end{cases} \quad (3.23)$$

図 **3.20** CMOS インバータ

で与えられる。また，pMOSFET の特性は次式で与えられる。

$i_{g_p} = 0$，（すべての v_{ds_p} と v_{gs_p} について）

$$i_{d_p} = \begin{cases} 0 & v_{gs_p} - V_{tp} > 0 \\ -\frac{1}{2}\beta_p(v_{gs_p} - V_{tp})^2(1 - \lambda_p v_{ds_p}) & v_{ds_p} \leqq v_{gs_p} - V_{tp} < 0 \\ -\beta_p\left\{(v_{gs_p} - V_{tp})v_{ds_p} - \frac{1}{2}v_{ds_p}^2\right\} & 0 > v_{ds_p} > v_{gs_p} - V_{tp} \end{cases}$$

$$(3.24)$$

二つの FET を区別するために，pMOSFET の特性には添字 p をつけることにする。$V_{tp} < 0$ に注意する。CMOS インバータの電圧伝達関数を求める。$v_{in} = 0$ から $v_{in} = V_{DD}$ まで単調に v_{in} を増やしながら v_{out} を計算する。

〔1〕 **M が遮断で M_p が非飽和の場合**　　まず，$0 \leqq v_{in} \leqq V_t$ の場合を考える。このとき，M は遮断領域にある。一方，M_p において，$v_{gs_p} = -V_{DD}$ で，$v_{ds_p} = 0$ である。よって，M_p は非飽和領域にある。このとき $v_{out} = V_{DD}$ となる。

〔2〕 M が飽和の場合　つぎに，v_{in} が増えて，$V_t < v_{in}$ となった場合を考える。このとき，M において，$v_{in} - V_t > 0$ で，v_{in} が V_t を超えた直後からしばらくは $v_{ds} = V_{DD}$ に近いので，$v_{ds} > v_{in} - V_t$ を満たす。よって，M は飽和領域にあるので

$$i = \frac{1}{2}\beta(v_{in} - V_t)^2$$

となる。

(1)　M が飽和で M_p が非飽和の場合　一方，v_{in} が V_t を超えた直後からしばらくは M_p は非飽和領域にあるので

$$i = \beta_p \left\{ (v_{in} - V_{DD} - V_{tp})v_{ds_p} - \frac{1}{2}v_{ds_p}^2 \right\}$$

となる。よって，$v_{out} = V_{DD} + v_{ds_p}$ となる。ただし

$$v_{ds_p} = v_{in} - V_{DD} - V_{tp} + \sqrt{(v_{in} - V_{DD} - V_{tp})^2 - \frac{\beta}{\beta_p}(v_{in} - V_t)^2}$$

である。これは，v_{in} がさらに増加して，$v_{ds_p} = v_{in} - V_{DD} - V_{tp}$ となるまで続く。すなわち，v_{in} はつぎのようになる。

$$v_{in} = \frac{V_{DD} + V_{tp} + \sqrt{\frac{\beta}{\beta_p}}V_t}{1 + \sqrt{\frac{\beta}{\beta_p}}}$$

(2)　M が飽和で M_p が飽和の場合　つぎに，$v_{ds_p} \leqq v_{in} - V_{DD} - V_{tp}$ となるときを考える。このとき

$$i = \frac{1}{2}\beta_p(v_{gs_p} - V_{tp})^2(1 - \lambda_p v_{ds_p})$$

となる。よって

$$v_{ds_p} = \frac{1}{\lambda_p}\left(1 - \frac{\beta(v_{in} - V_t)^2}{\beta_p(v_{in} - V_{DD} - V_{tp})^2}\right)$$

を得る。このとき，$v_{out} = V_{DD} + v_{ds_p}$ となる。

〔**3**〕 **M が非飽和で M_p が飽和の場合**　つぎに，$v_{ds_p} \leqq v_{in} - V_{DD} - V_{tp}$ は保たれるが，$0 < v_{ds} < v_{in} - V_t$ となり M が非飽和となる場合を考える。

$$\beta\left\{(v_{gs} - V_t)v_{ds} - \frac{1}{2}v_{ds}^2\right\} = -\frac{1}{2}\beta_p(v_{gs_p} - V_{tp})^2(1 - \lambda_p v_{ds_p})$$

が成り立つので，v_{out} はつぎのようになる。

$$v_{out} = v_{ds} = v_{in} - V_t - \sqrt{(v_{in} - V_t)^2 - \frac{\beta_p}{\beta}(v_{in} - V_{DD} - V_{tp})^2}$$

〔**4**〕 **M が非飽和で M_p が遮断の場合**　$v_{in} - V_{DD} - V_{tp} > 0$ のとき，M_p は遮断となる。このとき，$i = 0$ で，$v_{out} = 0$ となる。

〔**5**〕 **電圧伝達関数**　以上をまとめると，$V^*(v_{in}) = (v_{in} - V_{DD} - V_{tp})^2$ として電圧伝達関数はつぎのようになる。

$$v_{out} = f(v_{in}) = \begin{cases} V_{DD} & v_{in} < V_t \\ v_{in} - V_{tp} + \sqrt{V^*(v_{in}) - \frac{\beta}{\beta_p}(v_{in} - V_t)^2} & V_t \leqq v_{in} < v_1 \\ V_{DD} + \frac{1}{\lambda_p}\left(1 - \frac{\beta(v_{in} - V_t)^2}{\beta_p V^*(v_{in})}\right) & v_1 \leqq v_{in} \leqq v_2 \\ v_{in} - V_t - \sqrt{(v_{in} - V_t)^2 - \frac{\beta_p}{\beta}V^*(v_{in})} & v_2 < v_{in} < V_{DD} + V_{t_p} \\ 0 & V_{DD} + V_{t_p} \leqq v_{in} \leqq V_{DD} \end{cases}$$

ただし

$$v_1 = \frac{V_{DD} + V_{tp} + \sqrt{\frac{\beta}{\beta_p}}V_t}{1 + \sqrt{\frac{\beta}{\beta_p}}}, \quad v_2 = \frac{V_t + \sqrt{\frac{\beta_p}{\beta}}(V_{DD} + V_{t_p})}{1 + \sqrt{\frac{\beta_p}{\beta}}}$$

である。簡単に，$v_1 = v_2$ となることがわかる。よって，$1 \gg \varepsilon > 0$ として

$$v_1 = \frac{V_{DD} + V_{tp} + \sqrt{\frac{\beta}{\beta_p}}V_t}{1 + \sqrt{\frac{\beta}{\beta_p}}} - \varepsilon, \quad v_2 = \frac{V_{DD} + V_{tp} + \sqrt{\frac{\beta}{\beta_p}}V_t}{1 + \sqrt{\frac{\beta}{\beta_p}}} + \varepsilon$$

と考えることにする。$f(v_1) = v_1 + V_{t_p}$, $f(v_2) = v_2 - V_t$ となる。

$$V_t = 0.7\,\text{V}, \qquad V_{DD} = 5\,\text{V}, \qquad \beta = 0.055\,\text{AV}^{-2},$$
$$V_{t_p} = -0.7\,\text{V}, \qquad \beta_p = 0.055\,\text{AV}^{-2}, \qquad \lambda = 0.002$$

のときの電圧伝達関数を図 **3.21** (a) に示す。

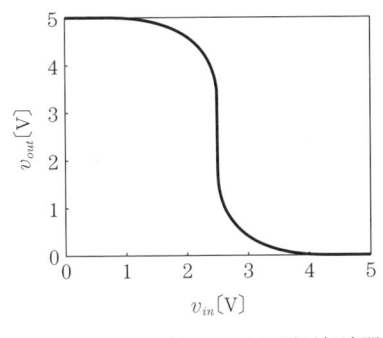

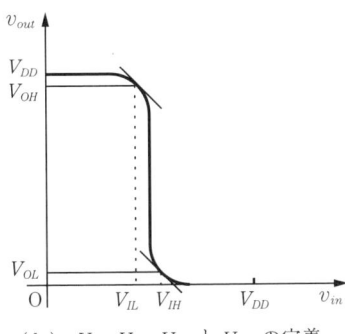

(a) CMOS インバータの電圧伝達関数　　(b) V_{OL}, V_{OH}, V_{IL}, と V_{IH}, の定義

図 **3.21**　CMOS インバータ

〔6〕**論理ゲートとしての応用**　図 3.21 (b) から $dv_{out}/dv_{in} = -1$ となる点が 2 点ある。小さいほうから V_{IL} と V_{IH} とする。ここで，v_{in} と v_{out} などの CMOS インバータの入出力電圧 v を論理の $'0'$ と $'1'$ に，つぎの規則で割り当てるとする。

$$'1' \iff v \in [0, V_{OL}], \qquad '0' \iff v \in [V_{OH}, V_{DD}]$$

このとき

$$v_{in} \in [0, V_{IL}] \Rightarrow v_{out} \in [V_{OH}, V_{DD}]$$
$$v_{in} \in [V_{IH}, V_{DD}] \Rightarrow v_{out} \in [0, V_{OL}]$$

となる。通常，$V_{OL} < V_{IL}$ であるので，$'0'$ を表す v_{in} に雑音がのって，v_{in} が V_{OL} より若干大きくなっても，それが V_{IL} 以下であるなら，$v_{out} \in [V_{OH}, V_{DD}]$ となる。このように，$V_{IL} - V_{OL}$ は雑音が加わっても，インバータの動作が論理的に正常となるような余裕になる。同様に，$'1'$ を表す v_{in} が雑音が加わり，

V_{OH} より若干低くなっても，それが V_{IH} 以上なら，$v_{out} \in [0, V_{OL}]$ となる。通常，$V_{OH} > V_{IH}$ であるので，$V_{OH} - V_{IH}$ は雑音が加わっても，インバータの動作が論理的に正常となるような余裕になる。よって，雑音が多少存在しても，CMOS インバータの電圧伝達関数は，表 3.1 に示す論理演算を正しく行っていることになる。こうして，CMOS インバータは論理演算の中で，否定を行う演算回路とみなすことができる。

表 3.1 CMOS インバータ

v_{in} (電圧)	論理値	v_{out} (電圧)	論理値
0	'0'	V_{DD}	'1'
V_{DD}	'1'	0	'0'

また，この表からわかるように，CMOS インバータ回路に電流が流れ電力が消費されるのは，0 から V_{DD} あるいは V_{DD} から 0 へ振れる（swing という）間だけである。よって，CMOS インバータは一定の論理値を取っている間は電力消費がないという優れた特徴がある。CMOS インバータを集積回路として配置する例（二つの異なるトポロジー）を図 3.22 に示す。

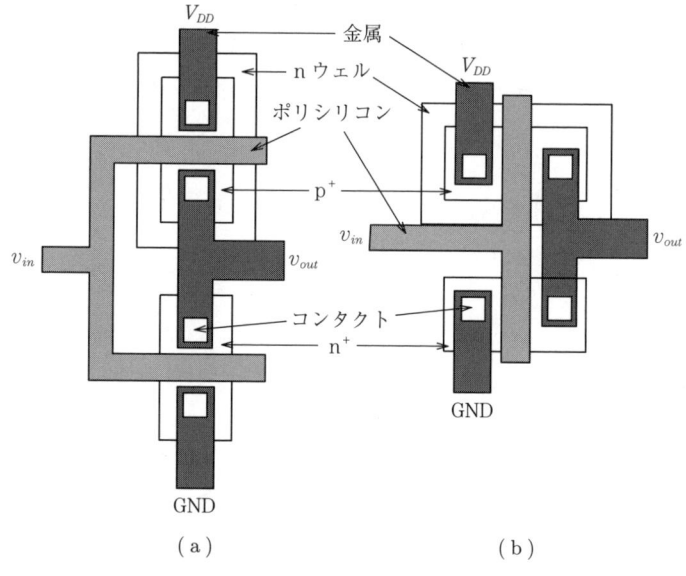

(a)　　　　　　　　(b)

図 3.22 CMOS インバータの配置

3.3 MOSFET 回路

3.3.6 CMOS 論理回路

インバータが実現できると，その他の論理素子も実現できる．ここでは CMOS 回路を使った論理回路の作り方を見てみよう．

〔1〕 **NAND ゲート** まず，図 3.23 に示す CMOS の NAND ゲートを見てみよう．この回路において，v_x, v_y, v_z は GND（接地）を基準にした電圧である．CMOS インバータに対する解析と同様な解析により**表 3.2** の結果を得る．

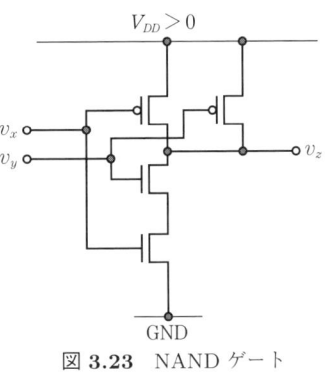

図 3.23 NAND ゲート

表 3.2 CMOS による NAND ゲート

v_x (電圧)	論理値	v_y (電圧)	論理値	v_z (電圧)	論理値
0	'0'	0	'0'	V_{DD}	'1'
0	'0'	V_{DD}	'1'	V_{DD}	'1'
V_{DD}	'1'	0	'0'	V_{DD}	'1'
V_{DD}	'1'	V_{DD}	'1'	0	'0'

〔2〕 **NOR ゲート** まず，図 3.24 による CMOS の NOR ゲートを見てみよう．この回路において，v_x, v_y, v_z は GND（接地）を基準にした電圧である．

CMOS インバータに対する解析と同様な解析により**表 3.3** の結果を得る．

図 3.24 NOR ゲート

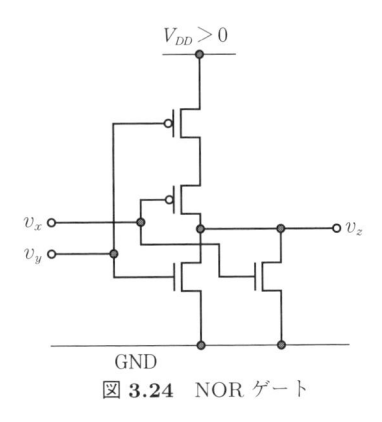

表 3.3 CMOS による NOR ゲート

v_x (電圧)	論理値	v_y (電圧)	論理値	v_z (電圧)	論理値
0	'0'	0	'0'	V_{DD}	'1'
0	'0'	V_{DD}	'1'	0	'0'
V_{DD}	'1'	0	'0'	0	'0'
V_{DD}	'1'	V_{DD}	'1'	0	'0'

3.4 差動増幅器

ソース共通増幅回路を直流増幅回路として使いやすく発展させた差動増幅回路について学ぶ。差動増幅回路は高い実用性を持つ安定な回路である。さらに，差動増幅回路を発展させて演算増幅器が作られる。CMOS 回路は現代の集積回路技術の中核を成す回路であるので，ここでは，MOSFET を用いた差動増幅器について取り扱う。

3.4.1 MOSFET 差動増幅回路

まず，MOSFET を用いた図 **3.25** の差動増幅器を解析しよう。

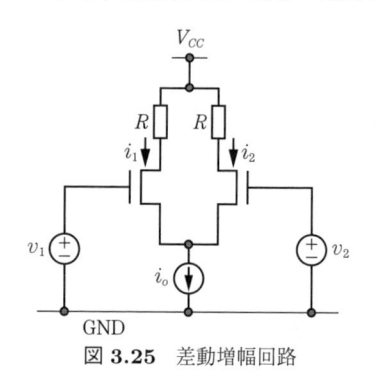

図 **3.25** 差動増幅回路

二つの MOSFET は飽和領域にあるとする。すなわち，$v_{ds} \geqq v_{gs} > V_t$ とする。このとき，MOSFET の特性は

$$i_d(v_{gs}) = \frac{\beta}{2}(v_{gs} - V_t)^2$$
$$= \frac{\beta V_t^2}{2}\left(\frac{v_{gs}}{V_t} - 1\right)^2 = kp(v_{gs})$$

となる。ただし

$$k = \frac{\beta V_t^2}{2}, \qquad p(v) = \frac{v}{V_t} - 1$$

とする。すなわち，飽和領域での MOSFET の特性は

$$\frac{i_d(v)}{k} = p(v)^2 \iff p(v) = \sqrt{\frac{i_d(v)}{k}}$$

と表される。

さて，図 3.25 の回路において

$$i_o = i_1 + i_2 = i_d(v_1) + i_d(v_2)$$

が成り立つ。

3.4 差動増幅器

$$v_{in} = v_1 - v_2 \iff p(v_{in}) + 1 = \frac{v_{in}}{V_t} = \frac{v_1 - v_2}{V_t} = p(v_1) - p(v_2)$$

となるので

$$\begin{aligned}p(v_{in}) + 1 &= \sqrt{\frac{i_d(v_1)}{k}} - \sqrt{\frac{i_d(v_2)}{k}} \\ &= \sqrt{\frac{i_o}{k}} \left(\sqrt{\frac{i_d(v_1)}{i_o}} - \sqrt{\frac{i_d(v_2)}{i_o}} \right) \end{aligned} \quad (3.25)$$

となる。式 (3.25) から，二つの MOSFET が飽和領域にあるという $v_1 \geqq V_t$ と $v_2 \geqq V_t$ の条件は

$$-\sqrt{\frac{i_o}{k}} V_t \leqq v_{in} \leqq \sqrt{\frac{i_o}{k}} V_t$$

となる。実際，$v_1 = V_t$ のときに $i_d(v_1) = 0 \iff i_d(v_2) = i_o$ となり，逆に $v_2 = V_t$ のときに $i_d(v_2) = 0 \iff i_d(v_1) = i_o$ となることから従う。また，式 (3.25) から，$i_{out} = i_1 - i_2$ とするとき

$$\begin{aligned}\frac{i_{out}}{k} &= \frac{i_d(v_1)}{k} - \frac{i_d(v_2)}{k} \\ &= \left(\sqrt{\frac{i_d(v_1)}{k}} - \sqrt{\frac{i_d(v_2)}{k}} \right) \left(\sqrt{\frac{i_d(v_1)}{k}} + \sqrt{\frac{i_d(v_2)}{k}} \right) \\ &= (p(v_{in}) + 1) \sqrt{\frac{i_o}{k}} \left(\sqrt{\frac{i_d(v_1)}{i_o}} + \sqrt{\frac{i_d(v_2)}{i_o}} \right) \end{aligned} \quad (3.26)$$

さて

$$i_o = i_1 + i_2 = i_d(v_1) + i_d(v_2)$$

より

$$1 = \frac{i_o}{i_o} = \frac{i_d(v_1)}{i_o} + \frac{i_d(v_2)}{i_o}$$

となる。よって

84   3. 非線形抵抗回路

$$\sqrt{\frac{i_d(v_1)}{i_o}} = \sin x, \qquad \sqrt{\frac{i_d(v_2)}{i_o}} = \cos x$$

と置くことができる。これから

$$\sqrt{\frac{i_d(v_1)}{i_o}} + \sqrt{\frac{i_d(v_2)}{i_o}} = \sin x + \cos x = \sqrt{2}\sin\left(x + \frac{\pi}{4}\right)$$

$$\sqrt{\frac{i_d(v_1)}{i_o}} - \sqrt{\frac{i_d(v_2)}{i_o}} = \sin x - \cos x = \sqrt{2}\sin\left(x - \frac{\pi}{4}\right)$$

が成り立つ。よって、式 (3.25) から

$$\sqrt{2}\sin\left(x - \frac{\pi}{4}\right) = \frac{p(v_{in}) + 1}{\sqrt{\frac{i_o}{k}}}$$

$$\iff x = \arcsin\frac{p(v_{in}) + 1}{\sqrt{\frac{2i_o}{k}}} + \frac{\pi}{4}$$

を得る。こうして、式 (3.26) から

$$\begin{aligned}
i_{out} &= k(p(v_{in}) + 1)\sqrt{\frac{i_o}{k}}\left(\sqrt{\frac{i_d(v_1)}{i_o}} + \sqrt{\frac{i_d(v_2)}{i_o}}\right) \\
&= k\frac{v_{in}}{V_t}\sqrt{\frac{i_o}{k}}\sqrt{2}\sin\left(\arcsin\frac{\frac{v_{in}}{V_t}}{\sqrt{\frac{2i_o}{k}}} + \frac{\pi}{2}\right) \\
&= \frac{\sqrt{2ki_o}}{V_t}v_{in}\cos\left(\arcsin\frac{\sqrt{k}}{\sqrt{2i_o}V_t}v_{in}\right)
\end{aligned} \qquad (3.27)$$

が、$-\sqrt{i_o/k}V_t \leqq v_{in} \leqq \sqrt{i_o/k}V_t$ のときに成り立つ。

3.4.2　MOSFET カレントミラー回路

図 **3.26** の MOSFET によるカレントミラー回路を考える。回路に含まれる二つの MOSFET は同じ特性を持つとする。M_1 はダイオード接続されているの

で，$i_1 = i_{ref}$ が成り立つ。ここで，回路トポロジーより

$$v_{gs_1} = v_{gs_2}$$

が成り立つ。よって，$i_{ref} = i_1 = i_o$ を得る。このように，この回路では，i_{ref} がそのまま i_0 に写されるのでカレントミラー回路と呼ばれる。カレントミラー回路は集積回路などにおいて多用される重要な回路である。

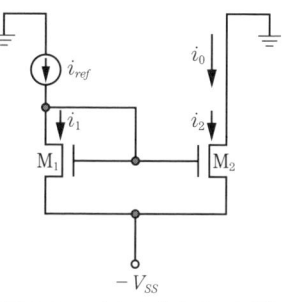

図 3.26 カレントミラー回路

3.4.3 カレントミラー能動負荷 MOSFET 差動増幅回路

ここで，MOSFET 回路の負荷抵抗を pMOSFET のカレントミラー回路に置き換えた図 3.27 の回路を考える。pMOSFET の特性は

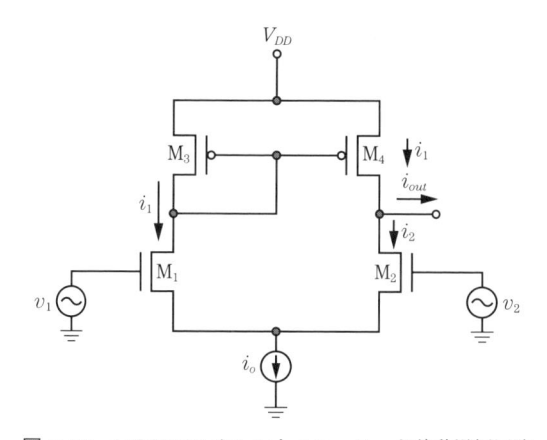

図 3.27 MOSFET カレントミラーロード差動増幅回路

$$i_{d_p}(v) = -\frac{\beta_p V_{tp}^2}{2}\left(\frac{v}{V_{tp}} - 1\right) = -k_p p_p(v)$$

と表されるとする。

さて,図の回路では,i_1 と i_2 は前節で考えたものと同じとなる。一方,M_3 と M_4 で構成されるカレントミラー回路において,M_3 のドレーン電流と M_4 のドレーン電流は同じ値となり,M_1 のドレーン電流を i_1 とすると,これらは i_1 となる。よって,M_2 のドレーン電流を i_2 とすると

$$i_{out} = i_1 - i_2 = \frac{\sqrt{2ki_o}}{V_t} v_{in} \cos\left(\arcsin \frac{\sqrt{k}}{\sqrt{2i_o}V_t} v_{in}\right)$$

となる。ただし,$v_{in} = v_1 - v_2$ で $-\sqrt{i_o/k}V_t \leqq v_{in} \leqq \sqrt{i_o/k}V_t$ とする。図 **3.28** からわかる[†]ように,$v_{in} \approx 0$ で

$$i_{out} = i_1 - i_2 \approx \frac{\sqrt{2ki_o}}{V_t} v_{in} = g_m v_{in}$$

となる。ただし

$$g_m = \left.\frac{di_{out}}{dv_{in}}\right|_{v_{in}=0} = \frac{\sqrt{2ki_o}}{V_t} = \sqrt{\beta i_o}$$

である。

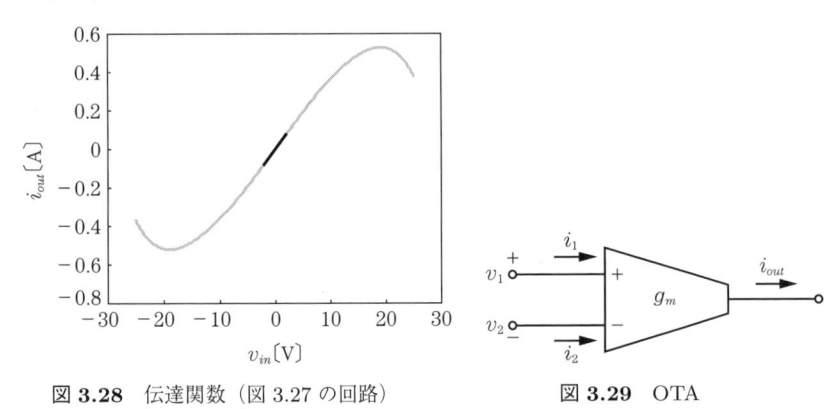

図 **3.28** 伝達関数(図 3.27 の回路)

図 **3.29** OTA

この CMOS 差動増幅回路の v_{in} が小さいときの特性を抽象化して,図 **3.29** の OTA (operational transconductance amplifier) 素子を定義する。OTA は特性

[†] 図中の黒い線は $-3 \leqq v_{in} \leqq 3\,\mathrm{V}$ の入力範囲の場合を表している。この範囲では非常によい線形性を示している。

$$i_1 = 0, \quad i_2 = 0, \quad i_{out} = g_m(v_1 - v_2)$$

によって定義される．OTA は，それによってジャイレータが合成されたりするなど非常に基本的で応用範囲の広い素子であり，あとでその応用について詳細に議論する．ここでは，CMOS 技術によって，OTA は集積化に適した素子であることを述べておくに留める．

3.5 演算増幅器

差動増幅回路をベースに，増幅特性を改良し，さらに，入出力特性も改善したものに図 3.30 に示す演算増幅器がある．演算増幅器は複雑な回路になるが，その本質的な部分をモデル化して以下では議論しよう．

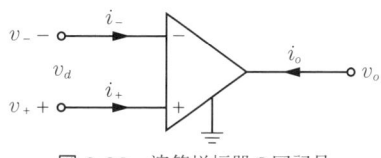

図 3.30 演算増幅器の図記号

演算増幅器は基本的に差動増幅器である．入力は差動入力である．その特性は，$v_d = v_+ - v_-$ として

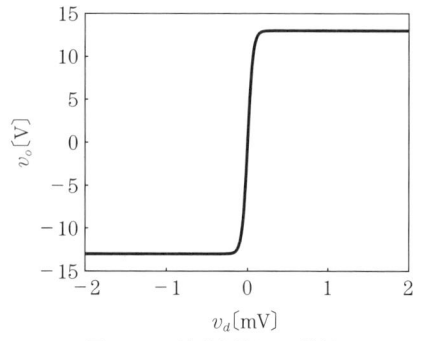

$$i_- = I_{B-}, \quad i_+ = I_{B+}, \quad v_o = f(v_d) \tag{3.28}$$

図 3.31 演算増幅器の特性

で与えられる．入力バイアス電流 $I_{B\pm}$ は通常小さい．実際，平均入力バイアス電流 $I_B = 0.5(|I_{B+}| + |I_{B-}|)$ は，演算増幅器がバイポーラトランジスタで作られているときは 0.2 mA 以下で，FET で作られているときは 0.1 mA から 0.1 μA 程度である．$f(x)$ は演算増幅器によって異なるが，以下では

$$f(x) = (E_b - 2)\tanh\frac{A}{E_b - 2}x \tag{3.29}$$

を用いる．E_b はバイアス電圧で，A は開ループ電圧増幅率という．図 3.31 に

この関数 ($E_b = 15, A = 2 \times 10^5$) の場合の特性を示す。

3.5.1 電圧ホロワ回路

演算増幅器を用いて有用ないろいろな回路を構成してみよう。まず，図 **3.32** の電圧ホロワ (voltage follower) 回路を考える。KVL を閉路 $\alpha_4 - \alpha_3 - \alpha_2 - \alpha_1 - \alpha_4$ について適用すると

$$v_{out} - v_{in} + v_d = 0 \quad (3.30)$$

図 3.32 電圧ホロワ回路

が成り立つ。ここで，$v_{out} = f(v_d)$ を用いると式 (3.30) は

$$F(v_d) = v_d + f(v_d) - v_{in}$$
$$= 0$$

となり，ニュートン法で解いて得られたのが図 **3.33** である。図から

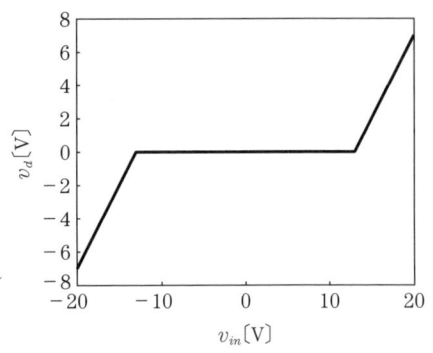

図 3.33 仮想短絡

$$v_d \approx \begin{cases} v_{in} + 13 & (v_{in} < -13 \text{ のとき}) \\ 0 & (|v_{in}| < 13 \text{ のとき}) \\ v_{in} - 13 & (v_{in} > 13 \text{ のとき}) \end{cases}$$

がよい精度で成立することがわかる。

$|v_{in}| < 13$ のとき，$v_d \approx 0$ となることを仮想短絡という。仮想短絡が成り立つことは演算増幅器の基本的特性である。よって，$|v_{in}| < 13$ のとき，式 (3.30) から $v_{out} \approx v_{in}$ がわかる。この入力範囲でのこの動作を電圧ホロワという。

電圧ホロワ回路の応用を見てみる。図 **3.34** (a) は電圧配分回路を電圧ホロワで分離しつつ 2 段接続した回路で，図 (b) は単に直接接続した回路である。図

3.5 演算増幅器   89

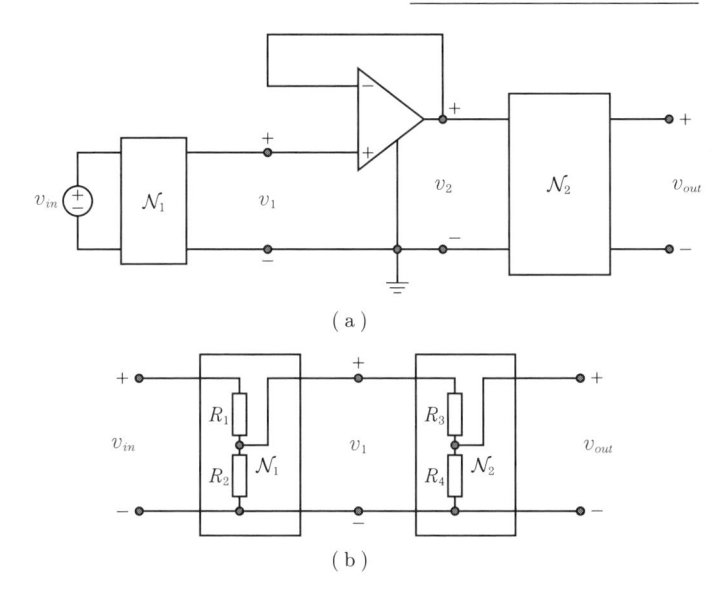

(a)

(b)

図 3.34　電圧比例配分回路の 2 段接続

(a) の回路では，$v_1 = R_2 v_{in}/(R_1 + R_2)$ となる。$|v_1| < 13\,\mathrm{V}$ として，$v_2 \approx v_1$ となるので

$$v_{out} = \frac{R_4 v_2}{R_3 + R_4} \approx \frac{R_4 v_1}{R_3 + R_4} = \frac{R_2 R_4 v_{in}}{(R_1 + R_2)(R_3 + R_4)}$$

となる。

一方，図 (b) の回路では

$$\frac{v_{out}}{v_{in}} = \frac{R_2 R_4}{(R_1 + R_2)(R_2 + R_3) + R_1 R_2}$$

となる。図 (a) が電圧ホロワ回路の挿入によって，$\mathcal{N}_1$ と $\mathcal{N}_2$ の入出力特性を掛け合わせたものになっていることがわかる。

3.5.2　反転増幅回路

図 3.35 に示す反転増幅回路について考える。閉路 $\alpha_1 \to \alpha_2 \to v_{in} \to R_1 \to \alpha_1$ で成り立つ KVL から

図 3.35 反転増幅回路

$$v_{in} - v_1 + v_d = 0 \tag{3.31}$$

が成り立つ。よって

$$i_1 = \frac{v_1}{R_1} = \frac{v_{in} + v_d}{R_1} \tag{3.32}$$

となる。節点 α_1 で成り立つ KCL より

$$i_2 = i_1 - i_- = i_1 - i_{B-} = \frac{v_{in} + v_d}{R_1} - i_{B-} \tag{3.33}$$

を得る。閉路 $\alpha_4 \to \alpha_3 \to \alpha_2 \to \alpha_1 \to \alpha_4$ で成り立つ KVL から

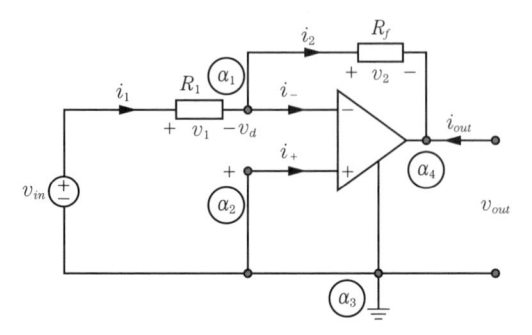

$$\begin{aligned} v_{out} + v_2 + v_d &= f(v_d) + v_d + R_f \left(\frac{v_{in} + v_d}{R_1} - i_{B-} \right) \\ &= f(v_d) + v_d \left(1 + \frac{R_f}{R_1} \right) + R_f \left(\frac{v_{in}}{R_1} - i_{B-} \right) = 0 \end{aligned} \tag{3.34}$$

が成り立つ。よって

$$-13 < R_f \left(\frac{v_{in}}{R_1} - i_{B-} \right) < 13 \tag{3.35}$$

が成り立つと $v_d \approx 0$ となる。すなわち，この条件下で仮想短絡が成立する。このとき

$$v_{out} \approx -v_2 \approx -\frac{R_f}{R_1} v_{in} \tag{3.36}$$

を得る。$R_1 < R_f$ ならば式 (3.34) より，出力 v_{out} は v_{in} が反転されて R_f/R_1 倍されて出力されることがわかる。よって，図 3.35 の回路を反転増幅回路という。

3.5.3 加算回路

反転増幅回路の変形として，図 **3.36** に示す加算回路がある。

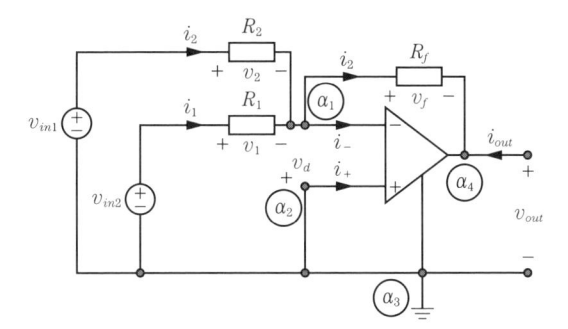

図 3.36 加 算 回 路

反転増幅回路の解析と同様にして

$$v_{in1} - v_1 + v_d = 0 \tag{3.37}$$

$$v_{in2} - v_2 + v_d = 0 \tag{3.38}$$

が成り立つ。よって

$$i_1 = \frac{v_1}{R_1} = \frac{v_{in1} + v_d}{R_1} \tag{3.39}$$

$$i_2 = \frac{v_2}{R_2} = \frac{v_{in2} + v_d}{R_2} \tag{3.40}$$

となる。節点 α_1 で成り立つ KCL より

$$\begin{aligned} i_2 &= i_1 + i_2 - i_- = i_1 + i_2 - i_{B-} \\ &= \frac{v_{in} + v_d}{R_1} + \frac{v_{in2} + v_d}{R_2} - i_{B-} \end{aligned} \tag{3.41}$$

を得る。閉路 $\alpha_4 \to \alpha_3 \to \alpha_2 \to \alpha_1 \to \alpha_4$ で成り立つ KVL から

$$\begin{aligned} v_{out} + v_f + v_d &= f(v_d) + v_d + R_f \left(\frac{v_{in} + v_d}{R_1} + \frac{v_{in2} + v_d}{R_2} - i_{B-} \right) \\ &= f(v_d) + v_d \left(1 + \frac{R_f}{R_1} + \frac{R_f}{R_2} \right) + R_f \left(\frac{v_{in1}}{R_1} + \frac{v_{in2}}{R_2} - i_{B-} \right) \\ &= 0 \end{aligned}$$

が成り立つ。よって

$$-13 < R_f \left(\frac{v_{in1}}{R_1} + \frac{v_{in2}}{R_2} - i_{B-} \right) < 13 \tag{3.42}$$

が成り立つと $v_d \approx 0$ となる。すなわち，この条件下で仮想短絡が成り立つ。このとき

$$v_{out} \approx -v_f \approx -\left(\frac{R_f}{R_1} v_{in1} + \frac{R_f}{R_2} v_{in2} \right) \tag{3.43}$$

を得る。これから出力 v_{out} は v_{in1} と v_{in2} の一次結合の電圧となる。よって，図 3.35 の回路を加算回路という。

3.5.4 非反転増幅回路

図 **3.37** に示す非反転増幅回路について考える。

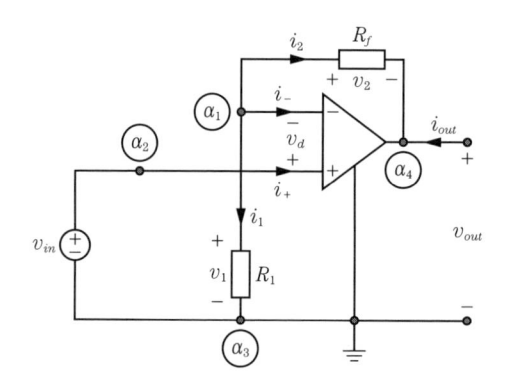

図 3.37 非反転増幅回路

閉路 $\alpha_1 \to R_1 \to \alpha_3 \to v_{in} \to \alpha_2 \to \alpha_1$ で成り立つ KVL から

$$-v_1 + v_{in} - v_d = 0 \tag{3.44}$$

が成り立つ。よって

$$i_1 = \frac{v_1}{R_1} = \frac{v_{in} - v_d}{R_1} \tag{3.45}$$

となる。節点 α_1 で成り立つ KCL より

$$i_2 = -i_1 - i_- = -i_1 - i_{B-} = -\frac{v_{in} - v_d}{R_1} - i_{B-} \tag{3.46}$$

を得る。閉路 $\alpha_4 \to \alpha_3 \to \alpha_1 \to \alpha_4$ で成り立つ KVL から

$$\begin{aligned}
-v_{out} + v_1 - v_2 &= -f(v_d) + v_{in} - v_d + R_f\left(\frac{v_{in} - v_d}{R_1} + i_{B-}\right) \\
&= -f(v_d) - \left(1 + \frac{R_f}{R_1}\right)v_d + v_{in} + R_f\left(\frac{v_{in}}{R_1} + i_{B-}\right) \\
&= -f(v_d) - \left(1 + \frac{R_f}{R_1}\right)(v_d - v_{in}) + \frac{R_f}{R_1}i_{B-} = 0
\end{aligned}$$

が成り立つ。よって

$$-13 < \left(1 + \frac{R_f}{R_1}\right)v_{in} < 13 \tag{3.47}$$

が成り立つと $v_d \approx 0$ となる。すなわち，この条件下で仮想短絡が成り立つ。このとき

$$v_{out} \approx \left(1 + \frac{R_f}{R_1}\right)v_{in} \tag{3.48}$$

を得る。これより，出力 v_{out} は v_{in} が $1 + R_f/R_1$ 倍されて出力されることがわかる。よって，図 3.37 の回路を非反転増幅回路という。

章 末 問 題

【1】 ダイオード回路としてつぎの項目を調べてレポートにまとめよ。
(1) 整流回路
(2) ピーク検出回路
(3) AC-DC コンバータ

【2】 つぎの非線形方程式の解をニュートン法で求めよ。できればすべての実解[†]を求めよ。
(1) $x^6 - 12x^4 + 44x^2 - 48 = 0$ （6 個実解がある）
(2) $40\log\left(1 + \dfrac{x}{4}\right) - \log 2 = 0$
(3) $5 \cdot 8^{x+1} - 4^{2x-1} = 0$

[†] 値が実数値になる解のこと。

(4) $x^{160} - 12x^4 + 44x^2 - 48 = 0$

【3】 $\boldsymbol{x} = (a,b)^t \in \mathbb{R}^2$ に関するつぎの非線形方程式 $\boldsymbol{f}(\boldsymbol{x}) = 0$ を解け。ただし、$k = 0.1, B = 0.15$ で

$$\boldsymbol{f}(\boldsymbol{x}) = \begin{pmatrix} -a + B + kb + \dfrac{3}{4}(a^3 + ab^2) \\ -b + ka + \dfrac{3}{4}(a^2b + b^3) \end{pmatrix} = 0$$

【4】 図 3.9 の回路の電圧伝達関数を, 一般の R, V_{DD}, V_t に対して求めよ。

【5】 図 3.38 に示すワイドラー電流源回路を考える。図より

$$i_0 = \dfrac{v_{gs_1} - v_{gs_2}}{R} = \dfrac{\sqrt{\dfrac{2i_{ref}}{\beta_1}} - \sqrt{\dfrac{2i_0}{\beta_2}}}{R}$$
$$= \dfrac{1}{R}\sqrt{\dfrac{2i_{ref}}{\beta_1}}\left(1 - \sqrt{\dfrac{i_0}{i_{ref}}\dfrac{W_1 L_2}{W_2 L_1}}\right)$$

となる。この式から, i_0 が与えられれば, i_{ref} を計算できる。逆に, i_0 を i_{ref}, R と $(W_1 L_2)/(W_2 L_1)$ の関数として与えよ。

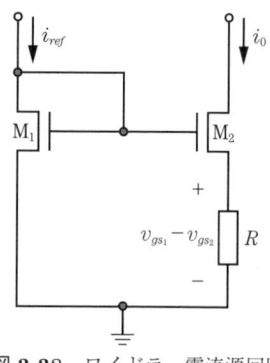

図 3.38 ワイドラー電流源回路

【6】 集合 $B = \{0, 1\}$ に積の演算 $0 \cdot 0 = 0, 0 \cdot 1 = 0, 1 \cdot 0 = 0, 1 \cdot 1 = 1$, 和の演算 $0 + 0 = 0, 0 + 1 = 1, 1 + 0 = 1, 1 + 1 = 0$, および否定演算 $0' = 1, 1' = 0$ が定義された体系をブール代数という。また, 値として 0 と 1 を取れる変数 x を論理変数という。つぎの関係が成り立つことを証明せよ。

(1) $(x')' = x$

(2) $x \cdot x = x$, $x + x = x$

(3) $x \cdot (x + y) = x$, $x + (x \cdot y) = x + y$

(4) $x \cdot (x' + y) = x \cdot y$, $x + (x' \cdot y) = x + y$

(5) $(x \cdot y)' = x' + y'$, $(x + y)' = x' \cdot y'$

【7】 論理変数 $x_1, x_2, \cdots, x_n$ から論理変数 y への写像を n 変数の論理関数といい, $y = f(x_1, x_2, \cdots, x_n)$ のように表す。論理関数を論理ゲートを使って実現することができる。どのような論理関数も実現できる論理ゲートの集合を完全であるという。{AND,OR,NOT} は完全であることを示せ。これから {NAND,NOR,NOT} も完全であることは直ちに従う。すなわち, NAND に NOT を接続すれば AND になり, NOR に NOT を接続すれば OR になるからである。

つぎの集合が完全になることを証明せよ。

(1) { AND, NOT }
(2) { OR, NOT }
(3) {NAND}
(4) {NOR}

【8】インバータ（否定），NAND, NOR という論理ゲートが CMOS 回路で構成されることを示した．これらを図 3.39 の図記号で表す．つぎの関数を論理ゲートで実現せよ．

(1) $y = x_1 + x_2 \cdot x_3$
(2) $y = x_1 \cdot x_2 + x_3 \cdot x_4$

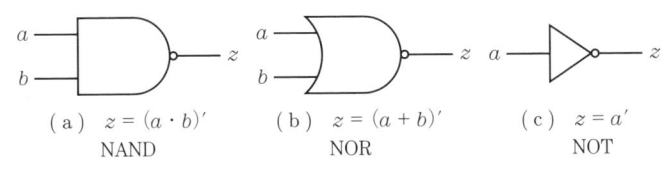

(a) $z = (a \cdot b)'$ NAND
(b) $z = (a + b)'$ NOR
(c) $z = a'$ NOT

図 3.39 論理ゲート

【9】「nMOSFET は強い '0' と弱い '1' を出力し，pMOSFET は強い '1' と弱い '0' を出力する」という．CMOS インバータ回路の特性に基づき，これを説明せよ．

【10】トランスリニア原理とは何か調べてレポートとしてまとめよ．

【11】図 3.33 の特性を MATLAB を使って計算し，図示せよ．

【12】演算増幅器を用いた図 3.40 の引き算回路について解析し

$$v_{out} = \frac{R_3}{R_1 + R_3}\left(1 + \frac{R_F}{R_2}\right)v_1 - \frac{R_F}{R_2}v_2$$

となることを示せ．ただし，v_1, v_2, v_{out} は接地点を基準とする電圧である．

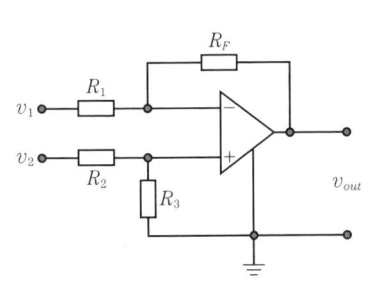

図 3.40 引き算回路

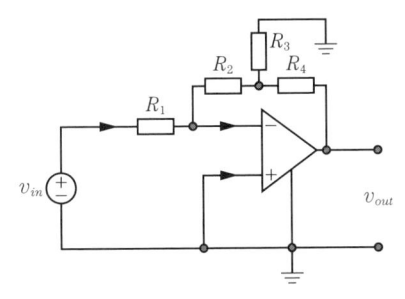

図 3.41 T 型フィードバックを持つ反転増幅回路

【13】 図 3.41 の T 型フィードバックを持つ反転回路の解析を行い
$$v_{out} = -\left\{\frac{R_2}{R_1} + \frac{R_4}{R_1}\left(1 + \frac{R_2}{R_3}\right)\right\} v_{in}$$
となることを示せ.

【14】 図 3.42 の回路を解析し, R_S の値によらずに, $v_{out} = i_S R_F$ となることを

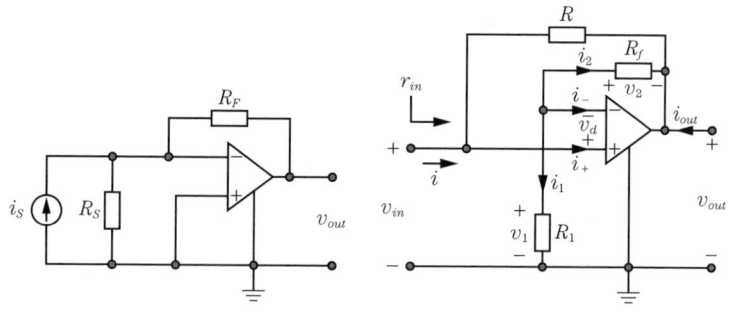

図 3.42 電流から電圧への変換回路

図 3.43 負性抵抗回路

示せ.

【15】 図 3.43 の回路の入力抵抗 $r_{in} = v_{in}/i$ が $r_{in} = -(R_1/R_f)R$ で与えられ, これが負性抵抗に見えることを示せ.

【16】 図 3.44 の回路の入出力関係を求めよ.

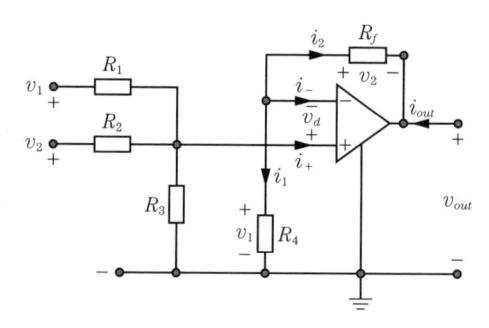

図 3.44 非反転加算回路

【17】 演算増幅器は差動増幅回路を発展させたものとみなせる. 差動増幅回路をどのように発展させると演算増幅回路になるか調べてレポートにまとめよ.

4 線形回路ダイナミックスの解析

線形抵抗素子，線形のインダクタとキャパシタを含む線形集中定数回路を考え，回路のダイナミックスを記述する状態方程式の作り方を示す。つぎに，一般的に非線形回路を表す状態方程式が非線形の常微分方程式になることを指摘して，その状態方程式の初期値問題の局所的な解の存在と，一意性を縮小写像の原理により示す。つぎに，線形回路のダイナミックスの解析法を示す。

4.1 回路の状態方程式

4.1.1 状態方程式の自由度

回路のダイナミックスを記述する，つぎの形の方程式

$$\frac{d\bm{x}}{dt} = \bm{f}(\bm{x}, t) \tag{4.1}$$

を導くことを考えよう。これを状態方程式という。考えている回路にはキャパシタが n_C 個含まれ，インダクタが n_L 個含まれているとする。このとき，n_C 個のキャパシタの枝電圧を $\bm{v}_C = (v_{C1}, v_{C2}, \cdots, v_{Cn_C})^t$ とし，n_L 個のインダクタの枝電流を $\bm{i}_L = (i_{L1}, i_{L2}, \cdots, i_{Ln_L})^t$ とする。明らかに，キャパシタだけからなる閉路があると，KVL から

$$v_{C1} + v_{C2} + \cdots + v_{Cn_C} = 0 \tag{4.2}$$

となる。一方，インダクタだけのカットセットがあると

$$i_{L1} + i_{L2} + \cdots + i_{Ln_L} = 0 \tag{4.3}$$

となる。このように，これらの場合，状態変数が独立でなくなる。

〔**1**〕 キャパシタだけの閉路やインダクタだけのカットセットがない場合

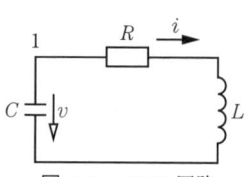

$x \in \mathbb{R}^{n_C+n_L}$ となる。この場合の例を示そう。図 **4.1** の RLC 回路を考える。

この回路を 1 周する KVL と点 1 における KCL から状態方程式

図 **4.1** RLC 回路

$$\frac{d}{dt}\begin{bmatrix} i \\ v \end{bmatrix} = \begin{bmatrix} -\dfrac{R}{L} & -\dfrac{1}{L} \\ \dfrac{1}{C} & 0 \end{bmatrix}\begin{bmatrix} i \\ v \end{bmatrix} \tag{4.4}$$

を得る。このようにキャパシタだけの閉路やインダクタだけのカットセットがない場合には状態方程式の次元は回路に含まれるキャパシタとインダクタの総数に一致する。

〔**2**〕 キャパシタのみからなるループのある場合　　図 **4.2** の回路を考える。キャパシタのみからなるループに KVL を適用すると

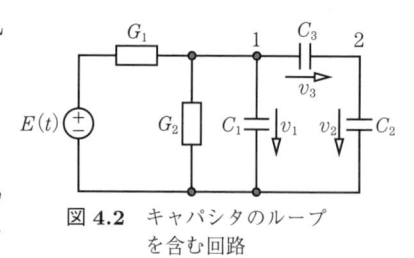

$$v_1 - v_2 - v_3 = 0 \tag{4.5}$$

が成り立つことがわかる。したがって, v_1, v_2, v_3 の中から二つを選んで状態方程式を立てる。節点 1 と 2 で KCL を立てると

図 **4.2** キャパシタのループを含む回路

$$C_1\frac{dv_1}{dt} + C_3\frac{dv_3}{dt} + G_1(E + v_1) + G_2 v_1 = 0 \tag{4.6}$$

$$C_3\frac{dv_3}{dt} - C_2\frac{dv_2}{dt} = 0 \tag{4.7}$$

これから v_3 を式 (4.5) により消去すると, 状態方程式

$$\frac{d}{dt}\begin{bmatrix} v_1 \\ v_2 \end{bmatrix} = -\boldsymbol{C}^{-1}\begin{bmatrix} G_1+G_2 & 0 \\ 0 & 0 \end{bmatrix}\begin{bmatrix} v_1 \\ v_2 \end{bmatrix} - \boldsymbol{C}^{-1}\begin{bmatrix} G_1 E(t) \\ 0 \end{bmatrix}$$

を得る。ただし, C_1, C_2, C_3 とも正と仮定した。このとき行列

$$C = \begin{bmatrix} C_1 + C_3 & -C_3 \\ -C_3 & C_2 + C_3 \end{bmatrix}$$

は優対角行列となり正則である。この回路ではキャパシタは三つであるが，キャパシタのループを作っているため状態方程式は二次元となっている。

〔3〕 **インダクタのみからなるカットセットのある場合** 図 4.3 の回路を考える。

節点 1 に KCL を適用すると

$$i_1 - i_2 - i_3 = 0 \tag{4.8}$$

を得る。したがって，i_1, i_2, i_3 は一次従属であることがわかる。よって，i_1 と i_2 を独立な状態変数に選んで方程式を立てる。枝 L_2 からなる木を考える。それに補木 (E, R_1, L_1) を加えてできる閉路と，補木 (R_2, L_3) を加えてできる閉路の二つの閉路†に関する KVL を作ると

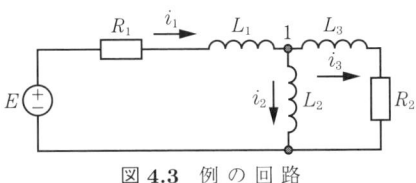

図 4.3 例 の 回 路

$$L_1 \frac{di_1}{dt} + L_2 \frac{di_2}{dt} + R_1 i_1 = E \tag{4.9}$$

$$L_2 \frac{di_2}{dt} - L_3 \frac{di_3}{dt} - R_2 i_3 = 0 \tag{4.10}$$

これから i_3 を式 (4.8) により消去すると，状態方程式

$$\frac{d}{dt} \begin{bmatrix} i_1 \\ i_2 \end{bmatrix} = \boldsymbol{L}^{-1} \begin{bmatrix} -R_1 & 0 \\ R_2 & -R_2 \end{bmatrix} \begin{bmatrix} i_1 \\ i_2 \end{bmatrix} + \boldsymbol{L}^{-1} \begin{bmatrix} E(t) \\ 0 \end{bmatrix}$$

を得る。ただし，L_1, L_2, L_3 とも正と仮定した。このとき行列

$$\boldsymbol{L} = \begin{bmatrix} L_1 & L_2 \\ -L_3 & L_2 + L_3 \end{bmatrix}$$

は正則行列となる。実際，$\boldsymbol{L}$ の 1 行目から 2 行目を引いた行列

$$\boldsymbol{L}' = \begin{bmatrix} L_1 + L_3 & -L_3 \\ -L_3 & L_2 + L_3 \end{bmatrix}$$

---

† この木に関する基本閉路系となる。

は対角優位行列となるからである。この回路ではインダクタは三つであるが，インダクタのカットセットを作っているため，状態方程式は二次元となっている。

4.1.2 抵抗回路に変換することによる状態方程式の導き方

抵抗回路へ変換して状態方程式を導く方法を示そう。図 4.4 (a) の回路を考える。キャパシタを独立電源に，インダクタを独立電流源に置き換えると，図 (b) の回路を得る。この回路に節点解析を適用する。まず，本質的節点を探す。

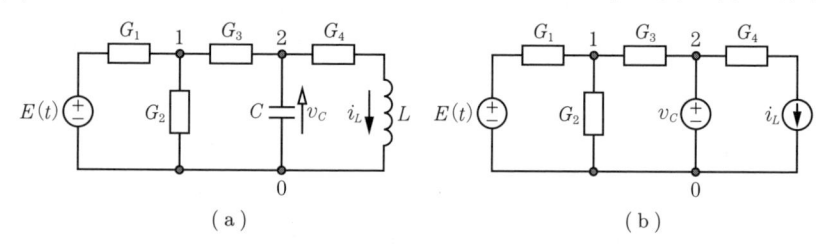

図 4.4 状態方程式を求める回路

この場合は $0, 1, 2$ になる。0 を基準節点に選ぶ。節点 0 を基準としたときの節点 1 の電圧を v_1，節点 2 の電圧を v_2 とすると，節点 1 での KCL により

$$G_1(v_1 - E) + G_2 v_1 + G_3(v_1 - v_2) = 0$$

また，節点 2 での KCL により

$$-G_3(v_1 - v_2) - i_C + G_4(v_L - v_2) = 0$$

を得る。これに加えてつぎの関係式も導入する。

$$v_2 = v_C, \qquad i_L = G_4(v_L - v_2)$$

整理すると

$$\begin{bmatrix} G_1 + G_2 + G_3 & -G_3 & 0 & 0 \\ -G_3 & G_3 - G_4 & -1 & G_4 \\ 0 & 1 & 0 & 0 \\ 0 & -G_4 & 0 & G_4 \end{bmatrix} \begin{bmatrix} v_1 \\ v_2 \\ i_C \\ v_L \end{bmatrix} = \begin{bmatrix} G_1 E \\ 0 \\ v_C \\ i_L \end{bmatrix}$$

この方程式を i_C と v_L について解くと，$G = G_1 + G_2 + G_3$ として

$$\boldsymbol{A} \begin{bmatrix} i_C \\ v_L \end{bmatrix} = \begin{bmatrix} \frac{-G_3^2}{G} + G_3 - G_4 & 0 \\ G_4 & 1 \end{bmatrix} \begin{bmatrix} v_C \\ i_L \end{bmatrix} + \begin{bmatrix} \frac{-G_1 G_3 E}{G} \\ 0 \end{bmatrix}$$

を得る。すなわち

$$\frac{d}{dt} \begin{bmatrix} v_C \\ i_L \end{bmatrix} = \boldsymbol{B}^{-1} \begin{bmatrix} \frac{-G_3^2}{G} + G_3 - G_4 & 0 \\ G_4 & 1 \end{bmatrix} \begin{bmatrix} v_C \\ i_L \end{bmatrix} + \boldsymbol{B}^{-1} \begin{bmatrix} \frac{-G_1 G_3 E}{G} \\ 0 \end{bmatrix}$$

を得る。これが図 4.4 の回路の状態方程式である。ただし，行列 $\boldsymbol{A}, \boldsymbol{B}$ はつぎの式で与えられる。

$$\boldsymbol{A} = \begin{bmatrix} 1 & -G_4 \\ 0 & G_4 \end{bmatrix}, \qquad \boldsymbol{B} = \boldsymbol{A} \begin{bmatrix} C & 0 \\ 0 & L \end{bmatrix}$$

4.1.3 状態方程式の初期値問題の解の存在と一意性

非線形回路解析を含む非線形解析の基本的方法は，問題を不動点問題に帰着させることである。いま，X をバナッハ空間，g を X からその中への写像とする。$g(\boldsymbol{x}) = \boldsymbol{x}$ を満たす X の点 $\boldsymbol{x}$ を不動点 (fixed point) という。写像 g に不動点が存在することを保証する定理を不動点定理 (fixed point theorem) という。以下で述べる縮小写像原理は不動点定理の中でも，最も基本的かつ有用なものである[†]。

☆ **性質 7 (バナッハの縮小写像原理)** X をバナッハ空間とし，S をその空でない閉部分集合とする。$g : S \to S$ を縮小写像とすると，S の中に g の不動点が存在する。しかも，この不動点は唯一である。ただし，写像 $g : S \to S$ が縮小写像 (contraction mapping) であるとは，ある定数 k, $(0 \leqq k < 1)$ が存在して，任意の $\boldsymbol{x}_1, \boldsymbol{x}_2 \in S$ に対して

[†] 1920 年にポーランドの数学者バナッハ (1892-1945) によって示された。バナッハ空間の定義と基本的枠組みが縮小写像の原理も含めつぎの著書によって示されている。Stefan Banach: Théorie des opérations linéaires, Monografie Matematyczne, 1, Warszawa, Subwencji Funduszu Kultury Narodowej (1932)。第一次世界大戦と第二次世界大戦の間にもポーランドの数学は大きく発展するが，その指導的な立場にあった。

$$\|g(x_1) - g(x_2)\| \leq k\|x_1 - x_2\| \tag{4.11}$$

が成り立つことである。

非線形回路の状態方程式である非線形常微分方程式の初期値問題の解の存在と一意性の証明を縮小写像の原理を用いて示す。

☆ **性質 8 (ピカール–リンデレフ (Picard–Lindelöf) の定理)** X をバナッハ空間とする。与えられた $t_0 \in \mathbb{R}, p \in X$ に対し，領域

$$Q = \{(x, t) \in X \times \mathbb{R} \mid |t - t_0| \leq a, \|x - p\|_X \leq b\}$$

を考える。ただし，a, b は正の定数とする。$f : Q \to X$ が連続で

① すべての $(x, t), (y, t) \in Q$ に対して $\|f(x, t) - f(y, t)\|_X$
   $\leq L\|x - y\|_X$

② すべての $(x, t) \in Q$ に対して $\|f(x, t)\|_X \leq K$

を満たすとする。ただし，$L \geq 0, K > 0$ とする。このとき

$$c < \min\left(a, \frac{b}{K}, \frac{1}{L}\right) \tag{4.12}$$

とすると，初期値問題

$$\frac{dx}{dt} = f(x, t), \qquad x(t_0) = p \tag{4.13}$$

の解 $x(t)$ が区間 $T = [t_0 - c, t_0 + c]$ で存在して，一意的である。

証明 各 $t \in T$ について $x(t) \in X$ となる連続関数 x の関数空間 $C(T; X)$ のノルムを

$$\|x\|_\infty = \max_{t \in T} \|x(t)\|_X$$

と表す。$C(T; X)$ はバナッハ空間となる。

$$M = \{x \in C(T; X) \mid \|x - p\|_\infty \leq b\}$$

とする。M は $C(T; X)$ の閉集合である。写像 $T : C(T; X) \to C(T; X)$ を

$$Tx = p + \int_{t_0}^{t} f(x(s), s)ds$$

によって定義する．実際，T は $x \in C(T; X)$ かつ $f(x,t)$ が x と t のついて連続なことから，右辺のリーマン積分による不定積分が定義できて t の連続関数になることから定義可能である．この写像が M 上で縮小写像の原理の条件を満たすことを示そう．

(I) $TM \subset M$ を示す．$x \in M$ とすると，$\|x - p\|_\infty \leqq b$ となるから，すべての $t \in T$ について $\|x - p\|_X \leqq b$ が成り立つ．よって，仮定から

$$\|Tx - p\|_\infty = \max_{t \in T} \left\| \int_{t_0}^{t} f(x(s), s))ds \right\|_X \leqq cK \leqq b$$

よって，$Tx \in M$ となる．

(II) T が M 上で縮小写像となることを示す．$x, y \in M$ とする．このとき

$$\|Tx - Ty\|_\infty = \max_{t \in T} \left\| \int_{t_0}^{t} [f(x(s), s) - f(y(s), s)]ds \right\|_X \leqq cL\|x - y\|_\infty$$

となる．$cL < 1$ より，T が M 上で縮小写像となることがわかった．こうして，縮小写像の原理により，M 上に T の不動点 x^* が唯一つ存在することがわかった．

(III) x^* は T の不動点であるから

$$x^*(t) = p + \int_{t_0}^{t} f(x^*(s), s)ds$$

を満たす．$x^*(t_0) = p$ で $dx^*(t)/dt = f(x^*(t), t)$ となるので，もとの微分方程式の初期値問題の解に x^* がなっていることがわかる．また，$y(t) \in M$ を初期値問題の別の解とすると

$$\frac{dy(t)}{dt} = f(y(t), t), \qquad y(t_0) = p$$

となる．上式の第1式の両辺を積分して

$$y(t) = p + \int_{t_0}^{t} f(y(s), s)ds$$

を得る．これから，y は T の不動点となることがわかる．M 上で T は唯一の不動点をもつから $y = x^*$ となり，初期値問題の解が唯一であることがわかる．□

ピカール–リンデレフの定理は初期値が与えられる時刻 t_0 の近傍で解が存在するための十分条件を示している．この定理をもとにつぎが証明できる．

☆ **性質 9** X をバナッハ空間とする。$r > 0$ とし，$D = \{\boldsymbol{x} \in X |\ \|\boldsymbol{x}\| < r\}$, $r > 0$ とする。任意の $\tau \in \mathbb{R}$, $\boldsymbol{p} \in D$ に対し，ある a, b が存在して領域

$$Q = \{(\boldsymbol{x}, t) \in X \times \mathbb{R} |\ |t - \tau| \leqq a,\ \|\boldsymbol{x} - \boldsymbol{p}\|_X \leqq b\}$$

に対して，$f : X \times \mathbb{R} \to X$ がすべての $(\boldsymbol{x}, t), (\boldsymbol{y}, t) \in Q$ に対して，$\|f(\boldsymbol{x}, t) - f(\boldsymbol{y}, t)\|_X \leqq L \|\boldsymbol{x} - \boldsymbol{y}\|_X$, を満たすとする。ただし，$L \geqq 0$ とする。このとき，初期値問題

$$\frac{d\boldsymbol{x}}{dt} = f(\boldsymbol{x}, t), \qquad \boldsymbol{x}(t) = \boldsymbol{p}, \qquad \boldsymbol{p} \in D \tag{4.14}$$

の解 $\boldsymbol{x}(t)$ は区間 $(-\infty, \infty)$ で存在するか，有限時間で $\boldsymbol{x}(t)$ が D の境界に到達する。

この定理から，初期値問題の解 $\boldsymbol{x}(t)$ が有限時間で D の境界に到達しないときには，解は $t \in (-\infty, \infty)$ で存在することがわかる。つぎに，状態方程式の初期値問題の解の初期値に対する連続性が f のリプシッツ (Lipschitz) 連続性から導かれることをみておこう。そのための予備定理としてつぎを用意する。

☆ **性質 10** (グロンウォール (Gronwall) の不等式) $v, g \in C[a, b]$ を非負関数とする。$C \geqq 0$ のとき

$$v(t) \leqq C + \int_a^t v(s) g(s) ds \tag{4.15}$$

ならば $a \leqq t \leqq b$ で

$$v(t) \leqq C e^{\int_a^t g(s) ds} \tag{4.16}$$

が成り立つ。

回路の状態方程式の初期値問題

$$\frac{d\boldsymbol{x}(t)}{dt} = f(\boldsymbol{x}(t)), \qquad \boldsymbol{x}(t_0) = \boldsymbol{x}_0 \tag{4.17}$$

を考える。a, b を正の定数とする。$\boldsymbol{f} : \mathbb{R}^n \to \mathbb{R}^n$ がすべての $\boldsymbol{x}, \boldsymbol{y} \in \mathbb{R}^n$ に対して $\|f(\boldsymbol{x}) - f(\boldsymbol{y})\| \leqq L\|\boldsymbol{x} - \boldsymbol{y}\|$ を満たすとする。これをリプシッツ連続であるという。いま，$\boldsymbol{x}(t), \boldsymbol{y}(t)$ を $\boldsymbol{x}(t_0) = \boldsymbol{x}_0, \boldsymbol{y}(t_0) = \boldsymbol{y}_0$ を満たす解であるとしよう。

$$\|\boldsymbol{x}(t) - \boldsymbol{y}(t)\| = \|\boldsymbol{x}_0 - \boldsymbol{y}_0\| + \int_{t_0}^{t} \|\boldsymbol{f}(\boldsymbol{x}(s)) - \boldsymbol{f}(\boldsymbol{y}(s))\| ds$$

$$\leqq \|\boldsymbol{x}_0 - \boldsymbol{y}_0\| + \int_{t_0}^{t} L\|\boldsymbol{x}(s) - \boldsymbol{y}(s)\| ds$$

からグロンウォールの不等式により

$$\|\boldsymbol{x}(t) - \boldsymbol{y}(t)\| \leqq \|\boldsymbol{x}_0 - \boldsymbol{y}_0\| e^{L(t - t_0)} \tag{4.18}$$

を得る。これは，解が初期値に連続に依存していることを示している。また，$\boldsymbol{x}_0 = \boldsymbol{y}_0$ であれば，$\boldsymbol{x} = \boldsymbol{y}$ となり，初期値問題の解の一意性も示している。

例として，解が一意的でない図 **4.5**(a) の回路を考える。

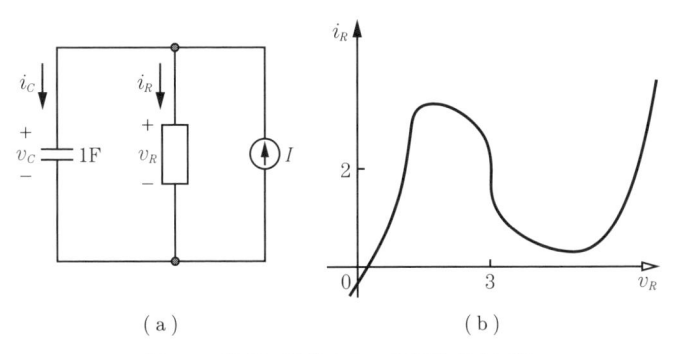

図 **4.5** 解が一意的でない非線形 RC 回路

キャパシタは線形で，抵抗は非線形抵抗であり

$$i_R = -\frac{3}{2}(v_R - 3)^{1/3} + 2, \quad 2 \leqq v_R \leqq 4$$

という特性を $2 \leqq v_R \leqq 4$ で満たすとする（図 (b)）。回路の状態方程式は

$$\frac{dv_C}{dt} = \frac{3}{2}(v_C - 3)^{1/3} - 2 + I, \quad 2 \leqq v_R \leqq 4$$

となる．$I=2$ とする．この状態方程式の初期値問題 $v_C(0)=3$ の解として

$$v_C(t) = \begin{cases} 3 & 0 \leqq t \leqq T \\ 3+(t-T)^{3/2} & T \leqq t \leqq T+1 \end{cases}$$

がある．ただし，T は任意の正の実数である．したがって，この初期値問題の解は無限に多数ある[†]．

4.2 線形回路の状態方程式の基本解行列

線形回路のダイナミックスを調べるために，線形回路を状態方程式の初期値問題を行列の指数関数を導入して解く方法を示す．特解を求める方法として指数関数励起法とフェーザ法について学ぶ．

4.2.1 変係数線形常微分方程式の基本解行列

線形時変回路を記述する線形連立 1 階常微分方程式系

$$\frac{d\boldsymbol{x}}{dt} = \boldsymbol{A}(t)\boldsymbol{x}, \qquad t \in I = [a,b] \tag{4.19}$$

を考えよう．ただし，$\boldsymbol{x}(t) \in \mathbb{R}^n$ とする．また，$n \times n$ 行列関数 $\boldsymbol{A}(t)$ は I において連続な関数とする．$\boldsymbol{\phi}_1, \boldsymbol{\phi}_2, \cdots, \boldsymbol{\phi}_n$ を上式の一次独立な解とする．これを基本解 (fundamental solution) という．$\boldsymbol{\phi}_i$ を列ベクトルとしてこれらを並べた $n \times n$ 行列 $\boldsymbol{\Phi} = (\boldsymbol{\phi}_1, \boldsymbol{\phi}_2, \cdots, \boldsymbol{\phi}_n)$ を基本解行列という．

☆ **性質 11** 微分方程式 $d\boldsymbol{x}/dt = \boldsymbol{A}(t)\boldsymbol{x}$ の n 個の解を列ベクトルとして並べた行列 $\boldsymbol{\Phi}(t)$ について，すべての t で $\det \boldsymbol{\Phi}(t) \neq 0$ か，$\det \boldsymbol{\Phi}(t) = 0$ かのいずれかが成り立つ．

証明 ある τ で $\det \boldsymbol{\Phi}(\tau) = 0$ となったとする．そこでは $\boldsymbol{\Phi}(\tau)$ は一次従属であるから，ある非零ベクトル $\boldsymbol{c}$ が存在して，$\boldsymbol{\Phi}(\tau)\boldsymbol{c} = 0$ とできる．微分方程式の線形性から，$\boldsymbol{x}(t) = \boldsymbol{\Phi}(t)\boldsymbol{c}$ も解となる．$\boldsymbol{x} = 0$ も解であるから，解の一意性よ

[†] T. Roska: On the uniqueness of solutions of nonlinear dynamic networks and systems, IEEE Trans. Circuits and Syst., Vol. **CAS-25**, pp.161-169 (1978) による．ピアノの例を回路方程式にしたものである．

り,$\boldsymbol{\Phi}(t)\boldsymbol{c} = 0$ がすべての t で成立する。よって,$\det \boldsymbol{\Phi}(t) = 0$ がすべての t で成り立つ。 □

基本解行列により,つぎの線形微分方程式の一般解を求めることができる。

$$\frac{d\boldsymbol{x}}{dt} = \boldsymbol{A}(t)\boldsymbol{x} + \boldsymbol{b}(t) \tag{4.20}$$

ただし,$\boldsymbol{b}(t)$ も区間 I において連続な n 次元ベクトル値関数とする。$\boldsymbol{\Phi}$ を $\boldsymbol{b} = 0$ とおいた斉次微分方程式の基本解行列とする。$\det \boldsymbol{\Phi}(t) \neq 0$ であるから $\boldsymbol{x}(t) = \boldsymbol{\Phi}(t)\boldsymbol{u}(t)$ と変数変換することができる。このとき,$\boldsymbol{u}(t)$ はつぎの微分方程式を満たす。

$$\frac{d\boldsymbol{u}}{dt} = \boldsymbol{\Phi}^{-1}(t)\boldsymbol{b}(t) \tag{4.21}$$

この微分方程式は直ちに解けて,その一般解は $\boldsymbol{c}$ を任意の n 次元ベクトルとして

$$\boldsymbol{u} = \boldsymbol{c} + \int_a^t \boldsymbol{\Phi}(s)^{-1}\boldsymbol{b}(s)ds$$

と求められる。よって,求める一般解は

$$\boldsymbol{x} = \boldsymbol{\Phi}(t)\boldsymbol{c} + \boldsymbol{\Phi}(t)\int_a^t \boldsymbol{\Phi}(s)^{-1}\boldsymbol{b}(s)ds \tag{4.22}$$

となる。以上の解法を定数変化法 (variation of constants formula) という。

4.2.2 行列の指数関数による主要解行列の表現

定数係数線形微分方程式

$$\frac{d\boldsymbol{x}(t)}{dt} = \boldsymbol{A}\boldsymbol{x}(t) \tag{4.23}$$

を考える。ただし,$\boldsymbol{A}$ は $n \times n$ の定数行列とする。この基本解行列 $\boldsymbol{\Phi}(t)$ で $\boldsymbol{\Phi}(0) = \boldsymbol{I}$,$\boldsymbol{I}$ は単位行列を満たすものを主要解行列 (principal matrix solution) と呼ぶ。主要解行列は $\boldsymbol{\Phi}(t+s) = \boldsymbol{\Phi}(t)\boldsymbol{\Phi}(s)$ を満たす。実際,s を固定すると両者とも上式の解であり,$t = 0$ では一致するから。この関係式は,$\boldsymbol{\Phi}(t)$ が指数関数の性質を持つことを示唆している。そこで,主要解を

$$\boldsymbol{\Phi}(t) = e^{\boldsymbol{A}t} \tag{4.24}$$

と表すことにする。これを行列の指数関数という†。

☆ **性質 12** $e^{\boldsymbol{A}t}$ は，つぎの性質を満たす。

(i) $e^{\boldsymbol{A}(t+s)} = e^{\boldsymbol{A}t} e^{\boldsymbol{A}s}$

(ii) $(e^{\boldsymbol{A}t})^{-1} = e^{-\boldsymbol{A}t}$

(iii) $\dfrac{de^{\boldsymbol{A}t}}{dt} = \boldsymbol{A} e^{\boldsymbol{A}t} = e^{\boldsymbol{A}t} \boldsymbol{A}$

(iv) $e^{\boldsymbol{A}t} = \boldsymbol{I} + \boldsymbol{A}t + \dfrac{1}{2!}\boldsymbol{A}^2 t^2 + \cdots + \dfrac{1}{n!}\boldsymbol{A}^n t^n + \cdots$

(v) $d\boldsymbol{x}(t)/dt = \boldsymbol{A}\boldsymbol{x}(t)$ の一般解は，$\boldsymbol{c}$ を任意の n 次元ベクトルとして $e^{\boldsymbol{A}t}\boldsymbol{c}$ で与えられる。

(vi) $\boldsymbol{P}(t)$ が $d\boldsymbol{x}(t)/dt = \boldsymbol{A}\boldsymbol{x}(t)$ の基本解行列なら，$e^{\boldsymbol{A}t} = \boldsymbol{P}(t)\boldsymbol{P}^{-1}(0)$

証明 まず，(iv) を示そう。(iv) の意味は，$e^{\boldsymbol{A}t}$ が $d\boldsymbol{x}(t)/dt = \boldsymbol{A}\boldsymbol{x}(t)$ の $t = 0$ での主要解であることから，右辺の行列級数表現が導かれるというものである。ピカール–リンデレフの定理の証明から，$\boldsymbol{\Phi}(t) = e^{\boldsymbol{A}t}$ は積分方程式

$$\boldsymbol{\Phi}(t) = \boldsymbol{I} + \int_0^t \boldsymbol{A}\boldsymbol{\Phi}(s)ds$$

を満たす。逐次近似により，上式に対し

$$\boldsymbol{\Phi}^{(0)} = \boldsymbol{I}, \qquad \boldsymbol{\Phi}^{(k+1)}(t) = \boldsymbol{I} + \int_0^t \boldsymbol{A}\boldsymbol{\Phi}^{(k)}(s)ds$$

と形式的に近似解が求まる。明らかに

$$\boldsymbol{\Phi}^{(k)}(t) = \boldsymbol{I} + \boldsymbol{A}t + \dfrac{1}{2!}\boldsymbol{A}^2 t^2 + \cdots + \dfrac{1}{k!}\boldsymbol{A}^k t^k$$

となる。ピカール–リンデレフの定理の証明より，$|t| \leq \alpha$, α が十分小ならば，この級数は $k \to \infty$ で収束する。ここでは，これよりも強く $\boldsymbol{\Phi}^{(k)}(t)$ が $t \in [-T, T]$

---

† 行列の指数関数 $e^{\boldsymbol{A}t}$ を求める方法には 20 近くを超える多様な方法があり，どれを使ってもよい。例えば，つぎの論文を参照されたい。C. Moler and C. Van Loan: Nineteen dubious ways to compute the exponential of a matrix, twenty-five years later, SIAM Review, Vol. 45, No. 1, pp.3-49 (2003). ラプラス変換もその一つの方法である。ヘビサイドの演算子法に起因して，ラプラス変換を用いる場合にディラックのデルタ関数などが $u(t)$ の記述に許されることがある。しかし，ヘビサイドの階段関数やディラックのデルタ関数を入力として許すと，右辺の連続性が失われるので，そのままでは解の一意性などは不明確となる。

なら一様に収束することを示そう。ただし，T は任意の正数とする。$\boldsymbol{\Phi}_{ij}^{(k)}(t)$ を行列 $\boldsymbol{\Phi}^{(k)}$ の第 ij 成分とする。このとき，k によらないある正数 β が存在して $|\boldsymbol{\Phi}_{ij}^{(k)}(t)| \leqq \beta^{-1} \|\boldsymbol{\Phi}^{(k)}\|$ とできる。ただし，$\|\boldsymbol{\Phi}^{(k)}\|$ は行列のノルムとする。これから，$t \in [-T, T]$ ならば

$$\beta|\boldsymbol{\Phi}_{ij}^{(k)}(t)| \leqq \|\boldsymbol{\Phi}^{(k)}\| \leqq 1 + \|\boldsymbol{A}\|t + \frac{1}{2!}\|\boldsymbol{A}\|^2 t^2 + \cdots + \frac{1}{k!}\|\boldsymbol{A}\|^k t^k \leqq e^{\|\boldsymbol{A}\|t} \leqq e^{\|\boldsymbol{A}\|T}$$

を得る。さらに，$\alpha = \|\boldsymbol{A}\|$ として

$$\beta|\boldsymbol{\Phi}_{ij}^{(k+1)}(t) - \boldsymbol{\Phi}_{ij}^{k}(t)| \leqq \frac{1}{(k+1)!} \alpha^{(k+1)} t^{(k+1)} \leqq \frac{1}{(k+1)!} \alpha^{(k+1)} T^{(k+1)}$$

を得る。これから，$\boldsymbol{\Phi}^{(k)}(t)$ が $t \in [-T, T]$ のとき，一様に収束することが示された。よって，(iv) の右辺の行列級数が定義され，(iv) が成立することがわかる。

$e^{\boldsymbol{A}t}$ が $t \in [-T, T]$ のとき，一様に収束することから実数の指数関数のときと同様に，項別微分可能となり，また，和の取り方の順に依存しなくなる。これから，(i) が出る。(ii) は (i) から導かれる。(iii) は項別微分可能性と和の順を変えてもよいことから。(v) および (vi) はピカール–リンデレフの定理によって示された解の局所一意性から導かれる。 □

4.2.3 固有値がすべて異なる場合

$\lambda_1, \lambda_2, \cdots, \lambda_n$ を $\boldsymbol{A}$ の固有値としてこれがすべて異なっているとする。すなわち，固有ベクトル $\boldsymbol{v}_i \in \mathbb{R}^n, \boldsymbol{v}_i \neq 0 \ (i = 1, 2, \cdots, n)$ が存在して

$$\boldsymbol{A}\boldsymbol{v}_i = \lambda_i \boldsymbol{v}_i, \quad (i = 1, 2, \cdots, n) \tag{4.25}$$

が成り立つ。これを行列方程式の形に書き直すと $\boldsymbol{\Lambda}$ を $\lambda_1, \lambda_2, \cdots, \lambda_n$ を対角成分とする対角行列を $\boldsymbol{V} = (\boldsymbol{v}_1, \boldsymbol{v}_2, \cdots, \boldsymbol{v}_n)$ として $\boldsymbol{A}\boldsymbol{V} = \boldsymbol{V}\boldsymbol{\Lambda}$ となる。よって，$\boldsymbol{V}$ が正則ならば $\boldsymbol{A} = \boldsymbol{V}\boldsymbol{\Lambda}\boldsymbol{V}^{-1}$ となる[†]ので

$$e^{\boldsymbol{A}} = \sum_{i=0}^{\infty} \frac{1}{i!} (\boldsymbol{V}\boldsymbol{\Lambda}\boldsymbol{V}^{-1})^i$$

となる。$(\boldsymbol{V}\boldsymbol{\Lambda}\boldsymbol{V}^{-1})^i = (\boldsymbol{V}\boldsymbol{\Lambda}\boldsymbol{V}^{-1})(\boldsymbol{V}\boldsymbol{\Lambda}\boldsymbol{V}^{-1})\cdots(\boldsymbol{V}\boldsymbol{\Lambda}\boldsymbol{V}^{-1}) = \boldsymbol{V}\boldsymbol{\Lambda}^i \boldsymbol{V}^{-1}$ に注意すると

[†] $\boldsymbol{A}$ を対角化可能という。

$$e^{\boldsymbol{A}} = \sum_{i=0}^{\infty} \frac{1}{i!} \boldsymbol{V}\boldsymbol{\Lambda}^i \boldsymbol{V}^{-1} = \boldsymbol{V}\left(\sum_{i=0}^{\infty} \frac{1}{i!}\boldsymbol{\Lambda}^i\right)\boldsymbol{V}^{-1}$$

がわかる。すなわち

$$\boldsymbol{\Phi}(t) = e^{\boldsymbol{A}t} = \boldsymbol{V}e^{\boldsymbol{\Lambda}t}\boldsymbol{V}^{-1} \tag{4.26}$$

となることがわかる。ただし

$$e^{\boldsymbol{\Lambda}t} = \begin{bmatrix} e^{\lambda_1 t} & 0 & \cdots & 0 \\ 0 & e^{\lambda_2 t} & \cdots & 0 \\ 0 & 0 & \cdots & 0 \\ 0 & 0 & \cdots & e^{\lambda_n t} \end{bmatrix} \tag{4.27}$$

である。

例として，図 **4.6** の回路を考える。状態方程式は

$$\frac{d}{dt}\begin{bmatrix} v \\ i \end{bmatrix} = \begin{bmatrix} 0 & -\frac{1}{C} \\ \frac{1}{L} & -\frac{R}{L} \end{bmatrix}\begin{bmatrix} v \\ i \end{bmatrix}$$

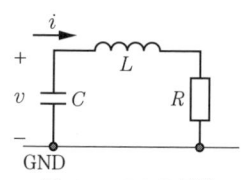

図 **4.6** RLC 回路 となる。この方程式の右辺の係数行列の固有値は

$$\lambda_+ = -\alpha + \sqrt{\alpha^2 - \omega_0^2}, \quad \lambda_+ = -\alpha - \sqrt{\alpha^2 - \omega_0^2}$$

となる。ただし，$\alpha = R/2L$，$\omega_0 = \sqrt{1/LC}$ である。したがって，$\alpha = \omega_0$ のときに重複固有値となり，それ以外では，二つの異なる固有値となる。$\alpha > \omega_0$ のとき（過減衰）には二つの負の実固有値，$\alpha < \omega_0$ のとき（減衰振動）には二つの複素共役な複素固有値で実部が負である。例えば，$C = 1\mathrm{F}$，$L = 1/9\mathrm{H}$，$R = 10/9\Omega$ のとき，$\alpha = 5, \omega_0 = \sqrt{3}$ となるので，$\alpha > \omega_0$ で

$$e^{\boldsymbol{A}t} = \frac{1}{8}\begin{bmatrix} 9e^{-t} - e^{-9t} & -e^{-t} + e^{-9t} \\ 9e^{-t} - 9e^{-9t} & -e^{-t} + 9e^{-9t} \end{bmatrix}$$

となる。

4.3 線形回路の状態方程式の初期値問題の解

4.3.1 線形方程式の初期値問題の解とその構造

線形抵抗とキャパシタとインダクタと電源からなる線形回路の状態方程式は

$$\frac{d\boldsymbol{x}}{dt} = \boldsymbol{A}\boldsymbol{x}(t) + \boldsymbol{B}\boldsymbol{u}(t), \qquad \boldsymbol{x}(0) = \boldsymbol{x}_0 \tag{4.28}$$

で与えられる。$\boldsymbol{b}(t) = \boldsymbol{B}\boldsymbol{u}(t)$ とおけば式 (4.22) から解は

$$\boldsymbol{x}(t) = e^{\boldsymbol{A}t}\boldsymbol{x}_0 + \int_0^t e^{(t-\tau)\boldsymbol{A}}\boldsymbol{B}\boldsymbol{u}(\tau)d\tau \tag{4.29}$$

と与えらえる。式 (4.29) は

$$\boldsymbol{x}(t) = e^{\boldsymbol{A}t}\boldsymbol{x}_0 + \boldsymbol{x}_p(t), \qquad \boldsymbol{x}_p(t) = \int_0^t e^{(t-\tau)\boldsymbol{A}}\boldsymbol{B}\boldsymbol{u}(\tau)d\tau$$

と表すことができる。明らかに

$$\frac{d\boldsymbol{x}_p(t)}{dt} = \boldsymbol{A}\int_0^t e^{(t-\tau)\boldsymbol{A}}\boldsymbol{B}\boldsymbol{u}(\tau)d\tau + \boldsymbol{B}\boldsymbol{u}(t) = \boldsymbol{A}\boldsymbol{x}_p + \boldsymbol{B}\boldsymbol{u}(t)$$

となるので，式 (4.28) の特解になっている。逆に

$$\frac{d\boldsymbol{x}}{dt} = \boldsymbol{A}\boldsymbol{x}(t) + \boldsymbol{B}\boldsymbol{u}(t) \tag{4.30}$$

の特解 $\boldsymbol{x}_p(t)$ が一つ求められたとすると，初期値問題 (4.28) の解は

$$\boldsymbol{x}(t) = e^{\boldsymbol{A}t}(\boldsymbol{x}_0 - \boldsymbol{x}_p(0)) + \boldsymbol{x}_p(t) \tag{4.31}$$

で与えられる。初期値問題の式 (4.28) の解の唯一性から，式 (4.31) で与えられる解は式 (4.29) で与えられる解と一致する。初期値問題の解 $\boldsymbol{x}(t)$ において $e^{\boldsymbol{A}t}\boldsymbol{x}_0$ は初期値に依存する部分，$\boldsymbol{x}_p(t)$ は初期値に依存しない部分を表す。

4.3.2 線形回路の特解の漸近安定性

これを安定性の面からさらに吟味しよう。そのために，一般的な微分方程式系

$$\frac{d\boldsymbol{x}}{dt} = \boldsymbol{f}(\boldsymbol{x}, t) \tag{4.32}$$

を考え，その解の安定性を定義する．$\boldsymbol{x} \in \mathbb{R}^n$ で $\boldsymbol{f}$ は滑らかな関数とする．

式 (4.32) の解 $\boldsymbol{x} = \boldsymbol{\phi}_0$ が安定 (stable) とは，任意の $\varepsilon > 0$ に対して，ある $\delta > 0$ と $T(\geqq t_0)$ が存在して $\|\boldsymbol{\phi}(t_0) - \boldsymbol{\phi}_0(t_0)\| < \delta$ を満たす任意の解は，$T < t < \infty$ でつねに $\|\boldsymbol{\phi}(t) - \boldsymbol{\phi}_0(t)\| < \varepsilon$ となることをいう．

逆に，ある $\varepsilon > 0$ が存在して，どんな $\delta > 0$ を取ってきて $\|\boldsymbol{\phi}(t_0) - \boldsymbol{\phi}_0(t_0)\| < \delta$ としても，ある $t'(\geqq t_0)$ が存在して $\|\boldsymbol{\phi}(t) - \boldsymbol{\phi}_0(t)\| \geqq \varepsilon$ となるなら，解 $\boldsymbol{x} = \boldsymbol{\phi}_0$ は不安定 (unstable) という．

また，ある $\delta > 0$ が存在して $\|\boldsymbol{\phi}(t_0) - \boldsymbol{\phi}_0(t_0)\| < \delta$ を満たす任意の解は，$\lim_{t \to \infty} \|\boldsymbol{\phi}(t) - \boldsymbol{\phi}_0(t)\| = 0$ となるとき，解 $\boldsymbol{x} = \boldsymbol{\phi}_0$ は漸近安定 (asymptotic stable) という．漸近安定性に関する定理をつぎに示す．

☆ **性質 13** $\boldsymbol{A}$ を $n \times n$ の実行列とする．$\boldsymbol{A}$ の固有値の実部がすべて負であるとする．このとき，線形微分方程式

$$\frac{d\boldsymbol{x}}{dt} = \boldsymbol{A}\boldsymbol{x}$$

の零解 $\boldsymbol{\phi}_0 = 0$ は漸近安定である．

証明　自励系であるので，$t_0 = 0$ として考える．a を正数として，$\boldsymbol{A}$ のすべての固有値の実部が $-a$ より小さいと仮定できる．このとき，$e^{\boldsymbol{A}t}$ の形から，ある定数 K が存在して

$$\|e^{\boldsymbol{A}t}\| \leqq K e^{-at}, \quad (t \geqq 0)$$

となる．$\boldsymbol{x} = \boldsymbol{\phi}(t)$ を $\|\boldsymbol{\phi}(0)\| < 1$ を満たす任意の解としよう．すると任意の正数 $\varepsilon(<K)$ に対して，$T = -a^{-1} \log(\varepsilon/K)$ とすると $t \geqq T$ なら

$$\|\boldsymbol{\phi}(t)\| = \|e^{\boldsymbol{A}t}\boldsymbol{\phi}(0)\| \leqq K e^{-at}\|\boldsymbol{\phi}(0)\| < \varepsilon$$

となる．すなわち，$\boldsymbol{\phi}_0 \equiv 0$ が漸近安定であることが示された．　□

この定理からつぎの定理を得る．

4.3 線形回路の状態方程式の初期値問題の解

定理 4.1 A を $n \times n$ の実行列とする。A の固有値の実部がすべて負であるとする。このとき，線形微分方程式

$$\frac{d\boldsymbol{x}}{dt} = \boldsymbol{A}\boldsymbol{x} + \boldsymbol{B}\boldsymbol{u}(t) \tag{4.33}$$

の特解 $\boldsymbol{x}_p$ は漸近安定である。

証明 $\tilde{\boldsymbol{x}} = \boldsymbol{x} - \boldsymbol{x}_p = e^{\boldsymbol{A}t}(\boldsymbol{x}_0 - \boldsymbol{x}_p(0))$ とすると行列の指数関数の定義から

$$\frac{d\tilde{\boldsymbol{x}}}{dt} - \boldsymbol{A}\tilde{\boldsymbol{x}} = 0$$

となる。よって，性質 13 より，$\tilde{\boldsymbol{x}} = 0$ は漸近安定であることがわかる。すなわち，式 (4.33) の解 $\boldsymbol{x}_p(t)$ は漸近安定であることがわかる。 □

4.3.3 線形回路ダイナミックス解析法のまとめ

図 4.7 に概念図を示す。

```
┌─────────────────┐        ┌─────────────────┐
│     定常解析      │        │     過渡解析      │
│ フェーザ法・指数関数励起法 │ ←→ │ $e^{At}$ と $x_p$ の両方を求める │
│   特解 $x_p$ を求める   │        │                 │
└─────────────────┘        └─────────────────┘
```

$$\boldsymbol{x}(t) = e^{\boldsymbol{A}t}(\boldsymbol{x}_0 - \boldsymbol{x}_p(0)) + \boldsymbol{x}_p(t)$$

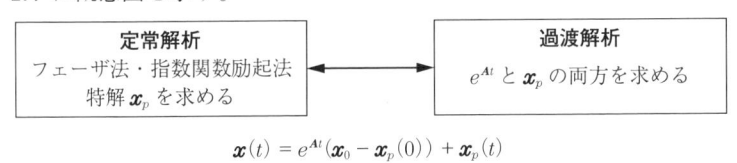

図 4.7 線形回路ダイナミックス解析法

1) **ダイナミックスを表す解の構造** 式 (4.33) で記述される線形回路のダイナミックスを表す解は $\boldsymbol{x}(t) = e^{\boldsymbol{A}t}(\boldsymbol{x}_0 - \boldsymbol{x}_p(0)) + \boldsymbol{x}_p(t)$ となる。

2) **漸近安定性と定常解の解析法** $\boldsymbol{A}$ の固有値の実部はすべて負であると仮定すると，漸近安定性から，特解 $\boldsymbol{x}_p$ に対して $t \to \infty$ のとき $\boldsymbol{x}(t) \to \boldsymbol{x}_p$ となる。よって，定常状態は特解 $\boldsymbol{x}_p$ を求めることで解析できる。特解は行列の指数関数を通さなくても入力 $\boldsymbol{u}(t)$ の関数形によって簡単に求められることが多い。

3) **初期値問題の解析** 初期値問題の解を求めるには特解 $\boldsymbol{x}_p$ と行列の指数関数 $e^{\boldsymbol{A}t}$ の両者を求めることが必要となる。

4) **過渡解析** 過渡解析は初期値問題を解くということだけでなく，パル

ス回路の解析のように,不連続関数を入力とする回路の解析も含む。この場合には,入力関数が連続な範囲を初期値問題で解いて解を延長していく方法が有力である。そのときには,解をつなぐための初期値を求めることが必要となる。

4.4 線形回路の状態方程式の特解

4.4.1 複素指数関数励起

特解が簡単に求まり広い応用を持つ場合として,励起が $u(t) = Ue^{st}$ の形の複素指数関数で与えられる場合を考えよう。ただし,U は n 次元の複素振幅ベクトルで,$s = \sigma + j\omega \in \mathbb{C}$ である。特解として,$x_p(t) = Xe^{st}$ の形のものを考える。X は n 次元の複素振幅ベクトルとする。これを式 (4.33) に代入すると

$$(sI - A)X(s) = BU$$

となる。したがって,$\det(sI - A) \neq 0$ であれば

$$X(s) = (sI - A)^{-1}BU$$

を得る。クラメルの公式からわかるように,$(sI - A)^{-1}$ は s の有理関数[†1]で,その分母多項式は $\det(sI - A)$ で与えられる。すなわち,s が $X(s)$ の極[†2]であることと A の固有値であることは同値となる。これから

$$x_p(t) = (sI - A)^{-1}BUe^{st}$$

を得る。A の固有値の実部が負という条件のとき,$x_p(t)$ は t が十分大きくなったときに,漸近安定という意味で,状態が向かう先であると考えることができる。通常の受動回路はエネルギーが損失するので,A の固有値の実部が負となると考えられる。よって,受動回路において,$x_p(t)$ は t が十分大きくなったと

[†1] s の多項式の比で表される関数のことである。
[†2] $\|X(s)\| = \infty$ となる s のことである。

4.4 線形回路の状態方程式の特解

きに，状態が向かう先であると考えることができる．その意味で，$\bm{x}_p(t)$ のことを定常解と呼ぶ．

状態方程式 (4.33) によって，入力 $\bm{u}(t)$ が与えられたとき状態 $\bm{x}(t)$ が決まる．このとき，さらに，出力 $\bm{y}(t)$ が行列 $\bm{C}, \bm{D}$ によって

$$\bm{y}(t) = \bm{C}\bm{x}(t) + \bm{D}\bm{u}(t)$$

と与えられるとしよう．$\bm{u} = \bm{I}e^{st}$ のときに $\bm{y}$ の定常解は

$$\bm{y}(t) = \bm{Y}(s)e^{st}$$

の形で与えられる．実際に

$$\bm{Y}(s)e^{st} = (\bm{C}\bm{X}(s) + \bm{D}\bm{I})e^{st} = (\bm{C}(s\bm{I}-\bm{A})^{-1}\bm{B} + \bm{D})e^{st}$$

となるからである．$\bm{Y}(s)$ を入力 $\bm{u}$ から出力 $\bm{y}$ への伝達関数 (transfer function) といい，線形回路の振舞いを特徴付ける重要な量となる．

線形な抵抗とインダクタとキャパシタおよび独立電流源と独立電圧源からなる回路を考える．これを線形 RLC 回路と呼ぶ．

線形 RLC 回路において，励起が $e(t) = \bm{E}e^{st}$ のように与えられる場合を考えよう．このとき，状態方程式の係数行列 A の固有値の実部はすべて負であると仮定できる．よって，定常解の漸近安定性から各素子の枝電圧と枝電流は定常状態ではそれぞれ

$$v_k(t) = \bm{V}_k(s)e^{st}, \qquad i_k(t) = \bm{I}_k(s)e^{st}$$

のように表される．このとき，複素振幅 $\bm{V}_k$ について，閉路を一巡するとその複素電圧の和は 0 となる．これは複素 KVL である．また，任意の節点 (あるいは回路のグラフのカットセット) において，出入りする複素電流の和は 0 となる．これを複素 KCL という．テレヘンの定理から，つぎの複素テレヘンの定理が成り立つことは容易に導かれる．

定理 4.2　指数関数励起の場合に，系が定常状態にあれば，複素電圧と複素電流の間につぎの関係式が成り立つ。上付きの * は複素共役とする。

$$\sum_k \boldsymbol{V}_k(s)\boldsymbol{I}_k(s) = 0, \quad \sum_k \boldsymbol{V}_k^*(s)\boldsymbol{I}_k(s) = 0, \quad \sum_k \boldsymbol{V}_k(s)\boldsymbol{I}_k^*(s) = 0$$

4.4.2　フェーザ法
〔1〕　複素数の表現形式

(1) 直交形式　　複素数 z は二つの実数 x, y により

$$z = x + \mathrm{j}y, \quad \mathrm{j} = \sqrt{-1} \tag{4.34}$$

と表される[†1]。x を z の実部といい

$$x = \Re z$$

と表す。y を z の虚部といい

$$y = \Im z$$

と表す。式 (4.34) の表現を直交形式 (cartesian form) という。

(2) 極形式　　式 (4.34) は $z = re^{\theta}$ と書き直すことができる。ただし，$r = \sqrt{x^2 + y^2}$, $\theta = \arctan y/x$ である。これを極形式 (polar form) という。$r = |z|, \ \theta = \arg z$ と表す。

(3) フェーザ形式　　複素数 z を極表示したときの r と θ を用いて $z = r\angle\theta$ と表すとき，これをフェーザ形式という。フェーザ形式は極形式そのものである。交流理論では，極形式の複素数を図的に表現することを背景に，最近はフェーザ形式という用語を用いるのが欧米を含め一般的である[†2]。

[†1]　電気回路理論では虚数単位を $\mathrm{j} = \sqrt{-1}$ で表す慣習があり，本書でもその慣習に従うことにした。i を電流の記号として残すという意味がある。

[†2]　z を図で表したときに，ベクトルに似ているので，ベクトルと呼ばれたこともあった。ベクトル軌跡という用語はそのときの名残である。複素数とベクトルは明らかに異なる数学的概念であるので，極形式の複素数を表すという意味でフェーザという用語を対応させることが推奨されるようになった。

4.4 線形回路の状態方程式の特解

〔2〕 正弦波のフェーザ表示

(1) **正弦波** $a(t) = \sqrt{2}A_e \sin(\omega t + \phi)$ は複素数 $A = A_e e^{j\phi}$ を用いると $a(t) = \Im[\sqrt{2}A\exp(j\omega t)]$ と表される。この意味で，複素数 A を正弦波のフェーザ表示 (phasor equivalent) あるいは複素表示という。また，$a(t)$ は時間関数という。

(2) **同じ角周波数の二つの正弦波の和のフェーザ表示**

$$a_1(t) = \sqrt{2}A_{e1}\sin(\omega t + \phi_1), \qquad a_2(t) = \sqrt{2}A_{e2}\sin(\omega t + \phi_2)$$

に対して，そのフェーザ表示を

$$A_1 = A_{e1}e^{j\phi_1}, \qquad A_2 = A_{e2}e^{j\phi_2}$$

とする。このとき

$$a(t) = a_1(t) + a_2(t) = \sqrt{2}\Im[(A_1 + A_2)e^{j\omega t}]$$

となるので，$a(t) = a_1(t) + a_2(t)$ のフェーザ表示は $A_1 + A_2$ となる。

(3) **正弦波の微分のフェーザ表示** $a(t) = \Im[\sqrt{2}Ae^{j\omega t}]$ とする。

$$\frac{da(t)}{dt} = \Im[\sqrt{2}j\omega A e^{j\omega t}]$$

となる。したがって，$a'(t)$ のフェーザ表示は $j\omega A$ であることがわかる。同様に，$\int^t a(t)dt$ のフェーザ表示は $A/j\omega$ となる。

〔3〕 電圧，電流のフェーザ表示

図 4.8 の回路を考える。

電源電圧を $e(t) = \sqrt{2}E_e \sin(\omega t + \phi)$ とする。すなわち，電源電圧，電流，電圧のフェーザ表示をそれぞれ $E = E_e e^{j\phi}$，I, V とする。このとき，回路の状態方程式は

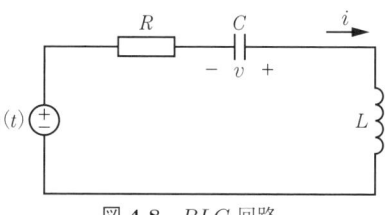

図 4.8 RLC 回路

$$\frac{d}{dt}\begin{bmatrix} v \\ i \end{bmatrix} = \begin{bmatrix} 0 & -\frac{1}{C} \\ \frac{1}{L} & -\frac{R}{L} \end{bmatrix} \begin{bmatrix} v \\ i \end{bmatrix} + \begin{bmatrix} 0 \\ \frac{e}{L} \end{bmatrix}$$

となる。これから

$$\begin{bmatrix} j\omega & \frac{1}{C} \\ -\frac{1}{L} & j\omega + \frac{R}{L} \end{bmatrix} \begin{bmatrix} V \\ I \end{bmatrix} = \begin{bmatrix} 0 \\ \frac{E}{L} \end{bmatrix}$$

を得る。よって，$I = E/Z$ が成り立つことがわかる。ただし，$Z = R + j\omega L + 1/j\omega C = R + j(\omega L - 1/\omega C)$

〔4〕 **インピーダンスとアドミタンス** フェーザ電圧 E とフェーザ電流 I の比 E/I として定義される Z は抵抗の拡張のようにみることができる。これをインピーダンス (impedance) という。$E = ZI$ が成り立つ。この式は $I = YV$ とも書ける。ただし，$Y = 1/Z$ である。Y をアドミタンス (admittance) という。

〔5〕 **リアクタンスとサセプタンス** インピーダンスは複素数であるから $Z = R + jX$ と書ける。ただし，R と X は実数とする。R を抵抗部，X をリアクタンス部という。同様に，$Y = 1/Z$ も $Y = G + jB$ と表される。ただし，G と B は実数とする。G をコンダクタンス，B をサセプタンスという。

インピーダンスとアドミタンスを総称してイミタンスという。単一角周波数の独立電源を含む回路のあるフェーザ電圧とフェーザ電流を同一複素平面に示した図 (diagram) をフェーザ図という。二つの複素数の振幅の違いと位相差が見たいので，基準となるほうのフェーザの位相を 0 として，他方のフェーザの位相がちょうど位相差になるように表示すると見やすい。

コーヒーブレイク

電気回路論をつくった人々 1 ヘビサイド (Oliver Heaviside, 1850-1925) は電気理論に多くの優れた業績がある。そのいくつかを列挙すると
① ベクトル解析を作り上げ，マクスウェルの方程式を現在の形に定式化した。
② 1880 年から 1887 年の間に演算子法を開発した。
③ 1887 年に大陸間通信に induction coils を加えるべきとの提言をした。

④ 1902 年 Kennelly-Heaviside Layer が存在することを予想した。

ヘビサイドは天才であるが，多くの困難に出会いそれを克服すべく努力を傾注した。調べてみると面白い。

4.5 共振回路の性質

4.5.1 無損失共振回路とリアクタンス特性

図 4.9 (a) の回路を考える。この回路のインピーダンスは

$$Z = j\left(\omega L - \frac{1}{\omega C}\right)$$

で与えられる。$Z = 0$ となる角周波数 $\omega_0 = 1/\sqrt{LC}$ を直列共振周波数という。$Z = R + jX$ として $X(\omega)$ を ω の関数として描くと図 (b) となる。

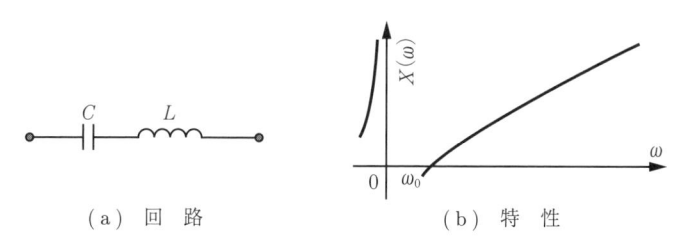

(a) 回　路　　　　(b) 特　性

図 4.9　LC 直列共振回路

同様に，図 4.10 (a) の回路を考えると，アドミタンスは

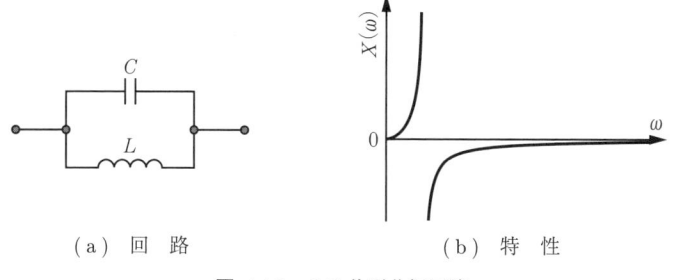

(a) 回　路　　　　(b) 特　性

図 4.10　LC 並列共振回路

$$Y = \mathrm{j}\left(\omega C - \frac{1}{\omega L}\right)$$

で与えられる。$Y = 0, (|Z| = \infty)$ となる角周波数 $\omega_0 = 1/\sqrt{LC}$ を並列共振周波数という。$Z = 1/Y = R + \mathrm{j}X$ として $X(\omega)$ を ω の関数として描くと図 (b) となる。

このようにインミタンスの絶対値が極小値を取る点を共振点という。直列共振を狭義の共振, 並列共振を反共振 (antiresonance) ということがある。

4.5.2 損失を含む共振回路

図 4.8 の RLC 回路を考える。この回路のインピーダンスは

$$Z = R + \mathrm{j}\left(\omega L - \frac{1}{\omega C}\right)$$

で与えられ

$$|Z| = \sqrt{R^2 + \left(\omega L - \frac{1}{\omega C}\right)^2}$$

となる。よって, $\omega = \omega_0 = 1/\sqrt{LC}$ で $|Z|$ が最小となる。このとき, $Z = R$ であり, $|I|$ の値が $|I|_{\max} = |V|/R$ と最大となる。$|I(\omega)|$ のグラフを描くと図 **4.11** となる。

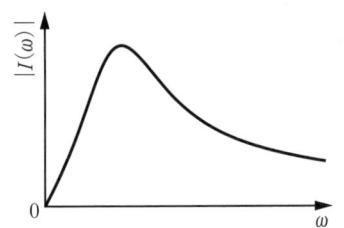

この図からわかるように, 共振現象は, 回路の固有振動数 ω_0 に外部電源の角振動数が一致したときに最も大きな電流が流れる現象のことである。共振状態においては $V_L = -V_C$ が成立し, 回路が純抵抗 r に見えていることがわかる。定量的には $Q = |V_L/V|_{\omega=\omega_0}$ を回路の Q(quality factor) と呼び, その値が大きいほど, 共振回路の質がよいとされる。

図 **4.11** RLC 共振回路の特性

$$Q = \frac{\omega_0 L}{r} = \frac{1}{\omega_0 Cr} = \frac{1}{r}\sqrt{\frac{L}{C}} \qquad (4.35)$$

となる[†]。$r = 0$ のとき, $Q = \infty$ となるが, $r = 0$ とすることは現実の回路で

[†] Q は共振回路中に蓄えられているエネルギーを共振周波数の 1 周期中に消費されるエネルギーで割ったものに比例している。比例定数は 2π である。

4.5.3 損失を含む並列共振回路

図 4.12 の回路を考えると，アドミタンス Y は

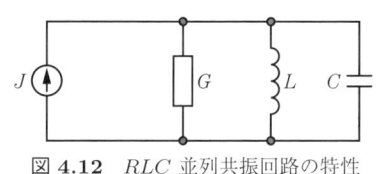

$$Y = G + \mathrm{j}\left(\omega C - \frac{1}{\omega L}\right)$$

図 4.12 RLC 並列共振回路の特性

で与えられる。$r = GL/C$ と置くと，図 4.8 の直列共振回路の電源から右を見たインピーダンスを Z_s とすると $Z_p = 1/Y$ として

$$Z_p = \frac{L}{C}\frac{1}{Z_s}$$

が成り立つ。したがって，並列共振回路のインピーダンスは直列共振回路のインピーダンスの逆数分の 1 に比例する。これから，$\omega = \omega_0$ で $|Z_p|$ は最大値 $1/G$ を取る。

$$Q = \left|\frac{I_C}{J}\right|_{\omega=\omega_0} = \frac{\omega_0 C}{G} \tag{4.36}$$

を得る。

図の並列共振回路において，$|Z| = 1/(\sqrt{2}G)$ となる ω を ω_1, ω_2 とすると

$$Q = \frac{\omega_0}{|\omega_1 - \omega_2|}$$

となることがわかる。すなわち，Q は共振の鋭さを表している。

4.6 過渡現象

4.6.1 コンデンサの充放電

図 4.13 の RC 回路を考える。スイッチ S を $t = 0$ で 1 から 2 へ入れたときの振舞いを調べよう（コンデンサの充電）。ただし，$v(0) = 0$ とする。図の回路において，抵抗の両端の電圧を $v_1(t)$ とすると $t \geqq 0$ で

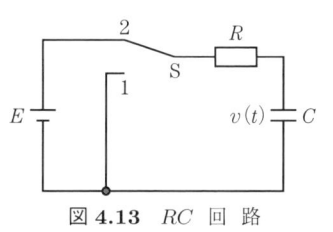

図 4.13 RC 回路

$$v_1(t) + v(t) = E \tag{4.37}$$

が成り立つ。$v_1(t) = Ri(t)$ で $i(t) = Cdv/dt$ であるから式 (4.37) は

$$\frac{dv(t)}{dt} + \frac{v(t)}{RC} = \frac{E}{RC}, \qquad t \geqq 0, \qquad v(0) = 0 \tag{4.38}$$

となる。$t \geqq 0$ における式 (4.38) の特解は $v(t) = E$ である。また，式 (4.38) の斉次方程式は

$$\frac{dv(t)}{dt} + \frac{v(t)}{RC} = 0 \tag{4.39}$$

であるから，その解は $v(t) = e^{-t/RC}$ で与えられる。よって，式 (4.38) の一般解は

$$v(t) = E + Ae^{-t/RC} \tag{4.40}$$

で与えられる。$t = 0$ で $v(t) = 0$ であるから，$A = -E$ となることがわかる。よって，$t > 0$ のとき式 (4.38) の初期値問題の解はつぎのようになる。

$$v(t) = E(1 - e^{-t/RC}) \tag{4.41}$$

4.6.2 CMOS インバータのスイッチモデル

RC 回路の過渡解析の応用として，CMOS インバータのスイッチモデルの図 **4.14** を解析しよう。このモデルでは，CMOS インバータの出力容量[†]を C_L で近似し，オン状態で nMOS と pMOS は無限の抵抗値を持ち，オフ状態で R_n と R_p という抵抗値を持つ抵抗として近似するというモデルである。

図 (b) では，$t = 0$ で M_p がオフになり，スイッチが切れたとして解く。すなわち，初期値としては $v_{out}(0) = V_{DD} > 0$ が与えられたとして，$t > 0$ について

$$R_n C_L \frac{dv_{out}}{dt} + v_{out} = 0$$

[†] nMOS と pMOS のドレーン拡散容量，配線容量，出力側に接続されるゲートの入力容量などからなる。

4.6 過渡現象

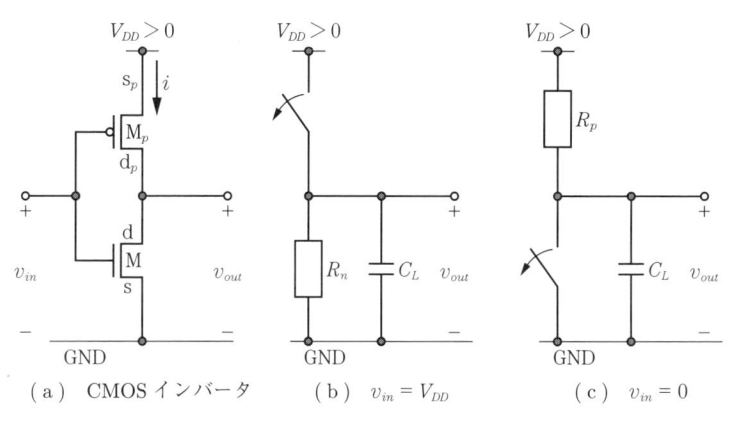

(a) CMOSインバータ　　(b) $v_{in} = V_{DD}$　　(c) $v_{in} = 0$

図 **4.14**　CMOS インバータのスイッチモデル

を解く問題となる。解は 4.6.1 項で解いたようにつぎのようになる。

$$v_{out}(t) = V_{DD} e^{-\frac{t}{R_n C_L}}, \quad (t \geqq 0)$$

図 (c) では，$t=0$ で M がオフになり，スイッチが切れたとして解く。すなわち，初期値としては $v_{out}(0) = 0$ が与えられたとして，$t > 0$ について

$$R_p C_L \frac{dv_{out}}{dt} + v_{out} = V_{DD}$$

を解く問題となる。解はつぎのようになる。

$$v_{out}(t) = V_{DD}(1 - e^{-\frac{t}{R_p C_L}}),$$
$$t \geqq 0$$

以上の結果を用いて，CMOS インバータにパルス波が入力したときの応答をスイッチモデルで解析した結果を図 **4.15** 示す。

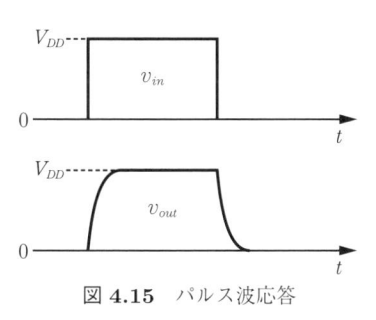

図 **4.15**　パルス波応答

コーヒーブレイク

電気回路論をつくった人々 2　ケネリー (Arthur Edwin Kennelly, 1861–1939) は 1893 年に the American Institute of Electrical Engineers (AIEE) の発行する雑誌に "impedance" に関する論文を書いた。この論文の中で彼は複素解析の手法を用いて dc 解析と同様な解析が ac 解析で行えるようになったと書いている。

スタインメッツ (Charles Proteus Steinmetz, 1865–1923) は 1865 年に Breslau, Prussia に生まれる。1889 年にアメリカに移り，General Electric in Schenectady に勤める。1902 年から New York City's Union College の教授となる。① マグネチックヒステリシス，② 交流電流 (Wechselstrom) を計算するための複素数を用いた簡便な方法の発展などに貢献があった。著書に C.P. Steinmetz: Theory and calculation of alternating current phenomena, McGraw-Hill Book Co., Inc., New York (1916) がある．

章末問題

【1】 図 4.16 の RLC 回路の状態方程式を求めよ。

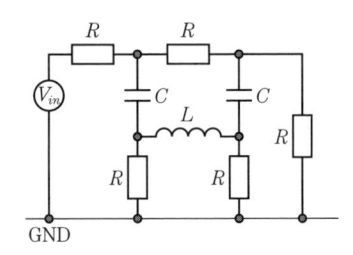

図 4.16　RLC 回路

【2】 図 4.17 の RC 回路の状態方程式を求めよ。

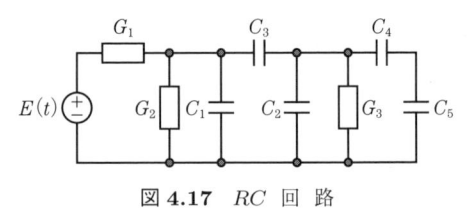

図 4.17　RC 回路

【3】 図 4.18 の RLC 回路の状態方程式を求めよ。

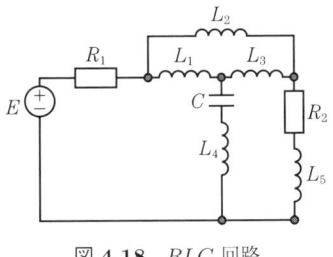

図 4.18 RLC 回路

【4】 力学系の理論とは何かを調べよ。その非線形回路理論への応用について論ぜよ。

【5】 A を $n \times n$ 実対称行列[†1]とする。A は対角化可能なことを証明せよ。

【6】 A を $n \times n$ 複素行列とし

$$A^H = (A^*)^t$$

とする。すなわち，A^H は A の複素共役行列[†2]をとり，さらに転置することで得られる。$AA^H = A^H A$ となる行列 A を正規行列という。正規行列 A は対角化可能なことを証明せよ。

【7】 A を $n \times n$ 行列とする。A のすべての固有値に対して，その固有ベクトル[†3]を列ベクトルとする行列を P とするとき，P が正則であることと A が対角化可能であることが必要十分条件となることを証明せよ。

【8】 A を $n \times n$ 行列とすると，MATLAB ではつぎのようにして数式処理[†4]を使って e^{At} を計算する。

── 行列の指数関数の計算 ──

```
>> syms t; A=[1 2;2 1]; H=expm(A*t)
H = [ exp(-t)/2 + exp(3*t)/2, exp(3*t)/2 - exp(-t)/2]
    [ exp(3*t)/2 - exp(-t)/2, exp(-t)/2 + exp(3*t)/2]
```

ただし，syms t としているところで，t を数式処理をする変数と定義している。したがって，expm($A*t$) も数式処理としてに処理される。MATLAB のこの命令を用いて，つぎの行列 A に対して e^{At} を求めよ。

[†1] $A^t = A$ を満たす行列のことである。
[†2] 各成分をその複素共役で置き換えた行列のことである。
[†3] 固有値に重複がある場合には同じ固有値に対して，可能な限り違う固有ベクトルを取ることとする。
[†4] 計算代数と呼ばれることも多い。symbolic toolbox を利用する。

$$A = \begin{bmatrix} 1 & 1 \\ -1 & 1 \end{bmatrix}$$

【9】 つぎの行列 A に対して固有値と固有ベクトルを用いて e^{At} を求めよ。

$$A = \begin{bmatrix} 1 & 2 \\ 2 & 1 \end{bmatrix}$$

――― 固有値と固有ベクトル ―――
```
>> [V,D]=eig(A)
V =-0.7071    0.7071
    0.7071    0.7071
D = -1    0
     0    3
```

を参考にせよ。また，$1/\sqrt{2} \approx 0.7071$ にも注意する。

【10】 つぎの行列 A に対して固有値と固有ベクトルを用いて e^{At} を求めよ。

$$A = \begin{bmatrix} 1 & 1 \\ -1 & 1 \end{bmatrix}$$

【11】 つぎの結果

――― MATLAB での計算 ―――
```
>> A=[1 -3;2 -4];sym t; H=expm(A*t)
H = [ 3*exp(-t) - 2*exp(-2*t), 3*exp(-2*t) - 3*exp(-t)]
    [ 2*exp(-t) - 2*exp(-2*t), 3*exp(-2*t) - 2*exp(-t)]
```

を利用して，つぎの初期値問題を解け。

$$\frac{d\boldsymbol{x}}{dt} = \boldsymbol{A}\boldsymbol{x}, \quad \boldsymbol{x}(0) = \begin{bmatrix} 1 \\ 1 \end{bmatrix}$$

【12】 図 4.8 の RLC 回路を考える。ここで，$R = 1\Omega$, $C = 1$F, $L = 1$H で $i(0) = 0, v(0) = 1$V のときの，$t \geqq 0$ に対する解を行列指数関数を用いて求めよ。

【13】 図 4.19 の RLC 回路を考える。$R = 1\Omega$, $C = 1$F, $L = 1$H で $v_{in}(0) = 1$V とする。$t \geqq 0$ のときの $v_{out}(t)$, $(t \geqq 0)$ を求めよ。

図 **4.19** π 型回路

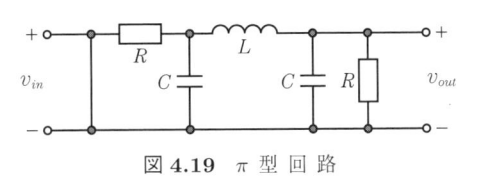

【14】 A を $n \times n$ とする．このとき，特性方程式が

$$\det(\lambda I - A) := p(\lambda) = \lambda^n + a_{n-1}\lambda^{n-1} + \cdots + a_0 = 0$$

と与えられるとするならば $p(A) = 0$ が成り立つことを示せ．これをケーリー–ハミルトンの定理という．

【15】 A を $n \times n$ とする．ケーリー–ハミルトンの定理から，A^{n+i}, $(i = 0, 1, 2, \cdots)$ は A^i, $(i = 0, 1, 2, \cdots, n-1)$ の一次結合として表されることがわかる．よって

$$e^{At} = 1 + At + \frac{1}{2!}A^2 + \cdots$$
$$= \beta_0(t) + \beta_1(t)A + \beta_2(t)A^2 + \cdots + \beta_{n-1}(t)A^{n-1}$$

と表される．係数 β_i を求めるには，A の固有値 λ_i, $(i = 1, 2, \cdots, n)$ についても

$$e^{\lambda_i t} = 1 + \lambda_i + \frac{1}{2!}\lambda_i^2 + \cdots$$
$$= \beta_0 + \beta_1(t)\lambda_i + \beta_2(t)\lambda_i^2 + \cdots + \beta_{n-1}(t)\lambda_i^{n-1}$$

が成り立つことに注意する．したがって

$$\beta_0 + \beta_1\lambda_1 + \beta_2\lambda_1^2 + \cdots + \beta_{n-1}\lambda_1^{n-1} = e^{\lambda_1 t}$$
$$\beta_0 + \beta_1\lambda_2 + \beta_2\lambda_2^2 + \cdots + \beta_{n-1}\lambda_2^{n-1} = e^{\lambda_2 t}$$
$$\cdots$$
$$\beta_0 + \beta_1\lambda_n + \beta_2\lambda_n^2 + \cdots + \beta_{n-1}\lambda_n^{n-1} = e^{\lambda_n t}$$

係数行列 M はファンデルモンド行列で正則であることを示せ．よって，$\beta_0, \beta_1, \cdots, \beta_{n-1}$ は $M\beta = e$ を解いて求められる．ただし，$\beta = (\beta_0, \beta_1, \cdots, \beta_{n-1})^t$ で $e = (e^{\lambda_1 t}, e^{\lambda_2 t}, \cdots, e^{\lambda_n t})^t$ である．$M = LU$ と LU 分解でき，$M^{-1} = U^{-1}L^{-1}$ となるが

$$L^{-1}_{ij} = \begin{cases} 0 & i < j \\ 1 & i = j \\ \prod_{k=1, k \neq j}^{i} \frac{1}{x_j - x_k} & その他の場合 \end{cases}$$

128   4. 線形回路ダイナミックスの解析

$$U_{ij}^{-1} = \begin{cases} 0 & i > j \\ 1 & i=1, j=1 \\ u_{i-1,j-1} - u_{i,j-1}x_{j-1} & \text{その他の場合} \end{cases}$$

と与えられることを示せ.

【16】 (発展問題) ラグランジェ補間とは何かを調べ，つぎの関係を示せ．

$$e^{At} = \sum_{i=1}^{n} \left(\prod_{k=1, k \neq j}^{n} \frac{A - \lambda_k I}{\lambda_i - \lambda_k} \right) e^{\lambda_i t}$$

【17】 (発展問題) ラプラス変換とは何かを調べよ．そして，つぎに答えよ．
  (1) 状態方程式

$$\frac{d\boldsymbol{x}}{dt} - A\boldsymbol{x} = 0$$

のラプラス変換は $s\boldsymbol{X}(s) - \boldsymbol{X}(0) - A\boldsymbol{X}(s) = 0$ となることを示せ.
  (2) $\boldsymbol{X}(0) = \boldsymbol{O}$ とするとき，$\boldsymbol{X}(s) = (sI - A)^{-1}$ となることを示せ．
  (3) これから $\boldsymbol{x}(t) = e^{At} = \mathcal{L}^{-1}\{(sI - A)^{-1}\}$ と求められることを示せ．ただし，$\mathcal{L}^{-1}$ は逆ラプラス変換とする．

【18】 (発展問題) A を $n \times n$ 行列とする．固有値に重複があり，それらの固有ベクトル全体が $\mathbb{R}^n$ を張らない場合を考える．線形代数のジョルダン (Jordan) の標準形の議論より，ある正則行列 Q が存在して $Q^{-1}AQ = \mathrm{diag}(A_1, A_2, \cdots, A_p)$ と変形できる．ただし，$\lambda_j, (j=1,2,\cdots,p)$ は行列 A の固有値である．また，$A_j = \lambda_j I + R_j$ とする．さらに，I は単位行列

$$R_j = \begin{bmatrix} 0 & 1 & 0 & \cdots & 0 & 0 \\ 0 & 0 & 1 & \cdots & 0 & 0 \\ \cdot & \cdot & \cdot & \cdots & \cdot & \cdot \\ 0 & 0 & 0 & \cdots & 0 & 1 \\ 0 & 0 & 0 & \cdots & 0 & 0 \end{bmatrix}$$

A_j の次数を n_j とする．このとき

$$Q^{-1}e^{At}Q = e^{(\mathrm{diag}(A_1, A_2, \cdots, A_p))t} = \mathrm{diag}(e^{A_1 t}, e^{A_2 t}, \cdots, e^{A_p t})$$

となることを示せ．ただし

$$e^{A_j t} = e^{\lambda_j t} e^{R_j t}, \; e^{R_j t} = \begin{pmatrix} 1 & t & \dfrac{t^2}{2!} & \cdots & \dfrac{t^{n_j-1}}{(n_j-1)!} \\ 0 & 1 & t & \cdots & \dfrac{t^{n_j-2}}{(n_j-2)!} \\ \cdot & \cdot & \cdot & \cdots & \cdot \\ 0 & 0 & 0 & \cdots & 1 \end{pmatrix}$$

である．

- 【19】 (発展問題) ミクシンスキーの演算子法とは何か調べてレポートにまとめよ．
- 【20】 (発展問題) ヘビサイドの演算子法とは何かを調べてレポートにまとめよ．この方法は数学的には未完であった．では，ラプラス変換による数学的基礎付けとの関係を論ぜよ．また，ミクシンスキーの演算子法による数学的基礎付けについて論ぜよ．
- 【21】 CMOSインバータのスイッチモデルの図4.14を考える．CMOSインバータに図4.20の形のパルス波が入力したときの応答をスイッチモデルで解析せよ．

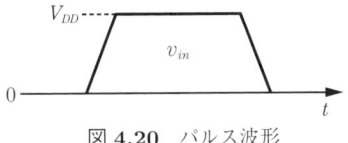

図4.20 パルス波形

5 フィルタ回路

　音声は比較的低い周波数帯を中心に情報がある．これに高い音の雑音が加わっているとすれば，高い音は通さず，低い音だけ通す装置があれば，雑音が除去できる．この装置を低域通過フィルタという．電気信号のフィルタの研究は 1900 年代初頭から長い伝統があり，およそ図 5.1 のように分類される．

　歴史的には最初に RLC 回路による受動フィルタの理論が作られた．つぎに演算増幅器などと RLC 素子による能動フィルタの構成法に発展した．これらは総称してアナログフィルタと呼ばれる．これに対して，信号を A–D 変換器でディジタル信号に変換し，ディジタル信号をコンピュータで処理して，それを D–A 変換器でアナログ信号に戻すディジタルフィルタがある．ディジタルフィルタの理論はアナログフィルタの理論を基礎とするものと，数値計算的な手法を基礎にするものがある．

　まず，RLC 回路によって実現される受動フィルタの構成法について考える．つぎに，能動フィルタの構成法を考える．

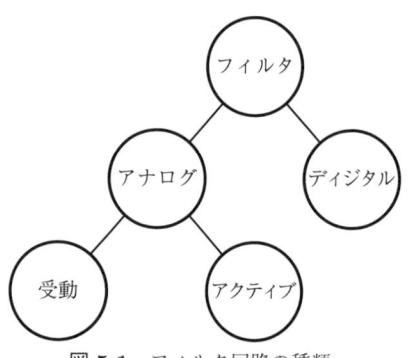

図 5.1　フィルタ回路の種類

5.1　二次の受動フィルタ回路

5.1.1　低域通過フィルタ

ここでは，図 5.2 に示すフィルタ回路を考える．

5.1 二次の受動フィルタ回路

$H(s) = V_{out}(s)/V_{in}(s)$ を電圧伝達関数という．以下では，抵抗，キャパシタ，インダクタを一つずつで構成される簡単なフィルタ回路の例を挙げてその伝達伝達関数がどのような特性を持つかを調べてみよう．低域通過フィルタとは，周波数が低いときは，ほぼ信号をそのまま通し，信号成分が高い周波数成分を持つときは通さないというタイプのフィルタである．すなわち，電圧伝達関数 $H(\mathrm{j}\omega)$ でいえば，$\omega \approx 0$ で $|H(\mathrm{j}\omega)| \to 1$ となり，$\omega \to \infty$ で $|H(\mathrm{j}\omega)| \to 0$ となるものが低域通過フィルタである．

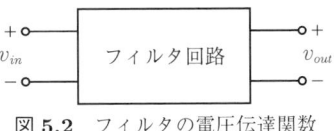

図 **5.2** フィルタの電圧伝達関数

図 **5.3** (a) の回路を考える．

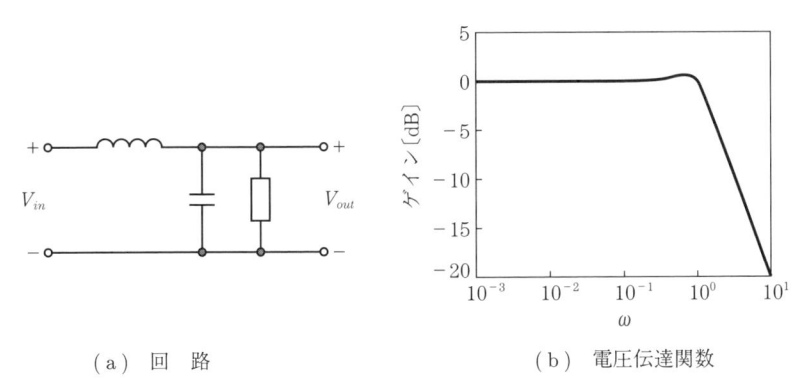

(a) 回路

(b) 電圧伝達関数

図 **5.3** 低域通過フィルタ

抵抗値，キャパシタンス，インダクタンスを，それぞれ，単位の値 $1\,\Omega$, $1\,\mathrm{F}$, $1\,\mathrm{H}$ とすると電圧伝達関数は

$$H(s) = \frac{V_{out}(s)}{V_{in}(s)} = \frac{1}{s^2 + s + 1}$$

となる．$s = \mathrm{j}\omega$ とすると

$$|H(\mathrm{j}\omega)| = \left|\frac{1}{-\omega^2 + \mathrm{j}\omega + 1}\right| = \left|\frac{1}{\sqrt{(1-\omega^2)^2 + \omega^2}}\right|$$

となる。この電圧伝達関数を図 (b) に示す。これから図 (a) の回路が低域通過フィルタの特性を持つことがわかる。参考のために，この図を書くためのMATLAB のスクリプトをつぎに示す†。

---電圧伝達関数を描くための **MATLAB** スクリプト---

```
>> w=0:0.001:10;ff=1./sqrt((w.^2+(1-w.^2).^2));
>> g=10*log10(ff);semilogx(w,g)
```

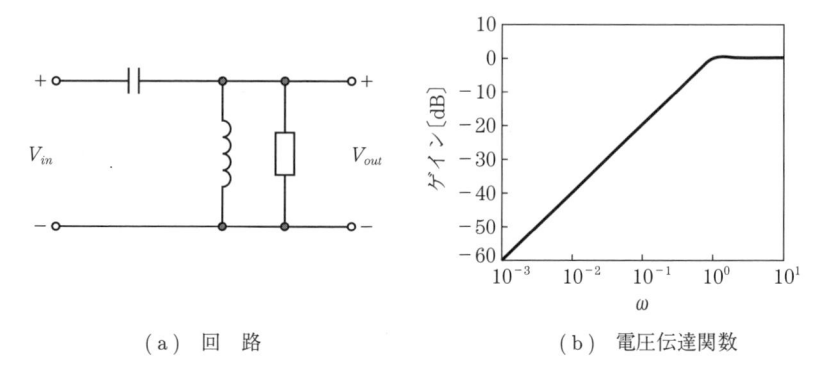

5.1.2 高域通過フィルタ

高域通過フィルタとは，周波数が高いときは，ほぼ信号をそのまま通し，信号成分が低い周波数成分を持つときは通さないというタイプのフィルタである。すなわち，電圧伝達関数 $H(j\omega)$ でいえば，$\omega \approx 0$ で $|H(j\omega)| \to 0$ となり，$\omega \to \infty$ で $|H(j\omega)| \to 1$ となるものが高域通過フィルタである。

図 5.4 (a) の回路を考える。抵抗値，キャパシタンス，インダクタンスを，それぞれ，単位の値 $1\,\Omega$, $1\,\mathrm{F}$, $1\,\mathrm{H}$ とすると電圧伝達関数は

$$H(s) = \frac{V_{out}(s)}{V_{in}(s)} = \frac{s^2}{s^2 + s + 1}$$

(a) 回　路　　　　　　　(b) 電圧伝達関数

図 **5.4**　高域通過フィルタ

---

† このスクリプトを見るとわかるように，$g = 10\log_{10} g$ という表現を用いている。これをデシベル表示といい，〔dB〕という単位で表す。デシベル表示は増幅特性を表現するときによく用いられる。

となる。$s = \mathrm{j}\omega$ とすると

$$|H(\mathrm{j}\omega)| = \left|\frac{-\omega^2}{-\omega^2 + \mathrm{j}\omega + 1}\right| = \left|\frac{\omega^2}{\sqrt{(1-\omega^2)^2 + \omega^2}}\right|$$

この電圧伝達関数を図 (b) に示す。これから図 (a) の回路が高域通過フィルタの特性を持つことがわかる。

5.1.3 帯域通過フィルタ

帯域通過フィルタとは，周波数がある周波数 ω_0 に近い (ω_0 は 0 でも ∞ でもないとしよう) ときは，ほぼ信号をそのまま通し，信号成分がそれ以外周波数成分を持つときは通さないというタイプのフィルタである。

すなわち，電圧伝達関数 $H(\mathrm{j}\omega)$ でいえば，$\omega \approx \omega_0$ で $|H(\mathrm{j}\omega)| \to 1$ となり，$\omega \neq \omega_0$ で $|H(\mathrm{j}\omega)| \approx 0$ となるものが帯域通過フィルタである。

図 **5.5** (a) の回路を考える。抵抗値，キャパシタンス，インダクタンスを，それぞれ，単位の値 1Ω, 1F, 1H とすると電圧伝達関数は

$$H(s) = \frac{V_{out}(s)}{V_{in}(s)} = \frac{s}{s^2 + s + 1}$$

となる。$s = \mathrm{j}\omega$ とすると

$$|H(\mathrm{j}\omega)| = \left|\frac{\mathrm{j}\omega}{-\omega^2 + \mathrm{j}\omega + 1}\right| = \left|\frac{\omega}{\sqrt{(1-\omega^2)^2 + \omega^2}}\right|$$

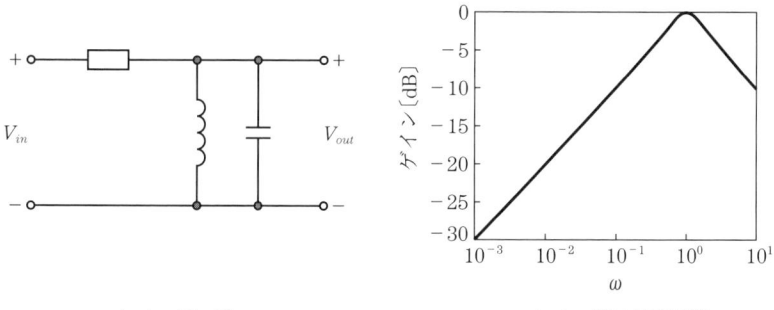

(a) 回 路　　　(b) 電圧伝達関数

図 **5.5** 帯域通過フィルタ

この電圧伝達関数を図 (b) に示す。これから図 (a) の回路が帯域通過フィルタの特性を持つことがわかる。

5.2 周波数変換

フィルタの設計においては望ましい周波数特性を与えて，それを実現する伝達関数を作り，その伝達関数から回路を構成する。基本となるのは低域通過フィルタであり，他の特性のフィルタは周波数変換によって作り出すことができる。

5.2.1 遮断周波数の変換

そこで，まず，基本的な周波数変換について論じる。例えば，$1\,\Omega$ の抵抗で終端したフィルタを設計し，それを周波数変換して終端抵抗が R_0 である場合のフィルタを導く（図 **5.6**）。

そのためには，終端抵抗を $1\,\Omega$ に正規化したフィルタの素子値が R_n, L_n, C_n である場合に，終端抵抗が R_0 となった場合のフィルタは同じ回路構成で素子値のみ，つぎの変換を行ってものとして得られる。$k_L = R_0$ としてその場合のフィルタの素子値は

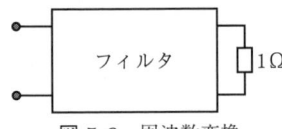

図 **5.6** 周波数変換

$$R_{nn} = k_L R_n, \qquad L_{nn} = k_L L_n, \qquad C_{nn} = \frac{C_n}{k_L}$$

で与えられる。また，遮断周波数 ω_c を $1\,\text{rad/s}$ として設計したフィルタを，遮断周波数を ω_0 にするためには，同じ回路構成で，$k_f = \omega_0$ として

$$R_{nn} = R_n, \qquad L_{nn} = \frac{L_n}{k_f}, \qquad C_{nn} = \frac{C_n}{k_f}$$

とすればよい。実際，$\omega_0 = k_f \omega_c$ であるので

$$\omega_0 L_{nn} = \omega_c L_n = (k_f \omega_c)\frac{L}{k_f}, \qquad \omega_0 C_{nn} = \omega_c C_n = (k_f \omega_c)\frac{C}{k_f}$$

より，$L_{nn} = L_n/k_f, C_{nn} = C_n/k_f, R_{nn} = R_n$ とすればフィルタの減数特性

5.2 周波数変換

は R_n, L_n, C_n のときに ω_c で取っていた値を R_{nn}, L_{nn}, C_{nn} のときは ω_0 で取り，所望のフィルタが得られることがわかる。

これは遮断周波数の変換であったが，低域通過フィルタから高域通過フィルタ，帯域通過フィルタ，帯域素子フィルタへ変換するときも同様な考え方が有効となる。そこで，変換前の周波数を ω_o，変換後の周波数を ω_n と表し，$\omega_o = T(\omega_n)$ と変数変換されているとしよう。複素周波数でも $s_o = T(s_n)$ としよう。このとき，変換前のインピーダンスは

$$s_o L = T(s_n)L, \qquad s_o C = T(s_n)C, \qquad R = R'$$

となる。

5.2.2 低域通過フィルタから高域通過フィルタへ

$s_n = 1/s_o$ なる変換を考える。$s_o = 1/s_n = T(s_n)$ である。

$$s_o L = \frac{1}{s_n}L = \frac{1}{s_n C_1}, \qquad s_o C = \frac{1}{s_n}L = \frac{1}{s_n L_1}, \qquad R = R'$$

より，この変換はインダクタ L を $C_1 = 1/L$ のキャパシタに，C のキャパシタを $L_1 = 1/C$ のインダクタに，抵抗はそのままという変換を表す。例えば，この変換によって，図 5.3 (a) の回路が図 5.4 (a) の回路に変換される。

5.2.3 低域通過フィルタから帯域通過フィルタへ

低域通過フィルタから帯域通過フィルタへの周波数変換を考える（図 **5.7**）。

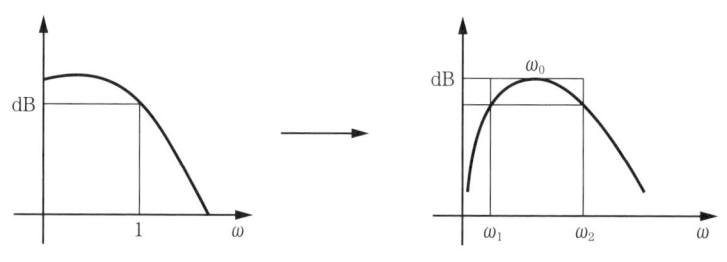

図 **5.7** 低域通過フィルタから帯域通過フィルタへの周波数変換

$$s_o = T(s_n) = \frac{\omega_0}{\delta\omega}\left[\frac{s_n}{\omega_0} + \frac{\omega_0}{s_n}\right]$$

ただし，$\delta\omega = \omega_2 - \omega_1$ で，$\omega_0^2 = \omega_1\omega_2$ とする．この変換により

$$s_o L = T(s_n)L = \frac{s_n L}{\delta\omega} + \frac{\omega_0^2 L}{s_n \delta\omega}$$

$$s_o C = T(s_n)C = \frac{s_n C}{\delta\omega} + \frac{\omega_0^2 C}{s_n \delta\omega}$$

となる．R はそのままである．この変換は具体的には図 **5.8** のようになる．

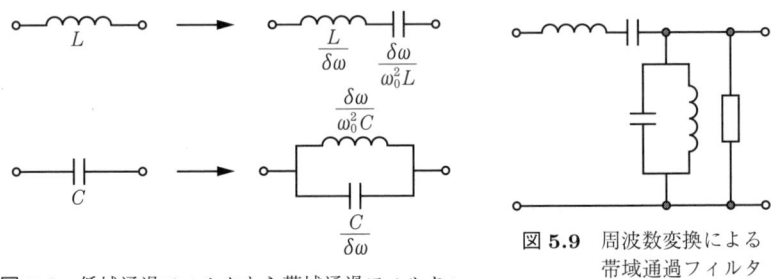

図 5.8 低域通過フィルタから帯域通過フィルタへ

図 5.9 周波数変換による帯域通過フィルタ

抵抗はそのままである．図 5.3 (a) をこの変換によって変換すると図 **5.9** に示すようになる．

5.3 リアクタンス回路の合成

5.3.1 正実関数

電圧伝達関数が与えられたとき，それを実現する RLC 2 ポートを合成することを考えよう．そのために，まず，有限個の R, L, C 素子からなる RLC 1 ポートの入力インピーダンス（駆動点インピーダンスともいう）の特徴付けを与えよう．RLC 1 ポートの入力インピーダンスは，複素抵抗回路方程式を解くことによって与えられるので，s の有理関数[†]となる．

[†] 複素多項式の比で表される複素関数のことである．

定義 有理関数が，つぎを満たすとき正実関数[†1]という。
1. s が実のときは $Z(s)$ も実となる[†2]。
2. $\Re(s) \geq 0 \Rightarrow \Re(Z(s)) \geq 0$

つぎは，古典回路理論における基本定理である。

定理 5.1 RLC 1 ポートの入力インピーダンスは正実関数である。

証明 図 5.10 の RLC 1 ポートを考えよう。RLC 1 ポートの入力インピーダンスは $Z(s) = V(s)/I(s)$ で与えられる。ここで，図のように，発生する電流が $i_G = I(s)e^{st}$ である電流源を入力ポートに接続したときを考える。入力電流源の電圧を v_G とすると，$v_G = Z(s)i_G$ が成り立つ。このとき，テレヘンの定理により

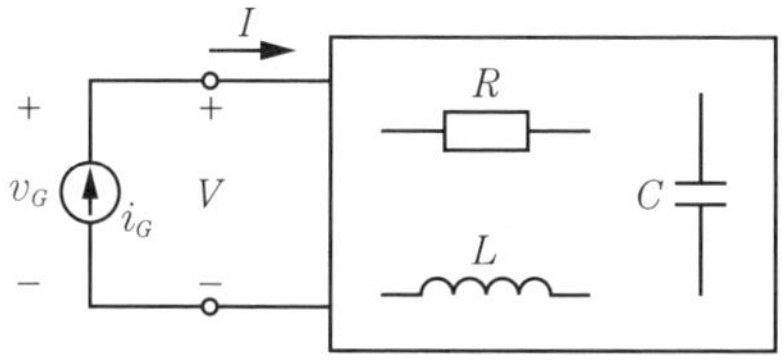

図 5.10 RLC 1 ポート

$$i_G^* v_G = \sum_\lambda i_\lambda^* v_\lambda + \sum_\gamma i_\gamma^* v_\gamma + \sum_\rho i_\rho^* v_\rho$$

が成り立つ。ただし，λ, γ, ρ はそれぞれ回路に含まれるインダクタ，キャパシタ，抵抗の番号づけとする。$i_\lambda = I_\lambda e^{st}, v_\gamma = V_\gamma e^{st}, i_\rho = I_\rho e^{st}$ とすれば

$$Z(s) = \frac{1}{|I|^2} \left(s \sum_\lambda L_\lambda |I_\lambda|^2 + s^* \sum_\gamma C_\gamma |V_\gamma|^2 + \sum_\rho R_\rho |I_\rho|^2 \right)$$

を得る。これから s が実のときは $Z(s)$ が実となることがわかる。さらに，この式の実部を取ると

[†1] つぎの論文によって正実関数の定義が与えられた。O. Brune: Synthesis of a finite two-terminal network whose driving-point impedance is a prescribed function of frequency, J. of Mathematical Physics, Vol. **10**, pp. 191-236 (1931)
分布定数回路素子や無限個の素子を含むような場合には，正実関数の定義を
  1. s が実のときは $Z(s)$ も実となる
  2. $\Re(s) > 0 \Rightarrow \Re(Z(s)) \geq 0$
  3. $\Re(s) > 0$ で $Z(s)$ は正則
と拡張しなければならない。

[†2] $Z(s)$ が有理関数であるので，$Z(s)$ の分子分母多項式の s^m の係数がすべて実になることである。

$$\Re(Z(s)) = \frac{1}{|I|^2}\left\{\left(\sum_\lambda L_\lambda |I_\lambda|^2 + \sum_\gamma C_\gamma |V_\gamma|^2\right)\Re s + \sum_\rho R_\rho |I_\rho|^2\right\}$$

となる。よって，$\Re s \geqq 0$ のときに $\Re(Z(s)) \geqq 0$ が成り立つことがわかる。これで，$Z(s)$ が正実関数であることが証明された。 □

☆ **性質 14**

(i) 正実関数の和は正実関数である。

(ii) 正実関数の正実関数は正実関数である。

(iii) 正実関数の逆数は正実関数である。

(iv) 正実関数は s 平面の右半平面で零を持たない。

(v) 正実関数は s 平面の右半平面で極を持たない。

(vi) 虚軸上に存在する極は単純で複素共役な組となる。

(vii) $Z(s) = P(s)/Q(s)$ を正実関数とする。ただし，P,Q は s の多項式とする。このとき，P と Q の次数は (i) より違うことはない。

(viii) $Z(s)$ を正実関数とする。$Z(\mathrm{j}\omega) = R(\omega) + \mathrm{j}X(\omega)$ なら，すべての ω について $R(\omega) \geqq 0$ となる。

証明

(i) 二つの正実関数 $Z_1(s), Z_2(s)$ の和は有理関数で，s が実なら $Z_1(s) + Z_2(s)$ も実である。また，$\Re(s) \geqq 0$ なら $\Re(Z_1(s) + Z_2(s)) = \Re(Z_1(s)) + \Re(Z_2(s)) \geqq 0$ となることからわかる。

(ii) $W(s)$ と $Z(s)$ を共に正実関数とする。このとき，$W(Z(s))$ は有理関数となり，s が実なら $W(Z(s))$ も実となる。また，$\Re(s) \geqq 0$ なら $\Re(Z(s)) \geqq 0$ となる。よって，$W(Z(s)) \geqq 0$ となる。

(iii) 2 により，$1/s$ が正実関数であることを示せばよい。$s = \sigma + \mathrm{j}\omega$ とするとき $\Re(1/s) = \sigma/(\sigma^2 + \omega^2)$ から，$1/s$ の正実性がわかる。

(iv) $Z(p) = 0$ で $p = p_r + \mathrm{j}p_i$, $p_r, p_i \in \mathbb{R}$, $p_r > 0$ とする。$Z(s)$ が点 p で一位の零点の場合を考える。s が p に十分近いとき $Z(s) \approx c(s-p)$, $c \neq 0$ となる。ただし，$c = c_r + c_i\mathrm{j}$, $c_r, c_i \in \mathbb{R}$ とする。$\varepsilon \ll 1$ とする。特に $p_r + \varepsilon > 0$ とする。$c \neq 0$ から $c_r \neq 0$ か $c_i \neq 0$ である。

まず，$c_r \neq 0$ のときを考える。$c_r > 0$ のとき $\varepsilon < 0$, $c_r < 0$ のとき $\varepsilon > 0$ とする。$\tilde{s} = p_r + \varepsilon + p_i\mathrm{j}$ とすると，$\Re[Z(\tilde{s})] = c_r\varepsilon + o(\varepsilon) < 0$ となる。

つぎに，$c_i \neq 0$ のときを考える。$c_i > 0$ のとき $\varepsilon > 0$, $c_i < 0$ のとき

$\varepsilon < 0$ とする。$\bar{s} = p_r + (p_i + \varepsilon)\mathrm{j}$ とすると，$\Re[Z(\bar{s})] = -c_i\varepsilon + o(\varepsilon) < 0$ となる。$Z(s)$ の点 p での零点が高位のときも以上の議論は同様となる。こうして，p の近傍に $\Re(s) > 0$ で $\Re(Z(s)) < 0$ となる点が存在し矛盾する。

(v) (iv) の議論において，1 位の極の近傍で $Z(s) \approx c/(s-p)$, $c \neq 0$ となると変更すれば，あとは同様である。

(vi) $s_0 = \mathrm{j}\omega_0$ が $Z(s)$ の n 位の極であるとすると s_0 の近傍で $Z(s) \approx c/(s-s_0)^n$ となる。ただし，$c = \rho_c e^{\phi_c}$, $\rho_c, \phi_c \in \mathbb{R}$, $\rho_c \neq 0$ とする。$0 < \rho \ll 0$ で $-\pi/2 \leqq \phi \leqq \pi/2$ とすると，$\tilde{s} = s_0 + \rho e^{\mathrm{j}\phi}$ とする。$\Re[\tilde{s}] \geqq 0$ となる。

$$Z(\tilde{s}) \approx \frac{c}{\rho^n} e^{-\mathrm{j}n\phi}$$

となる。よって

$$\Re[Z(\tilde{s})] \approx \frac{\rho_c}{\rho^n} \Re[e^{\mathrm{j}(-n\phi + \phi_c)}]$$

となる。これが非負となるのは，$n = 1$ で $\phi_c = 0$ の場合に限る。

(vii) 二次以上の差があると $s = \infty$ で 2 位の零点あるいは極が生じる。極が生じる場合には，$s = \infty$ は虚軸上にもあるので，これは (vi) に反する。また，零が生じる場合にも，虚軸上で 2 位以上の零があるのは (vi) と同様の議論で許されないことがわかるので，不可である。

(viii) 定義から明らかである。 □

正実関数の差は正実関数になるとは限らない。

ここで複素関数論では，つぎのことが知られていることを注意する。「ある複素領域 D で解析的な関数 $Z(s)$ について，$\Re[Z(s)]$ は D の境界で最大値を取る」。この補題を用いてつぎの性質が証明される。

☆ **性質 15** 複素関数 $Z(s)$ が正実関数であるための必要十分条件はつぎの場合である。

 (i) $Z(s)$ は s が実のとき実である。

 (ii) $Z(s)$ は s 平面の右半平面 $\Re(s) > 0$ で解析的である。

 (iii) $Z(\mathrm{j}\omega) = R(\omega) + \mathrm{j}X(\omega)$ とする。$R(\omega)$ は $\omega \in \mathbb{R}$ について非負。

 (iv) $Z(s)$ の極は虚軸上に存在し，その留数は正である。

証明 必要条件であることは性質 14 で示した。そこで十分条件になることを示そう。(i) は正実関数の定義の一つである。(ii) は $\Re[Z(s)]$ の最小値は虚軸上

で取ることを示している。(iii) は $\Re[Z(s)] \geqq 0$ が $\Re(s) > 0$ で成立することを示す。(iv) は $Z(s)$ が極を虚軸上で持つときでも $\Re[Z(s)] \geqq 0$ が $\Re(s) > 0$ と，この極の適当な近傍の共通集合上で成り立つことを示している。よって，$\Re(s) \geqq 0$ で $\Re[Z(s)] \geqq 0$ となることがわかり，$Z(s)$ が正実関数であることが示された。 □

有理関数が右半平面に極を持たないためには，分母多項式はフルビッツ (Hurwitz) 多項式でなければならない。ここに

> **定義** 多項式 $P(s)$ がフルビッツであるとは，つぎが満たされることをいう。
> 1. s が実のとき，$P(s)$ も実である。
> 2. $P(s) = 0$ の根は複素平面の左半平面にあるか虚軸上にある。

フルビッツ多項式を

$$P(s) = (s+r_1)\cdots(s+r_k)\{(s+c_1)^2 + d_1^2\}\cdots\{(s+c_l)^2 + d_l^2\}$$

と因数分解したとき，フルビッツ多項式であるためにはすべての r_i, c_i は正である。よって，フルビッツ多項式の係数はすべて正となる。

5.3.2 与えられた正実奇関数をイミタンスとする LC 回路の合成

LC 回路などの無損失回路に対応する正実関数をリアクタンス関数という。リアクタンス関数が与えられたときに，入力インピーダンスがその関数になる LC 1 ポートを合成できることを示そう。これは古典回路理論の基本定理のある意味での逆になる。与えられた正実関数を

$$W = \frac{a_n s^n + a_{n-1} s^{n-1} + a_{n-2} s^{n-2} + \cdots + a_0}{b_n s^n + b_{n-1} s^{n-1} + b_{n-2} s^{n-2} + \cdots + b_0}$$

とする。W が正実であることから，$a_{n-1}, a_{n-2}, \cdots, a_1$ と $b_{n-1}, b_{n-2}, \cdots, b_1$ は正の実数である。さらに，$a_n \geqq 0, b_n \geqq 0, a_0 \geqq 0, b_0 \geqq 0$ である。以下では，虚軸上にある，W の極や零を消去するインピーダンス消去法を述べる。

① $b_n = 0, a_n \neq 0$ とする。このとき，$W \to \infty, (s \to \infty)$ が成り立つ。W は s が無限大で極を持つ。s の無限大はどこでとってもよいので，虚

5.3 リアクタンス回路の合成

軸上の無限大であると考える。$A = a_n/b_{n-1}$ として

$$W = \frac{a_n s^n + a_{n-1} s^{n-1} + a_{n-2} s^{n-2} + \cdots + a_0}{b_{n-1} s^{n-1} + b_{n-2} s^{n-2} + \cdots + b_0}$$

$$= s \left(\frac{a_n s^n + a_{n-1} s^{n-1} + a_{n-2} s^{n-2} + \cdots + a_0}{b_{n-1} s^n + b_{n-2} s^{n-1} + \cdots + b_0 s} \right)$$

$$= s \left(\frac{a'_{n-1} s^{n-1} + a'_{n-2} s^{n-2} + \cdots + a'_0}{b_{n-1} s^n + b_{n-2} s^{n-1} + \cdots + b_0 s} + A \right)$$

$$= \frac{a'_{n-1} s^{n-1} + a'_{n-2} s^{n-2} + \cdots + a'_0}{b_{n-1} s^{n-1} + b_{n-2} s^{n-2} + \cdots + b_0} + As = W' + As$$

を得る。このとき，$W'(s) = W(s) - As$ は正実関数で，$s = \infty$ に極を持たない。W がインピーダンスを表すとき，これは W' のインピーダンスに直列にインダクタンス A を入れることに相当する。W がアドミタンスのときは W' に並列にキャパシタンス A を入れることに相当する（図 **5.11**）。

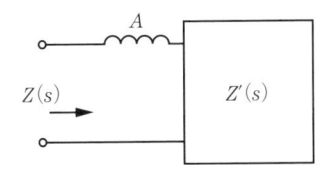

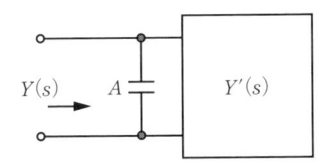

図 5.11 無限遠の極の消去

② $a_n = 0$，$b_n \neq 0$ のときは，$W \to 0$，$(s \to \infty)$ となる。このときは $W' = 1/W$ とすると，上記の方法により $W = (1/W' + As)$ と置ける。このときは，インピーダンスとアドミタンスの役割が逆になるだけで同じように零を消去できる。

③ $b_0 = 0$，$a_0 \neq 0$ のときは，$W \to \infty$，$(s \to 0)$ となる。このとき，最初の方法において，s を $1/s$ と置けばこの場合の処理法がわかる。$W'(s) = W(s) - A/s$，$(A = a_0/b_1)$ は正実関数で，$s = 0$ に極を持たない。W がインピーダンスの場合には，これは直列にキャパシタ $1/A$ を挿入することに相当する。W がアドミタンスの場合を考えると，並列に $1/A$ のインダクタンスを挿入することに相当する。こうして，原点に零を持つ

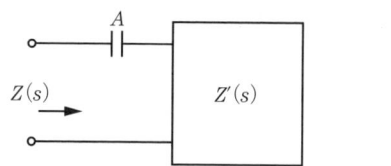

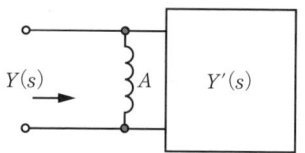

図 5.12 原点の零の消去

場合の消去ができる（図 5.12）。

④ $a_0 = 0$, $b_0 \neq 0$ のときは，$W \to 0$, $(s \to 0)$ となる。これは上記の場合の逆数を取ればよいので，$W = 1/(1/W' + A/s)$ となる。したがって，W がインピーダンスを表すときは，$1/A$ が並列インダクタで W がアドミタンスを表すときは，$1/A$ が直列インダクタとなる。

⑤ W が虚軸上の $s = \pm j\omega_0$ にペアで極を持ち

$$W = \frac{1}{s^2 + \omega_0^2} \frac{P}{Q}$$

とする。

$$W'(s) = W(s) - \frac{2ks}{s^2 + \omega_0^2} = \frac{1}{s^2 + \omega_0^2}\frac{P}{Q} - \frac{2ks}{s^2 + \omega_0^2}$$
$$= \frac{1}{s^2 + \omega_0^2}\frac{P - 2ks}{Q}$$

より $W'(s) = P'(s)/Q(s)$ は正実関数となり，$s = \pm j\omega_0$ に極を持たない。ただし，$P - 2ks = (s^2 + \omega_0^2)P'$ で，P' は多項式であるとする。

$$\frac{2ks}{s^2 + \omega_0^2} = \frac{1}{sL + \dfrac{1}{sC}}, \qquad L = \frac{1}{2k}, \qquad C = \frac{2k}{\omega_0^2}$$

と表されるので，W がインピーダンスのときには並列 LC 回路を W に直列に入れることに相当する。また，W がアドミタンスのときには L と C の直列回路を W' に並列に入れることに相当する（図 5.13）。

⑥ $1/W(s)$ を考えると，虚軸上の $s = \pm j\omega_0$ にペアで零を持つ場合の除去ができる。

⑦ $W(s)$ を正実関数で，虚軸上で実部の最小値は $R_{\min}$ となり，その値を ω_0

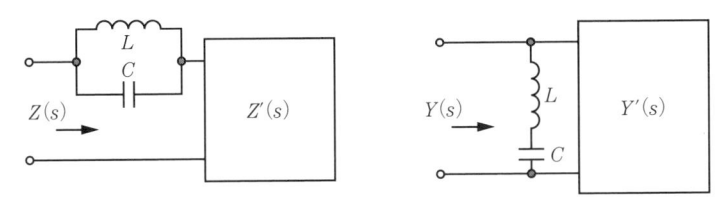

図 5.13　虚軸上のペアの単極の消去

で取るとする。$W'(s) = W(s) - R_{\min}$ は正実関数で，$W'(s) = \mathrm{j}X(\omega_0)$ となる。

これを発展させて回路合成の手法は確立されてきた。このような回路の合成法の歴史的な発展の経緯の概要をつぎに示す。

1. フォスターは，無損失回路に対応するクラスの正実関数の回路合成法を示した[†1]。これは部分分数展開を利用する方法である。
2. カウエルは，同じクラスの正実関数について連分数展開を用いて合成する方法を示した[†2]。
3. カウエルの弟子のブルーンは，一般の正実関数が与えられたときにそれを入力インピーダンスとする回路の合成法を示した[†3]。
4. ダーリントンは，無損失回路に抵抗を終端させて一般の正実関数が与えられたときに，それを電圧伝達関数とする回路の合成法を示した[†4]。
5. ボットとダフィンは，複素変換を用いたブルーン法の変形を示した[†5]。

さて，LC 回路のインピーダンスはテレヘンの定理により

$$Z(s) = \frac{1}{|I|^2}\left(s\sum_\lambda L_\lambda I_\lambda \overline{I}_\lambda + s^*\sum_\gamma C_\gamma V_\gamma \overline{V}_\gamma\right)$$

となる。これと $(-s)^* = -s^*$ より $Z(-s) = -Z(s)$ がわかる。すなわち，LC

[†1] R. M. Foster: A reactance theorem, Bell Sys. Tech. J., Vol. **3**, pp.259-267 (1924)
[†2] W. Cauer: Die Verwirklichung von Wechselstromwiderstanden vorgeschriebener Frequenzabhangigkeit, Arch. Electrotech, Vol. **17**, p.355 (1927)
[†3] 前出 †2 の論文
[†4] S. Darlington: Systhesis of reactance four-poles which produce prescribed insertion loss characteristics, J. Math. Phys., Vol. **18**, pp.257-353 (1939)
[†5] R. Bott and R. V. Duffin: Impedance synthesis without use of transformers, J. Appl. Phys., Vol. **20**, p. 816 (1948)

回路のインピーダンスは s の奇関数となる。よって，$Z(s)$ は奇多項式/偶多項式あるいは偶多項式/奇多項式となる。この中で，偶多項式は虚数軸に対称となるので，左半平面に偶多項式の零点があると右半平面の虚数軸と対称な位置に零点を持つことになる。これは，正実関数が右半平面に極を持たないことを矛盾するので，LC 回路のインピーダンス $Z(s)$ は

$$Z(s) = \frac{\text{偶多項式}}{\text{奇多項式}}$$

となる。これから，つぎの性質が導かれる。

☆ **性質 16**

(i) LC 1 ポートの入力インピーダンスの極は虚数軸上にある。

(ii) したがってそれらの極は単純である。

(iii) $s = 0$ には一次の極か零点，$s = \infty$ でも一次の零か極しか持たない。

証明

(i) 極が実軸上にないとすると，奇関数性から右半平面にあることになり，正実性に矛盾する。

(ii) 正実関数の虚軸上の極は単純である。

(iii) 正実関数の分子と分母の多項式は高々一次しか次数が変わらない。□

定理 5.2 正実奇関数をインピーダンスとする LC 1 ポートは合成可能である。

証明 与えた正実奇関数を $Z(s)$ とすると，性質 16 から

$$Z(s) = r_\infty s + \frac{r_0}{s} + \sum_k \frac{2r_k s}{s^2 + \omega_k^2}$$

と部分分数展開でき，図 **5.14** の回路のインピーダンスとして実現できる。ただし，$L_\infty = r_\infty$, $C_0 = 1/r_0$, $C_k = 1/2r_k$, $L_k = 2r_k/\omega_k^2$ である。この回路をフォスター I 実現という。□

5.3 リアクタンス回路の合成

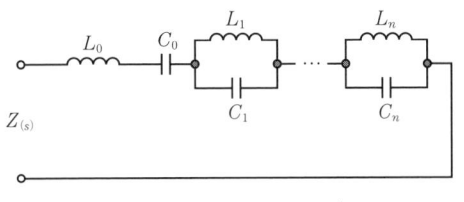

図 5.14 フォスター回路

フォスター実現以外にもカウエルのはしご型回路構成法がある。$Z_k(s)$ を $R, sL, 1/(sC)$ のいずれかとし，$Y_k = G, 1/(sL), sC$ のいずれかとする。

図 5.15 のはしご型回路の駆動点インピーダンスは

$$Z(s) = Z_1(s) + \cfrac{1}{Y_2(s) + \cfrac{1}{Z_3(s) + \cfrac{1}{Y_4(s) + \cfrac{1}{\cdots + \cfrac{1}{Z_{n-1}(s) + \cfrac{1}{Y_{n+1}(s)}}}}}}$$

となる。これを連分数展開という。逆に，性質 16 から正実奇関数 (リアクタンス関数という) は連分数展開できる。それからはしご型 KC 回路を合成できる。これをカウエル構成法という。

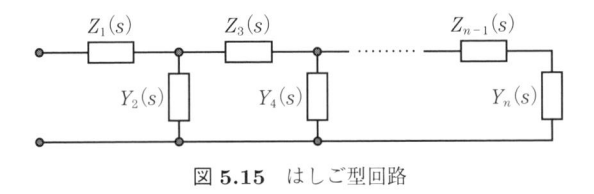

図 5.15 はしご型回路

例題 5.1 つぎのリアクタンス関数を連分数展開して，はしご型回路で実現せよ。

$$Z(s) = \frac{6s^4 + 5s^2}{3s^3 + 2s}$$

【解答】 ユークリッドの互除法を用いる。

5. フィルタ回路

$$
\begin{array}{c|cc|c}
Y & \text{分子多項式} & \text{分母多項式} & Z \\
 & 6s^4+5s^2 & 3s^3+2s & \\
 & 6s^4+4s^2 & \leftarrow & \times 2s \\
 & ---- & & \\
\times 3s & s^2 & \rightarrow\ 3s^3 & \\
 & & ---- & \\
 & s^2 & \leftarrow\ 2s & \times 0.5s \\
 & ---- & & \\
 & 0 & &
\end{array}
\tag{5.1}
$$

これによって，与えられるはしご型回路は図 **5.16** となる．

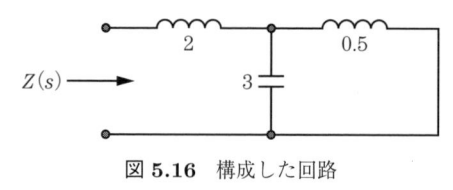

図 **5.16** 構成した回路

⋄

例題 5.2 つぎのリアクタンス関数を連分数展開して，はしご型回路で実現せよ．

$$Z(s) = \frac{s^4+4s^2+3}{s^3+2s}$$

【解答】 分子分母を降べきの順に並べて書く．ユークリッドの互除法を用いる．

$$
\begin{array}{c|cc|c}
Y & \text{分子多項式} & \text{分母多項式} & Z \\
 & s^4+4s^2+3 & s^3+2s & \\
 & s^4+2s^2 & \leftarrow & \times s \\
 & ------ & & \\
\times 0.5s & 2s^2+3 & \rightarrow\ s^3+1.5s & \\
 & & ----- & \\
 & 2s^2 & \leftarrow\ 0.5s & \times 4s \\
 & ----- & & \\
\times \dfrac{s}{6} & 3 & \rightarrow\ 0.5s & \\
 & & ---- & \\
 & & 0 &
\end{array}
\tag{5.2}
$$

5.3 リアクタンス回路の合成

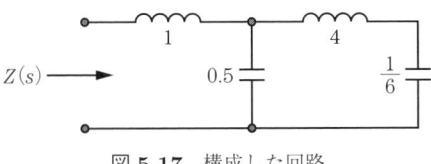

図 **5.17** 構成した回路

これによって，与えられるはしご型回路は図 **5.17** となる。
つぎに，分子分母を昇べきの順に並べて書く。

$$
\begin{array}{c|ccc|c}
Y & \text{分子多項式} & & \text{分母多項式} & Z \\
 & 3 + 4s^2 + s^4 & & 2s + s^3 & \\
 & 3 + \dfrac{3}{2}s^2 & \leftarrow & & \times \dfrac{3}{2s} \\
 & ----- & & & \\
\times \dfrac{4}{5s} & \dfrac{5}{2}s^2 + s^4 & \rightarrow & 2s + \dfrac{4}{5}s^3 & \\
 & & & ----- & \\
 & \dfrac{5}{2}s^2 & \leftarrow & \dfrac{1}{5}s^3 & \times \dfrac{25}{2s} \\
 & ----- & & & \\
\times \dfrac{1}{5s} & s^4 & \rightarrow & \dfrac{1}{5}s^3 & \\
 & & & ----- & \\
 & & & 0 & \\
\end{array}
\tag{5.3}
$$

これによって，与えられるはしご型回路は図 **5.18** となる。

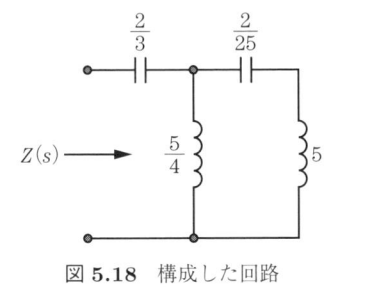

図 **5.18** 構成した回路 ◇

5.4 与えられた正実関数を伝達関数とする回路の合成

5.4.1 片抵抗終端 LC 回路の合成

無損失 LC 2 ポートを抵抗で終端した回路によって,任意の正実関数を電圧伝達関数とする回路を合成することができることを示す.これをダーリントンの定理という.これには片抵抗終端 LC 回路による実現と,抵抗両終端 LC 回路による実現の 2 通りがある.後者はフィルタは素子値の偏差に強い実用性に富んだフィルタとなる.まず,片抵抗終端 LC 回路フィルタによる合成法を示す.

〔1〕 インピーダンス行列とアドミタンス行列　　インピーダンス行列の概念を導入する.図 5.19 において, 2×2 のインピーダンス行列 (open-circuit impedance matrix) Z はつぎのように定義される.

$$\begin{pmatrix} V_1 \\ V_2 \end{pmatrix} = \begin{pmatrix} z_{11} & z_{12} \\ z_{21} & z_{22} \end{pmatrix} \begin{pmatrix} I_1 \\ I_2 \end{pmatrix} = Z \begin{pmatrix} I_1 \\ I_2 \end{pmatrix}$$

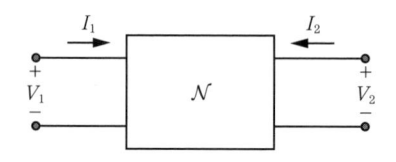

図 5.19　インピーダンス行列

ここに,インピーダンス行列の各要素はつぎのように定義される.

$$z_{11} = \left.\frac{V_1}{I_1}\right|_{I_2=0}, \quad z_{12} = \left.\frac{V_1}{I_2}\right|_{I_1=0}, \quad z_{21} = \left.\frac{V_2}{I_1}\right|_{I_2=0}, \quad z_{22} = \left.\frac{V_2}{I_2}\right|_{I_1=0}$$

これからわかるように, 2 ポートが RLC 回路ならば, $z_{11}(s)$ と $z_{22}(s)$ は正実関数である.また, $z_{12}(s) = z_{21}(s)$ が成り立つ. z_{ij} の極は共通しているが,打ち消し合いなどで,ほかにない極を持つことがある.これを私的な極 (private pole) という.

5.4 与えられた正実関数を伝達関数とする回路の合成

例題 5.3　図 5.20 の回路のインピーダンス行列を求めよ。

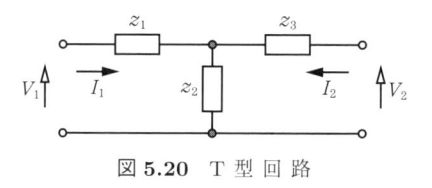

図 5.20　T 型 回 路

【解答】

$$z_{11} = \left.\frac{V_1}{I_1}\right|_{I_2=0} = z_1 + z_2, \quad z_{12} = \left.\frac{V_1}{I_2}\right|_{I_1=0} = z_2$$

$$z_{21} = \left.\frac{V_2}{I_1}\right|_{I_2=0} = z_2, \quad z_{22} = \left.\frac{V_2}{I_2}\right|_{I_1=0} = z_2 + z_3$$

となる。よって

$$Z = \begin{pmatrix} z_1 + z_2 & z_2 \\ z_2 & z_2 + z_3 \end{pmatrix}$$

となる。　　　　　　　　　　　　　　　　　　　　　　　　　　　◇

同様に，2×2 のアドミタンス行列 (short-circuit admittance matrix) Y はつぎのように定義される。

$$\begin{pmatrix} I_1 \\ I_2 \end{pmatrix} = \begin{pmatrix} y_{11} & y_{12} \\ y_{21} & y_{22} \end{pmatrix} \begin{pmatrix} V_1 \\ V_2 \end{pmatrix} = Y \begin{pmatrix} V_1 \\ V_2 \end{pmatrix}$$

ここに，アドミタンス行列の各要素はつぎのように定義される。

$$y_{11} = \left.\frac{I_1}{V_1}\right|_{V_2=0}, \quad y_{12} = \left.\frac{I_1}{V_2}\right|_{V_1=0}, \quad y_{21} = \left.\frac{I_2}{V_1}\right|_{V_2=0}, \quad y_{22} = \left.\frac{I_2}{V_2}\right|_{V_1=0}$$

Z が正則行列のとき $Y = Z^{-1}$ である。

例題 5.4　例題 5.3 の回路のアドミタンス行列 Y を求めよ。

【解答】　例題 5.3 のインピーダンス行列を Z とすると

$$Y = Z^{-1} = \frac{1}{\det Z} \begin{pmatrix} z_2 + z_3 & -z_2 \\ -z_2 & z_1 + z_2 \end{pmatrix}$$

となる。ただし，$\det Z = z_1 z_2 + z_1 z_3 + z_2 z_3$ である。　　　　　　　◇

〔2〕 2側（出力側）を抵抗終端する場合　　無損失 LC 2ポートから抵抗片終端 LC 回路を得るには2通りの方法がある。一つは，2側（出力側）に抵抗 R_2 を接続するもので，一つは1側（入力側）に抵抗 R_1 を接続するものである。

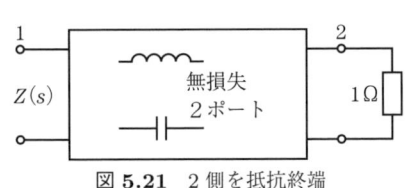

まず，図 5.21 の2側（出力側）を抵抗終端する場合について考える。

これは図 5.19 の出力端（ポート2–2'）に抵抗 R_2 を接続したものとなっている。2ポートの入出力特性をインピーダンス行列で表現できるとき

図 5.21　2側を抵抗終端

$$V_2 = z_{21} I_1 + z_{22} I_2 = -R_2 I_2$$

が成り立つ。これから

$$I_2 = \frac{-z_{21} I_1}{R_2 + z_{22}}$$

を得る。よって

$$A(s) = \frac{I_2(s)}{I_1(s)} = \frac{-z_{21}}{R_2 + z_{22}}$$

また，この2ポートがアドミタンス行列で表現できるとき，ポート2–2' にコンダクタンス G_2 を接続すると

$$I_2 = y_{21} V_1 + y_{22} V_2 = -G_2 V_2$$

これから

$$V_2 = \frac{-y_{21} V_1}{G_2 + y_{22}}$$

を得る。よって

$$A(s) = \frac{V_2(s)}{V_1(s)} = \frac{-y_{21}}{G_2 + y_{22}}$$

5.4 与えられた正実関数を伝達関数とする回路の合成

〔3〕**1側（入力側）に電圧源と内部抵抗を接続する場合**　1側（入力側）に電圧源と内部抵抗を接続する場合を考える。片抵抗終端 LC 回路として図 **5.22** の形の回路を考える。

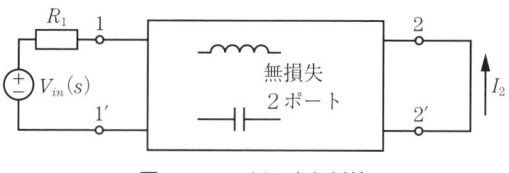

図 **5.22**　1側に内部抵抗

$V_2 = 0$ から

$$I_1 = y_{11} V_1 = \frac{V_{in} - V_1}{R_1}$$

を得る。これから

$$\left(y_{11} + \frac{1}{R_1} \right) V_1 = \frac{V_{in}}{R_1} \iff \frac{V_1}{V_{in}} = \frac{1}{R_1 y_{11} + 1}$$

となる。さらに，$I_2 = y_{21} V_1$ と相反性 $y_{21} = y_{12}$ から

$$A(s) = \frac{I_2(s)}{V_{in}(s)} = \frac{y_{21}}{R_1 y_{11} + 1} = \frac{y_{12}}{R_1 y_{11} + 1}$$

〔4〕**$A(s)$ の性質**　以下，$R_i = 1\Omega$ の場合を考える。以上では，さまざまな伝達関数 $A(s)$ が得られたが，すべて

$$A(s) = \frac{w_{ij}}{1 + w_{ii}}$$

の形を持っている。ただし，$w = z$ または $w = y$ である。このとき，① w_{ij} はリアクティブ2端子対回路の伝達関数なので s の奇関数となる。② $w_{ii}(s)$ はリアクティブ回路の駆動点イミタンスなので，奇関数と偶関数の比によって表される。よって

$$A(s) = \frac{Q(s)}{E(s) + O(s)}$$

となる。E は偶関数，O は奇関数，Q は偶か奇関数である。そこで，Q が奇関数か偶関数かによって，それぞれ

$$A(s) = \frac{\dfrac{Q(s)}{E(s)}}{1+\dfrac{O(s)}{E(s)}}, \qquad A(s) = \frac{\dfrac{Q(s)}{O(s)}}{1+\dfrac{E(s)}{O(s)}}$$

とし

$$A(s) = \frac{w_{ij}}{1+w_{ii}}$$

と比べる。前者と後者の場合によって，以下のそれぞれのように $w_{ii}(s)$ が決定できる。

$$w_{ii}(s) = \begin{cases} \dfrac{O(s)}{E(s)} & Q\text{ が奇関数} \\ \dfrac{E(s)}{O(s)} & Q\text{ が偶関数} \end{cases}, \qquad w_{ij}(s) = \begin{cases} \dfrac{Q(s)}{E(s)} & Q\text{ が奇関数} \\ \dfrac{Q(s)}{O(s)} & Q\text{ が偶関数} \end{cases}$$

$w_{ii}(s)$ は正実奇関数であるので，カウエル構成法によりそれを駆動点イミタンスとするリアクタンス回路を構成することができる。

〔5〕 **電圧伝達関数の実現** 正実関数である所望の電圧伝達関数が $T(s) = N(s)/D(s)$ であるとする。以下，$A(s)$ が所望の伝達関数 $T(s)$ になるように回路を構成する問題を考える。

① まず，$N(s)$ は奇関数で，$D(s)$ はフルビッツ多項式で偶関数部分 $D_e(s)$ と奇関数部分 $D_o(s)$ の和で $D(s) = D_e(s) + D_o(s)$ と表されるとする。すると

$$T(s) = \frac{N(s)}{D_e(s) + D_o(s)} = \frac{\dfrac{N(s)}{D_e(s)}}{\dfrac{D_o(s)}{D_e(s)} + 1}$$

となる。よって

$$Y_{ii} = \frac{D_o(s)}{D_e(s)}, \qquad Y_{ij} = \frac{N(s)}{D_e(s)}$$

となる。このアドミタンス行列を持つ回路の合成の例を示そう。

5.4 与えられた正実関数を伝達関数とする回路の合成

例題 5.5　　$R_2 = 1\Omega$ のとき，電圧伝達関数

$$T(s) = \frac{s}{s^4 + 3s^3 + 3s^2 + 3s + 1}$$

を実現せよ．

【解答】　このとき

$$y_{22} = \frac{D_o(s)}{D_e(s)} = \frac{3s^3 + 3s}{s^4 + 3s^2 + 1}, \qquad y_{21} = \frac{N(s)}{D_e(s)} = \frac{s}{s^4 + 3s^2 + 1}$$

となる．y_{22} は 2–2′ から左を見たアドミタンスである．これを実現してみよう．$Z(s) = 1/y_{22}$ として，$Z(s)$ の分子分母を降べきの順に並べて表し，ユークリッドの互除法を用いる．

$$
\begin{array}{c|ccc|c}
Y & \text{分子多項式} & & \text{分母多項式} & Z \\
 & s^4 + 3s^2 + 1 & & 3s^3 + 3s & \\
 & s^4 + s^2 & \leftarrow & & \times \dfrac{1}{3}s \\
 & \text{-----} & & & \\
\times \dfrac{3}{2}s & 2s^2 + 1 & \rightarrow & 3s^3 + \dfrac{3}{2}s & \\
 & & & \text{-----} & \\
 & 2s^2 & \leftarrow & \dfrac{3}{2}s & \times \dfrac{4}{3}s \\
 & \text{-----} & & & \\
\times \dfrac{3}{2}s & 1 & \rightarrow & \dfrac{3}{2}s & \\
 & & & \text{-----} & \\
 & & & 0 & \\
\end{array}
\tag{5.4}
$$

これによって，与えられるはしご型回路は図 **5.23** となる．

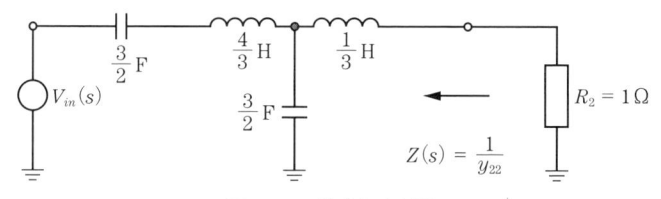

図 5.23　構成した回路

154　　5. フィルタ回路

以下，この回路が所望の回路であることを確認する．そのために，図 **5.24** の回路の Y パラメータを求めてみよう．

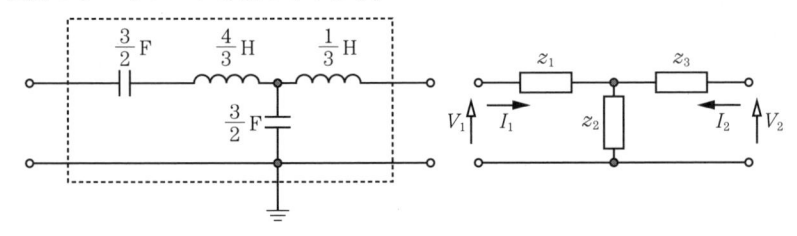

図 5.24　Y パラメータ

まず，回路の Z パラメータを求める．$Y = Z^{-1}$ である．図の右側の回路で

$$z_1 = \frac{2}{3s} + \frac{4s}{3} = \frac{4s^2+2}{3s}, \quad z_2 = \frac{2}{3s}, \quad z_3 = \frac{s}{3}$$

である．例題 5.3, 5.4 から

$$Z = \begin{pmatrix} z_1+z_2 & z_2 \\ z_2 & z_2+z_3 \end{pmatrix} \iff Y = \frac{1}{\det Z}\begin{pmatrix} z_2+z_3 & -z_2 \\ -z_2 & z_1+z_2 \end{pmatrix}$$

を得る．ただし

$$\det Z = z_1 z_2 + z_1 z_3 + z_2 z_3 = \frac{4s^4+12s^2+4}{9s^2}$$

となる．よって，図 5.23 の回路において

$$\frac{V_2}{V_{in}} = \frac{-y_{21}}{1+y_{22}} = \frac{-\dfrac{-z_2}{\det Z}}{1+\dfrac{z_1+z_2}{\det Z}} = \frac{z_2}{\det Z + z_1 + z_2}$$

となる．したがって

$$\frac{V_2}{V_{in}} = \frac{\dfrac{2}{3s}}{\dfrac{4s^4+12s^2+4}{9s^2} + \dfrac{4s^2+4}{3s}} = \frac{\dfrac{3}{2}s}{s^4+3s^3+3s^2+3s+1}$$

となり，定数倍を除いて，所望の伝達関数を実現できていることがわかった．　◇

② つぎに，$N(s)$ が偶関数で，$D(s)$ はフルビッツ多項式で偶関数部分 $D_e(s)$ と奇関数部分 $D_o(s)$ の和で $D(s) = D_e(s) + D_o(s)$ と表されるとする．すると

$$T(s) = \frac{N(s)}{D_e(s) + D_o(s)} = \frac{\dfrac{N(s)}{D_o(s)}}{\dfrac{D_e(s)}{D_o(s)}+1}$$

5.4 与えられた正実関数を伝達関数とする回路の合成

となる。よって

$$y_{ii}(s) = \frac{D_e(s)}{D_o(s)}, \qquad y_{ij}(s) = \frac{N(s)}{D_o(s)}$$

を得る。

例題 5.6 2側（出力側）抵抗終端の場合で，電圧伝達関数が

$$T(s) = \frac{2}{s^3 + 3s^2 + 4s + 2}$$

となる回路を合成せよ。

【解答】 このとき

$$y_{22} = \frac{D_e(s)}{D_o(s)} = \frac{3s^2 + 2}{s^3 + 4s}, \qquad y_{21} = \frac{N(s)}{D_o(s)} = \frac{2}{s^3 + 4s}$$

となる。y_{22} は 2–2′ から左を見たアドミタンスである。これを実現してみよう。$Z(s) = 1/y_{22}$ として，$Z(s)$ の分子分母を降べきの順に並べて表し，ユークリッドの互除法を用いる。

$$
\begin{array}{c|ccc|c}
Y & \text{分子多項式} & \text{分母多項式} & & Z \\
\hline
 & s^3 + 4s & 3s^2 + 2 & & \\
 & s^3 + \dfrac{2}{3}s & \leftarrow & & \times \dfrac{1}{3}s \\
 & ----- & & & \\
\times \dfrac{9}{10}s & \dfrac{10}{3}s & \rightarrow & 3s^2 & \\
 & & ---- & & \\
 & \dfrac{10}{3}s & \leftarrow & 2 & \times \dfrac{5}{3}s \\
 & ----- & & & \\
 & 0 & & &
\end{array} \qquad (5.5)
$$

これによって，与えられるはしご型回路は図 **5.25** となる。

以下，この回路が所望の回路であることを確認する。そのために，図 5.25 の中央の T 型回路の Y パラメータを求めてみると

$$z_1 = \frac{5s}{3}, \qquad z_2 = \frac{10}{9s}, \qquad z_3 = \frac{s}{3}$$

と変更するだけで，あとは例 5.5 と結果とまったく同じとなる。ただし

156   5. フィルタ回路

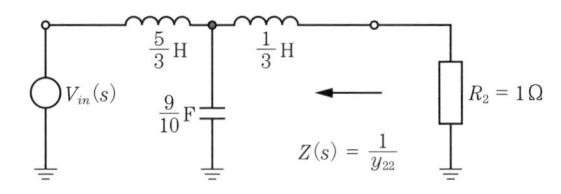

図 5.25 構成した回路

$$\det Z = z_1 z_2 + z_1 z_3 + z_2 z_3 = \frac{5s^2 + 20}{9}$$

に注意する。よって

$$\frac{V_2}{V_{in}} = \frac{z_2}{\det Z + z_1 + z_2} = \frac{\dfrac{10}{9s}}{\dfrac{5s^2 + 20}{9} + \dfrac{15s^2 + 10}{9s}} = \frac{2}{s^3 + 3s^2 + 4s + 2}$$

となり，所望の伝達関数を実現できていることがわかった。   ◇

5.4.2 抵抗両終端 LC 回路の合成

電力の超低消費回路などの応用において，素子の値の変動に強いロバストなフィルタの設計はたいへん重要になる。LC 回路の両端に抵抗を置く，抵抗両終端 LC 回路フィルタは素子値の偏差に強い実用性に富んだフィルタになることが知られている。ここでは，このタイプのフィルタ回路の合成法について学ぶ。

〔1〕散乱行列　　抵抗両終端 LC 回路フィルタの設計の基礎は散乱行列によって与えられる。そこで，まず，散乱行列を定義する。図 5.26 のような 2 ポートを考える。

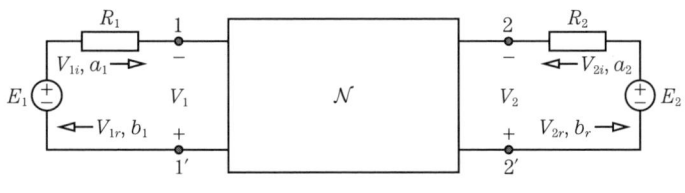

図 5.26 散乱行列

この回路において，端子対 1–1′ の右側のインピーダンスを Z_1 とすると，$E_2 = 0$ のときに

5.4 与えられた正実関数を伝達関数とする回路の合成

$$I_1(s) = \frac{E_1(s)}{R_1 + Z_1(s)}$$

となる。よって，負荷 $Z_1(s)$ に加わる電圧は

$$V = I(s)Z_1(s) = \frac{Z_1(s)E_1(s)}{R_1 + Z_1(s)}$$

となる。よって，$Z_1(s)$ で消費される電力は

$$P(\mathrm{j}\omega) = \Re(V(\mathrm{j}\omega)I^*(\mathrm{j}\omega)) = \frac{\Re(Z_1(\mathrm{j}\omega))|E_1(\mathrm{j}\omega)|^2}{|R_1 + Z_1(\mathrm{j}\omega)|^2}$$

ここで，$Z_1(\mathrm{j}\omega) = X(\mathrm{j}\omega) + \mathrm{j}Y(\mathrm{j}\omega)$ とすると

$$|R_1 + Z_1(\mathrm{j}\omega)|^2 = (R_1 + X(\mathrm{j}\omega))^2 + Y^2(\mathrm{j}\omega))$$

よって，供給できる最大電力 $P_{\max}(\mathrm{j}\omega)$ は $X(\mathrm{j}\omega) = R_1, Y(\mathrm{j}\omega) = 0$ のときに達成され

$$P_{\max}(\mathrm{j}\omega) = \frac{R_1}{4R_1^2}|E_1(\mathrm{j}\omega)|^2 = \frac{1}{4R_1}|E_1(\mathrm{j}\omega)|^2$$

となる。ここで

$$a_1(s) = \frac{1}{2\sqrt{R_1}}(V_1(s) + R_1 I_1(s))$$

と定義する。このとき，$E_1(s) = V_1(s) + R_1 I_1(s)$ であるから

$$|a_1(\mathrm{j}\omega)|^2 = |P_{\max}(\mathrm{j}\omega)|^2 \tag{5.6}$$

が成り立つ。すなわち，$a_1(s)$ は E_1 から最大供給可能な電力を運ぶ仮想的な波と考えることができる。これを端子対 1–$1'$ から右側の回路に入力される入射波と呼ぶことにする。

つぎに，S_1 からのこの最大供給可能電力と実際に 1–$1'$ の右側の回路に供給された電力との差を考える。

$$\left(\frac{1}{4R_1} - \frac{X(\mathrm{j}\omega)}{|R_1 + Z_1(\mathrm{j}\omega)|^2}\right)|E_1(\mathrm{j}\omega)|^2 = \frac{|R_1 - Z_1(\mathrm{j}\omega)|^2}{4R_1|R_1 + Z_1(\mathrm{j}\omega)|^2}|E_1(\mathrm{j}\omega)|^2$$

$$= \frac{|(Z_1(\mathrm{j}\omega) - R_1)I_1(\mathrm{j}\omega)|^2}{4R_1} = \frac{|V_1(\mathrm{j}\omega) - R_1 I_1(\mathrm{j}\omega)|^2}{4R_1}$$

これは反射波の運ぶ電力と考えられる。そこで，反射波を $b_1(s)$ とすると

$$b_1(s) = \frac{1}{2\sqrt{R_1}}(V_1(s) - R_1 I_1(s))$$

とすることが考えられる。$a_1(s)$ と $b_1(s)$ は $V_1(s)$ と $I_1(s)$ に対するの変数変換と考えればよい。両者は $1:1$ に対応する。物理的には $a_1(s)$ と $b_1(s)$ の比が反射係数を表し，こちらのほうが重要になる。その意味では $a_1(s)$ と $b_1(s)$ の定義にはスケール倍の自由度がある。入射波と反射波という視点を導入したことにより，フィルタ (電圧伝達関数) の合成が見通しよくできるようになる。実際，$a_1(s)$ と $b_1(s)$ で $V_1(s), I_1(s)$ を表すと

$$a_1(s) + b_1(s) = \frac{1}{\sqrt{R_1}} V_1(s), \quad a_1(s) - b_1(s) = \sqrt{R_1} I_1(s)$$

となる。すなわち

$$V_1(s) = \sqrt{R_1}(a_1(s) + b_1(s)), \qquad I_1(s) = \frac{1}{\sqrt{R_1}}(a_1(s) - b_1(s))$$

となる。ここで

$$V_{1i}(s) = \sqrt{R_1} a_1(s), \qquad V_{1r}(s) = \sqrt{R_1} b_1(s)$$

をそれぞれ，端子対 1–1′ における入射電圧，反射電圧と定義する。

以上の考察を端子対 2–2′ から左側を見て行うと 2–2′ での入射波を

$$a_2(s) = \frac{1}{2\sqrt{R_2}}(V_2(s) + R_2 I_2(s))$$

で，2–2′ での反射波を

$$b_2(s) = \frac{1}{2\sqrt{R_2}}(V_2(s) - R_2 I_2(s))$$

で定義する。また

$$V_{2i}(s) = \sqrt{R_2} a_2(s), \qquad V_{2r}(s) = \sqrt{R_2} b_2(s)$$

をそれぞれ，端子対 2–2′ における入射電圧，反射電圧と定義する。このとき

5.4 与えられた正実関数を伝達関数とする回路の合成

$$\begin{pmatrix} b_1(s) \\ b_2(s) \end{pmatrix} = \begin{pmatrix} S_{11}(s) & S_{12}(s) \\ S_{21}(s) & S_{22}(s) \end{pmatrix} \begin{pmatrix} a_1(s) \\ a_2(s) \end{pmatrix} \tag{5.7}$$

によって散乱行列 $\boldsymbol{S}$ を定義する。

$$S_{11}(s) = \left.\frac{b_1(s)}{a_1(s)}\right|_{a_2=0} = \left.\frac{V_{1r}(s)}{V_{1i}(s)}\right|_{V_2=-R_2 I_2}$$

$$S_{12}(s) = \left.\frac{b_1(s)}{a_2(s)}\right|_{a_1=0} = \left.\frac{\sqrt{R_2}V_{1r}(s)}{\sqrt{R_1}V_{2i}(s)}\right|_{V_1=-R_1 I_1} = \left.-2\sqrt{R_1 R_2}\frac{I_1}{E_2}\right|_{E_1=0}$$

$$S_{21}(s) = \left.\frac{b_2(s)}{a_1(s)}\right|_{a_2=0} = \left.\frac{\sqrt{R_1}V_{2r}(s)}{\sqrt{R_2}V_{1i}(s)}\right|_{V_2=-R_2 I_2} = \left.-2\sqrt{R_1 R_2}\frac{I_2}{E_1}\right|_{E_2=0}$$

$$S_{22}(s) = \left.\frac{b_2(s)}{a_2(s)}\right|_{a_1=0} = \left.\frac{V_{2r}(s)}{V_{2i}(s)}\right|_{V_1=-R_1 I_1} \tag{5.8}$$

$S_{11}(s)$ と $S_{22}(s)$ はそれぞれ 1–1′ と 2–2′ での反射係数と呼ばれる。また，$S_{12}(s)$ と $S_{21}(s)$ は伝達関数と呼ばれる。

$Z_1(s) = V_1/I_1$ は 2–2′ が抵抗 R_2 で終端されているときに 1–1′ から右側を見たインピーダンスであった。このとき

$$Z_1(s) = R_1\frac{1+S_{11}(s)}{1-S_{11}(s)} \tag{5.9}$$

が成り立つ。実際

$$S_{11}(s) = \left.\frac{b_1(s)}{a_1(s)}\right|_{V_2=-R_2 I_2} = \frac{V_1(s)-R_1 I_1(s)}{V_1(s)+R_1 I_1(s)} = \frac{Z_1(s)-R_1}{Z_1(s)+R_1} \tag{5.10}$$

となるが，これは式 (5.9) と等価である。

☆ **性質 17**　RLC の 2 端子対回路の $S_{11}(s)$ はつぎの性質を持つ[†]。

(i) $S_{11}(s)$ は s が実のときには実となる。

(ii) $S_{11}(s)$ は右反平面で解析的である。

(iii) $\Re(s) \geqq 0$ を満たす s について $S_{11}(s) \leqq 1$ となる。

証明　(i) $Z_1(s)$ は正実関数である。よって，s が実のとき $Z_1(s)$ は実となる。式 (5.10) から s が実のとき，$S_{11}(s)$ が実となることがわかる。

[†] このような性質を持つ関数を有界実関数という。

(ii) $Z_1(s)$ が正実関数であるので $\Re(s) \geqq 0$ のとき $\Re(Z_1(s)) \geqq 0$ となる。よって, $\Re(s) \geqq 0$ のとき $Z_1(s) + R_1 \neq 0$ となる。$Z_1(s) - R_1$ は $\Re(s) \geqq s$ で極を持たない有理関数なので, $\Re(s) > 0$ で解析的である。よって, 式 (5.10) から $\Re(s) > 0$ で $S_{11}(s)$ は解析的である。

(iii) s を固定したとき $Z_1(s) = x + jy$ と置く。

$$\left|\frac{Z_1(s) - R_1}{Z_1(s) + R_1}\right| = \left|\frac{(x - R_1) + jy}{(x + R_1) + jy}\right| = \frac{(x - R_1)^2 + y^2}{(x + R_1)^2 + y^2} \leq 1$$

となる。 □

〔2〕 **抵抗両終端 LC 回路フィルタ** 抵抗両終端 LC 回路フィルタは図 **5.27** に示すタイプの回路である。

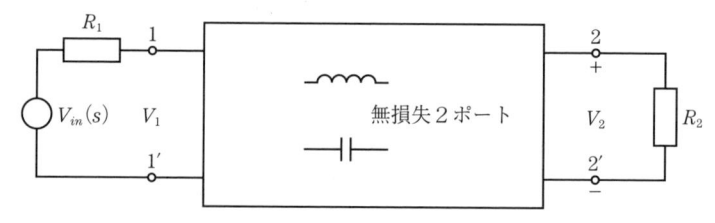

図 **5.27** 抵抗両終端 LC 回路フィルタ

電圧伝達関数を $H(s) = V_o(s)/V_{in}(s)$ とすると

$$|H(j\omega)|^2 = \frac{a_m \omega^{2m} + \cdots + a_1 \omega^2 + a_0}{b_n \omega^{2n} + \cdots + b_1 \omega^2 + b_0}$$

となる。式 (5.8) より

$$S_{21} = \left.\frac{b_2(s)}{a_1(s)}\right|_{V_2 = -R_2 I_2} = \frac{\frac{1}{2\sqrt{R_2}}(V_2(s) - R_2 I_2(s))}{\frac{1}{2\sqrt{R_1}}(V_1(s) + R_1 I_1(s))} = 2\sqrt{\frac{R_1}{R_2}}\frac{V_2}{V_{in}}$$

であり, $S_{21} = 2\sqrt{\frac{R_1}{R_2}} H(s)$ がわかる。これから

$$|S_{21}(j\omega)|^2 = 4\frac{R_1}{R_2}\frac{|V_2(j\omega)|^2}{|V_{12}(j\omega)|^2} = \frac{|V_2(j\omega)|^2}{R_2}\frac{1}{\frac{|V_{in}(j\omega)|^2}{4R_1}}$$

$$= \frac{R_2 \text{で消費される電力}}{V_{in} \text{から 1–1}' \text{の右側に提供される最大電力}} \leq 1 \quad (5.11)$$

5.4 与えられた正実関数を伝達関数とする回路の合成

☆ **性質 18**　RLC の 2 端子対回路の $S_{21}(s)$ は有界実関数となる。

証明　1. $S_{21}(s)$ が RLC 回路の伝達関数（の実数倍）である。よって，s が実のときは実となる。2. RLC 回路の伝達関数が右半平面で解析的となることからわかる。3. 式 (5.11) からわかる。　□

ここで，フィルタ回路の実際の構成法を示そう。正実関数 $H(s)$ から作られる周波数特性 $H(\mathrm{j}\omega)$ が与えられたとき，図 5.27 の回路でその伝達電力ゲイン関数 $S_{21}(\mathrm{j}\omega)$ が

$$|S_{21}(\mathrm{j}\omega)|^2 = 4\frac{R_1}{R_2}|H(\mathrm{j}\omega)|^2$$

となるものを合成するのが目標となる。前に述べたようにこれは 1939 年にダーリントン（やカウエルら）が解決した。しかも，R_1 と R_2 の間に挟む 2 ポートは無損失回路となる。このような抵抗両終端 LC 回路は

1. 無損失回路には抵抗性雑音が発生しない。
2. 素子偏差に強い。
3. インダクタンスを用いることは集積回路で実現する上では現実的ではないが，ジャイレータなどをシミュレーションするアクティブ素子を利用した回路に置き換えることができる。

などのよい性質を持つ。ダーリントンの合成法はときにトランス（変圧器）を含むために非現実的になるが，適当な条件の下では，通常のフィルタはトランスを用いないで実現できることが知られている。

① $|S_{12}(\mathrm{j}\omega)|^2 = 4\frac{R_1}{R_2}|H(\mathrm{j}\omega)|^2$ とする。

② 無損失回路については散乱行列間につぎの関係式

$$S_{11}(s)S_{11}(-s) = 1 - |S_{21}(\mathrm{j}\omega)|^2\big|_{\omega^2=-s^2} \tag{5.12}$$

が成り立つ†。既知の $|S_{12}(\mathrm{j}\omega)|^2$ から $S_{11}(s)S_{11}(-s)$ を計算する。

③ ここで，$S_{11}(s)$ に $S_{11}(s)S_{11}(-s)$ の左反平面のすべての極を割り当てる。$S_{11}(s)S_{11}(-s)$ は実係数で s の偶関数の有理関数である。この関数の複

---

† これを Feldtkeller 関係式という。

素零は四つ組で現れる。すなわち

$$s_1 = \sigma_1 + j\omega_1, \qquad s_1 = \sigma_1 - j\omega_1,$$
$$s_1 = -\sigma_1 + j\omega_1, \qquad s_1 = -\sigma_1 - j\omega_1$$

である。この中から回路合成に用いる零は複素共役になっている必要がある。零が純虚数であるなら、どのペアをとってもよい。また、零が実なら、それは $s_1 = \sigma_1$ と $s_2 = -\sigma_1$ と現れるので一つの実の零だけを拾うようにする。零点については、任意に $S_{11}(s)$ に割り当てる。これには自由度がある。

④ 作った $S_{11}(s)$ に対して、つぎを定義する。

$$Z_1(s) = R_1 \frac{1 + S_{11}(s)}{1 - S_{11}(s)} \tag{5.13}$$

⑤ $Z_1(s)$ を無損失 2 ポートで R_2 で終端されている回路の入力インピーダンス（R_2 が接続されているときに、ポート 1–1′ から右側を見たインピーダンス）として構成する。$S_{21}(s)$ の零点がこの過程で実現されるようにする。

$Z_1(s)$ の構成を考えよう。$Z_1(s)$ は R_1 に正実関数を掛けたものであるので、分子分母多項式の偶関数部分と奇関数部分をそれぞれ m_i と n_i と表すと

$$Z_1(s) = R_1 \frac{m_1 + n_1}{m_2 + n_2} \tag{5.14}$$

と表される。$Z_1(s)$ をインピーダンスパラメータで表してみる。R_2 を 2–2′ に終端したことから

$$I_2 = \frac{-z_{12} I_1}{R_2 + z_{22}}$$

となる。よって

$$V_1 = z_{11} I_1 + z_{12} I_2 = z_{11} I_1 + z_{12} \frac{-z_{12} I_1}{R_2 + z_{22}}$$

となる。これを整理すると

5.4 与えられた正実関数を伝達関数とする回路の合成

$$Z_1(s) = \frac{V_1}{I_1} = z_{11} + \frac{-z_{12}}{R_2 + z_{22}} = z_{11}\frac{1 + \dfrac{\det Z}{R_2 z_{11}}}{1 + \dfrac{z_{22}}{R_2}} \tag{5.15}$$

を得る。式 (5.14) を式 (5.15) の形に整理すると

$$Z(s) = R_1 \frac{m_1}{n_1}\frac{1 + \dfrac{n_1}{m_1}}{1 + \dfrac{m_2}{n_2}} \tag{5.16}$$

となる。式 (5.16) を式 (5.15) と比較して，$z_{12} = z_{21}$ を考慮すると

$$z_{11} = R_1\frac{m_1}{n_2}, \qquad z_{22} = R_2\frac{m_2}{n_2}, \qquad z_{12} = \sqrt{R_1 R_2}\frac{\sqrt{m_1 m_2 - n_1 n_2}}{n_2}$$

あるいは

$$z_{11} = R_1\frac{n_1}{m_2}, \qquad z_{22} = R_2\frac{n_2}{m_2}, \qquad z_{12} = \sqrt{R_1 R_2}\frac{\sqrt{n_1 n_2 - m_1 m_2}}{m_2}$$

と置くと対応が取れることがわかる。z_{11} と z_{22} は LC 回路のインピーダンスになっていることがわかる[†]。$z_{12}(s)$ が奇関数となるように，二つの選択肢のいずれかを用いる。

例題 5.7 $R_1 = 1\,\Omega$ で $R_2 = 4\,\Omega$ のとき，つぎのバターワースフィルタの周波数特性を実現するフィルタを構成せよ。

$$|H(\mathrm{j}\omega)|^2 = \frac{A^2}{1 + \omega^4} \tag{5.17}$$

【解答】 直流での特性

$$|H(0)|^2 = A^2 = \left|\frac{V}{E}\right|^2_{\omega=0} = \frac{R_2^2}{(R_1 + R_2)^2} = \frac{16}{25}$$

から，$A^2 = 16/25$ がわかる。よって

$$|S_{21}(\mathrm{j}\omega)|^2 = 4\frac{R_1}{R_2}|H(\mathrm{j}\omega)|^2 = \frac{16}{25}\frac{1}{1 + \omega^4}$$

[†] 偶多項式と奇多項式の比になっている。

となる。そこで

$$S_{11}(\mathrm{j}\omega)S_{11}(-\mathrm{j}\omega) = 1 - |S_{21}(\mathrm{j}\omega)|^2 = \frac{9+25\omega^4}{25(1+\omega^4)}$$

から $S_{11}(s)S_{11}(-s)$ をつくる。これには ω^2 を $-s^2$ にすればよい。こうして

$$\begin{aligned}S_{11}(s)S_{11}(-s) &= \frac{9+25s^4}{25(1+s^4)} \\ &= \frac{(s-\sqrt{0.6}s_2)(s-\sqrt{0.6}s_3)}{(s-s_2)(s-s_3)}\frac{(s-\sqrt{0.6}s_1)(s-\sqrt{0.6}s_4)}{(s-s_1)(s-s_4)} \\ &= \frac{s^2+\frac{\sqrt{30}}{5}s+\frac{3}{5}}{s^2+\sqrt{2}s+1}\frac{s^2-\frac{\sqrt{30}}{5}s+\frac{3}{5}}{s^2-\sqrt{2}s+1}\end{aligned} \quad (5.18)$$

を得る。ただし, $s_1 = e^{\mathrm{j}\pi/4}, s_2 = e^{\mathrm{j}3\pi/4}$ $s_3 = s_2^*, s_4 = s_1^*$ である。

ここで, $S_{11}(s)$ としては、いろいろな作り方がある。その一つは

$$S_{11}(s) = \frac{s^2+\frac{\sqrt{30}}{5}s+\frac{3}{5}}{s^2+\sqrt{2}s+1}$$

とする選択である。これからインピーダンス関数は

$$Z(s) = R_1\frac{1+S_{11}(s)}{1-S_{11}(s)} = \frac{2s^2+\left(\sqrt{2}+\frac{\sqrt{30}}{5}\right)s+\frac{8}{5}}{\left(\sqrt{2}-\frac{\sqrt{30}}{5}\right)s+\frac{2}{5}}$$

となる。$Z(s) = R_1(m_1+n_1)/(m_2+n_2)$ という関係にあるとする。ただし, m は偶関数部分で n は奇関数部分であるとする。このとき, $\sqrt{m_1m_2-n_1n_2}$ が偶関数ならば

$$z_{11}(s) = R_1\frac{m_1}{n_2}, \quad z_{22}(s) = R_2\frac{m_2}{n_2}, \quad z_{12}(s) = \sqrt{R_1R_2}\frac{\sqrt{m_1m_2-n_1n_2}}{n_2}$$

と選べ, $\sqrt{m_1m_2-n_1n_2}$ が奇関数ならば

$$z_{11}(s) = R_1\frac{n_1}{m_2}, \quad z_{22}(s) = R_2\frac{n_2}{m_2}, \quad z_{12}(s) = \sqrt{R_1R_2}\frac{\sqrt{n_1n_2-m_1m_2}}{m_2}$$

と選べる。この場合は

$$\sqrt{m_1m_2-n_1n_2} = \frac{4}{5} \quad (5.19)$$

となって、偶関数となる。よって

5.4 与えられた正実関数を伝達関数とする回路の合成

$$z_{11}(s) = \frac{2s^2 + \dfrac{8}{5}}{\left(\sqrt{2} - \dfrac{\sqrt{30}}{5}\right)s}, \quad z_{22}(s) = \frac{\dfrac{8}{5}}{\left(\sqrt{2} - \dfrac{\sqrt{30}}{5}\right)s},$$

$$z_{12}(s) = \frac{\dfrac{8}{5}}{\left(\sqrt{2} - \dfrac{\sqrt{30}}{5}\right)s}$$

となる。

$z_{11}(s)$ は図 5.28 の回路で 1–1′ から右を見たインピーダンスであるが,その LC 回路実現を連分数展開で求めると

Y	分子多項式	分母多項式	Z
	$2s^2 + \dfrac{8}{5}$	$\left(\sqrt{2} - \dfrac{\sqrt{30}}{5}\right)s$	
	$2s^2 \quad \leftarrow$		$\times \dfrac{2s}{\sqrt{2} - \dfrac{\sqrt{30}}{5}}$
	$- - - - -$		
$\times \dfrac{5}{8}\left(\sqrt{2} - \dfrac{\sqrt{30}}{5}\right)s$	$\dfrac{8}{5} \quad \rightarrow$	$\left(\sqrt{2} - \dfrac{\sqrt{30}}{5}\right)s$	
		$- - - - -$	
		0	

となる。これを図 **5.28** に示す。

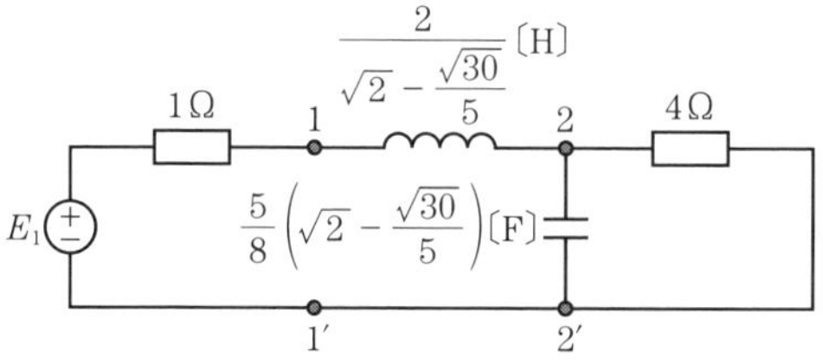

図 **5.28** 解

この回路の伝達関数は

$$\frac{V_2}{V_{in}} = \frac{R_2 z_{21}}{R_1 R_2 + R_2 z_{11} + R_1 z_{22} + \det Z} \tag{5.20}$$

である。

$$z_{11} = \frac{2s}{\sqrt{2} - \frac{\sqrt{30}}{5}} + \frac{1}{\frac{5}{8}\left(\sqrt{2} - \frac{\sqrt{30}}{5}\right)s}$$

$$z_{12} = z_{21} = z_{22} = \frac{1}{\frac{5}{8}\left(\sqrt{2} - \frac{\sqrt{30}}{5}\right)s}$$

であり，構成したいインピーダンス行列が実現できていることがわかる。そして，式 (5.20) に

$$z_{11}(s) = R_1 \frac{m_1}{n_2}, \quad z_{22}(s) = R_2 \frac{m_2}{n_2}, \quad z_{12}(s) = \sqrt{R_1 R_2} \frac{\sqrt{m_1 m_2 - n_1 n_2}}{n_2}$$

を代入すると

$$\frac{V_2}{V_{in}} = \frac{1}{R_1} \frac{\sqrt{m_1 m_2 - n_1 n_2}}{m_1 + m_2 + n_1 + n_2}$$

がわかる。よって

$$\frac{V_2}{V_{in}} = \frac{4}{10} \frac{1}{s^2 + \sqrt{2}s + 1}$$

となることがわかる。これは，二次のバターワースフィルタの伝達関数になっており，所望のものである。 ◇

5.4.3 バターワースフィルタ

正実関数が与えらたとき，それを伝達関数とするフィルタを構成できることがわかった。ここでは，低域通過フィルタの伝達関数の実現例を示そう。

設計したい伝達電力増幅率は

$$|S_{12}(j\omega)|^2 = A_0 \frac{a_{n-1}\omega^{2(n-1)} + \cdots + a_1\omega^2 + 1}{b_n\omega^{2n} + \cdots + b_1\omega^2 + b_0} \tag{5.21}$$

で，つぎの条件を満たすとする。

① $|S_{12}(j\omega)|^2$ は $\omega_s \leqq \omega \leqq \infty$ において，ほぼ A_0 である。
② $|S_{12}(j\omega)|^2$ は $0 \leqq \omega \leqq \omega_p$ において，ほぼ A_s である。通常 $A_s \ll A_0$ でできれば 0 に近い。

式 (5.21) から A_0 は直流電力ゲインであることがわかる。$a_n = 0$ としているのは低域通過フィルタでは $S_{12}(j\infty) = 0$ としたいからである。周波数領域

5.4 与えられた正実関数を伝達関数とする回路の合成

$[0, \omega_p]$ を通過帯域，ω_p を通過帯域端という。また，$[\omega_s, \infty]$ を阻止帯域，ω_s を阻止帯域端，$[\omega_p, \omega_s]$ を転移域という。その概要を図 5.29 に示す。

ここでは，バターワースフィルタの設計理論を紹介する。バターワースフィルタは，ω の単調減少関数として $|S_{12}(j\omega)|^2$ を実現する理論である，$\omega = 0$ での $|S_{12}(j\omega)|^2$ のテイラー展開の最初の $2n-1$ 個の係数が 0 であるように設計する。すなわち，$\omega = 0$ での $|S_{12}(j\omega)|^2$ のテイラー展開が

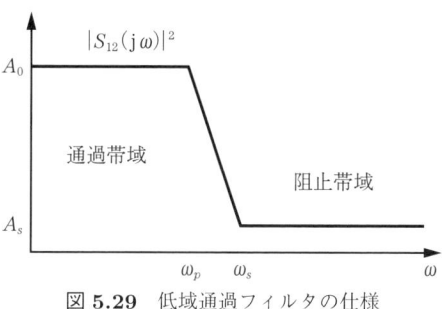

$$|S_{12}(j\omega)|^2 = A_0 + c_n \omega^{2n} + c_{n-1} \omega^{2n+2} + \cdots \tag{5.22}$$

となるように，a_k を決めよう。

$$|S_{12}(j\omega)|^2 - A_0 \\ = A_0 \frac{(a_1 - b_1)\omega^2 + (a_2 - b_2)\omega^4 + \cdots + (a_{n-1} - b_{n-1})\omega^{2n-2} - b_n \omega^{2n}}{1 + b_1 \omega^2 + \cdots + b_n \omega^{2n}}$$

から，$a_1 = b_1, \cdots, a_{n-1} = b_{n-1}$ と取ればよいことがわかる。つぎに

$$|S_{12}(j\omega)|^2 = A_0 \frac{a_{n-1} \omega^{2(n-1)} + \cdots + a_1 \omega^2 + 1}{b_n \omega^{2n} + \cdots + b_1 \omega^2 + b_0} \tag{5.23}$$

の両辺を ω^{2n} で割ると

$$|S_{12}(j\omega)|^2 = A_0 \frac{a_{n-1} \omega^{-2} + \cdots + a_1 \omega^{-2n+2} + \omega^{-2n}}{b_n + \cdots + b_1 \omega^{-2n+2} + b_0 \omega^{-2n}} \tag{5.24}$$

を得る。$|S_{12}(j\omega)|^2$ の $\omega = \infty$ でのテイラー展開が平坦であるという仮定は

$$|S_{12}(j\omega)|^2 = d_n \omega^{-2n} + d_{n+1} \omega^{-(2n+1)} + \cdots$$

と表される。よって，$a_1 = a_2 = \cdots = a_{n-1} = 0$ が出る。こうして，バターワースフィルタの伝達電力ゲインは

図 5.29 低域通過フィルタの仕様

$$|S_{12}(j\omega)|^2 = \frac{A_0}{1 + b_n \omega^{2n}} \quad (5.25)$$

と決定できる。

つぎに，通過域端 ω_p で，ゲインができるだけ低下しないことを要請する。すなわち，ε を低下の許容値を決める正の小さな値のパラメータとして

$$|S_{12}(j\omega_p)|^2 = \frac{A_0}{1 + b_n \omega_p^{2n}} = \frac{A_0}{1 + \varepsilon^2} \quad (5.26)$$

とする。これから，b_n が決まり，つぎの式となる。

$$|S_{12}(j\omega)|^2 = \frac{A_0}{1 + \varepsilon^2 \left(\dfrac{\omega}{\omega_p}\right)^{2n}} \quad (5.27)$$

さて，フィルタ設計においては規格化周波数 $p = s/\omega_p = x + jy$ を導入すると便利である。このとき，伝達電力ゲインは

$$|S_{12}(jy)|^2 = \frac{A_0}{1 + \varepsilon^2 y^{2n}} \quad (5.28)$$

と表される。その特性を図 **5.30** に示す。

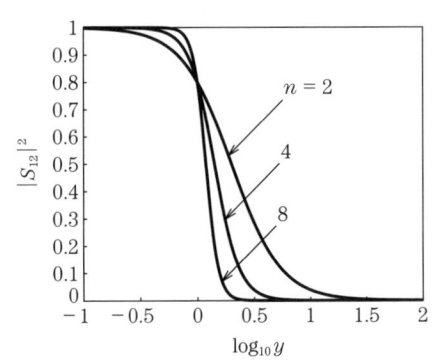

図 **5.30** バターワースフィルタの特性 ($\varepsilon^2 = 0.25$)

$$|S_{12}(jy)|^2 = S_{21}(p)S_{21}(-p)|_{p=jy} = \left. \frac{A_0}{1 + \varepsilon^2 (-p^2)^n} \right|_{p=jy} \quad (5.29)$$

と表す。したがって，$S_{12}(p)S_{12}(-p)$ の極は

$$\varepsilon^2 (-p^2)^n = -1 \quad (5.30)$$

から決めることができる。$z = \varepsilon^{1/n} jp$ と置くと式 (5.30) は $z^{2n} = -1$ となる。これから，複素平面の単位円上の弧を $2n$ 等分する点がその解となる。

$$z_k = -e^{\theta_k} = -\cos\theta_k - j\sin\theta_k, \quad \theta_k = \frac{(2k-1)\pi}{2n} \quad (5.31)$$

$$(k = 1, 2, \cdots, 2n)$$

よって

$$p_k = \left(\frac{1}{\varepsilon}\right)^{1/n}(-\sin\theta_k + j\cos\theta_k) \qquad k = 1, 2, \cdots, 2n \qquad (5.32)$$

を得る。p_k の中で負の実部を持つものをだけを集めると

$$\left(p - \frac{1}{\sqrt[n]{\varepsilon}}(-\sin\theta_k + j\cos\theta_k)\right)\left(p - \frac{1}{\sqrt[n]{\varepsilon}}(-\sin\theta_k - j\cos\theta_k)\right)$$
$$= \left(p^2 + 2\left(\frac{1}{\varepsilon}\right)^{1/n}(\sin\theta_k)p + \left(\frac{1}{\varepsilon}\right)^{2/n}\right) \qquad (5.33)$$

より，n が偶数のときには

$$S_{21}(p) = \frac{\sqrt{A_0}}{\prod_{k=1}^{n/2}\left(p^2 + 2\left(\frac{1}{\varepsilon}\right)^{1/n}(\sin\theta_k)p + \left(\frac{1}{\varepsilon}\right)^{2/n}\right)} \qquad (5.34)$$

となる。n が奇数のときには

$$S_{21}(p) = \frac{\sqrt{A_0}}{\left(p + \left(\frac{1}{\varepsilon}\right)^{1/n}\right)\prod_{k=1}^{(n-1)/2}\left(p^2 + 2\left(\frac{1}{\varepsilon}\right)^{1/n}(\sin\theta_k)p + \left(\frac{1}{\varepsilon}\right)^{2/n}\right)}$$

となる。ここで求めた $S_{21}(p)$ の分母多項式をバタワース多項式といい，バタワースフィルタ設計で基本的となる。

$$A_0 = |S_{21}(0)|^2 = 4\frac{R_1}{R_2}\left|\frac{V_2}{E}\right|^2_{\omega=0} = \frac{4R_1R_2}{(R_1+R_2)^2} \qquad (5.35)$$

となる。

5.5 能動フィルタ

つぎに，演算増幅器や差動増幅器を用いたフィルタ理論について解説する。これを能動フィルタという。受動フィルタにおいてはインダクタが利用されるが，インダクタンスを大きくする必要が生じたり，磁場が発生したりというように，集積回路を利用する場合などには問題点を発生させることがある。低周

波では，インダクタを抵抗と演算増幅回路などの能動回路で置き換えて，R と C と演算増幅器によってフィルタを構成することが考えられてきた．これにより，小型で集積化に適した回路が得られる．ただし，バイアスとして直流電源が必要になる，抵抗の熱雑音が生じる，演算増幅器が高周波で特性が悪くなる，R と C の精度が要求されるなどの問題点も生じる．高周波では受動素子が小型化して，安定に動作することや演算増幅器の特性が悪くなることから受動フィルタやそれをシミュレートした回路が用いられることが多い．

5.5.1 低域通過能動フィルタ

最も基本的な RC 低域通過フィルタを図 **5.31** に示す．1–1′ から 2–2′ を見た伝達関数は

$$A(s) = \frac{1}{1+sRC}$$

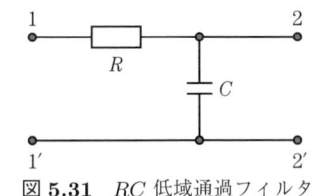

となる．$RC = \alpha$ と置く．電圧ホロワを使ってこの RC 低域通過フィルタを n 段接続すると（図 **5.32**），電圧伝達関数は

$$A(s) = \frac{1}{(1+\alpha_1 s)(1+\alpha_2 s)\cdots(1+\alpha_n s)} \tag{5.36}$$

図 **5.31** RC 低域通過フィルタ

となる．しかし，これは

① 通過帯域における減衰が，遮断周波数よりかなり前から大きくなる．
② 通過帯域から阻止帯域への推移が急ではない．
③ 線形位相でなくひずみが大きい．

そこで，二次のセクションを基本として構成することが考えられる．$n = 2m$ のときと $n = 2m+1$ のときによって

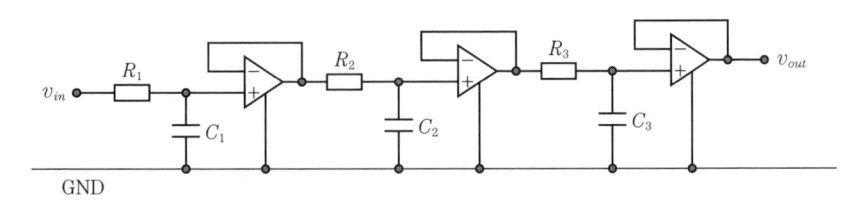

図 **5.32** 電圧ホロワ接続 RC フィルタ（3 段接続例）

$$A(s) = \prod_{i=1}^{m} \frac{A_i}{1+a_i s+b_i s^2}, \qquad A(s) = \frac{A_1}{1+a_1 s} \prod_{i=2}^{m+1} \frac{A_1}{1+a_i s+b_i s^2}$$

と実現する。

5.5.2　反転増幅回路を用いた一次 RC 低域通過フィルタ

一次の低域通過フィルタを構成することを考える。演算増幅器の反転増幅回路を利用すると図 **5.33** に示す反転増幅回路について考える。

抵抗回路の反転増幅回路の解析において R_f を

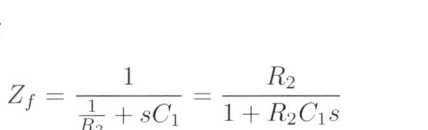

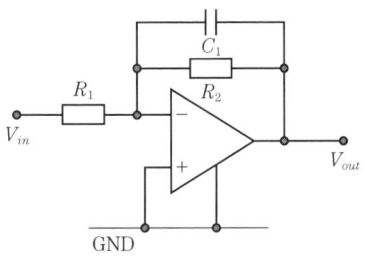

$$Z_f = \frac{1}{\frac{1}{R_2}+sC_1} = \frac{R_2}{1+R_2 C_1 s} \tag{5.37}$$

図 5.33　一次 RC 能動フィルタ

で置き換えれば

$$V_{out} \approx -\frac{Z_f}{R_1} V_{in}$$

を得る。よって、伝達関数は

$$A(s) = \frac{V_{out}(s)}{V_{in}(s)} = \frac{-\frac{R_2}{R_1}}{1+R_2 C_1 s} \tag{5.38}$$

となる。よって、$A_0 = -R_2/R_1$, $a_1 = R_2 C_1$ となる。電圧ホロワ型能動フィルタの違いは A_0 が 1 となっていないで、直流増幅も行われている点である。逆に、A_0, a_1, C_1 が与えられたとすると $R_2 = a_1/C_1$, $R_1 = R_2/A_0$ と選べば

$$A(s) = \frac{-A_0}{1+a_1 s}$$

となる。

5.5.3　非反転増幅回路を用いた一次 RC 能動フィルタ

図 **5.34**(a) に示す非反転型 RC 能動フィルタについて考える。

(a) 非反転型　　　　　　　　(b) 電圧ホロワ型

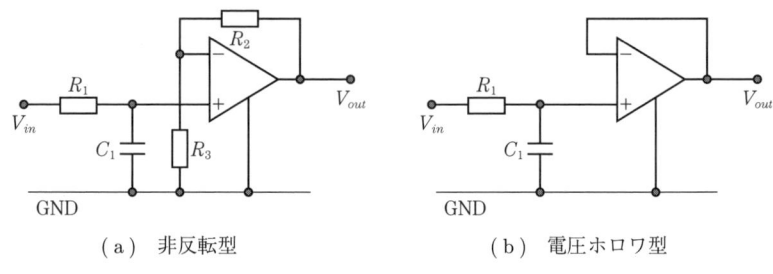

図 5.34　一次 RC 能動フィルタ

このとき

$$V_{out} \approx \frac{1+\frac{R_2}{R_3}}{1+R_1C_1s}V_{in} \qquad (5.39)$$

を得る。よって，伝達関数は

$$A(s) = \frac{V_{out}(s)}{V_{in}(s)} = \frac{1+\frac{R_2}{R_3}}{1+R_1C_1s} \qquad (5.40)$$

となる。よって，$A_0 = 1+R_2/R_3$, $a_1 = R_1C_1$ となる。逆に，A_0, a_1, C_1, R_3 が与えられたとすると $R_1 = a_1/C_1$, $R_2 = R_3(A_0-1)$ と選べば

$$A(s) = \frac{A_0}{1+a_1s}$$

となる。$R_2 = 0$, $1/R_3 = 0$ とすると非反転型能動フィルタは単位利得の電圧ホロワ型能動フィルタ（図(b)）に帰着する。

5.5.4　サレン・キー (Sallen-Key) フィルタ

二次の特性

$$A(s) = \frac{A_0}{1+a_1s+b_1s^2}$$

を持つ RC 能動低域通過フィルタの構成法を考える（図 5.35）。

この回路においては，V_1 から V_{out} へは非反転増幅回路となっているので，$V_{out} = (1+R_4/R_3)V_1$ となる。$G = 1+R_4/R_3$ と置く。節点 V_1 での KCL により

5.5 能動フィルタ

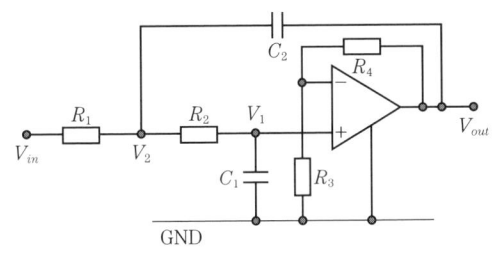

図 5.35 サレン・キーフィルタ

$$\frac{V_2 - V_1}{R_2} = \frac{V_1}{\dfrac{1}{C_1 s}}$$

が成り立つ†。これから

$$V_2 = (R_2 C_1 s + 1)V_1 = \frac{R_2 C_1 s + 1}{G} V_{out} \tag{5.41}$$

となる。つぎに，V_2 における KCL により

$$\frac{V_{in} - V_2}{R_1} = \frac{V_2 - V_1}{R_2} + \frac{V_2 - V_{out}}{\dfrac{1}{C_2 s}}$$

が成り立つ。よって，V_{in} と V_{out} の関係は

$$\frac{V_{in} - \dfrac{R_2 C_1 s + 1}{G} V_{out}}{R_1} = \frac{\dfrac{R_2 C_1 s + 1}{G} V_{out} - \dfrac{V_{out}}{G}}{R_2} + \frac{\dfrac{R_2 C_1 s + 1}{G} V_{out} - V_{out}}{\dfrac{1}{C_2 s}}$$

となる。これから

$$A(s) = \frac{V_{out}}{V_{in}} = \frac{G}{R_1 R_2 C_1 C_2 s^2 + \{(R_1 + R_2)C_1 + (1 - G)R_1 C_2\}s + 1}$$

$$= \frac{A_0}{1 + a_1 s + b_1 s^2}$$

を得る。ただし，$A_0 = G = 1 + R_4/R_3$, $a_1 = (R_1 + R_2)C_1 + (1 - G)R_1 C_2$, $b_1 = R_1 R_2 C_1 C_2$ である。単位利得の場合 ($A_0 = G = 1$) に C_1, C_2, a_1, b_1 が与えられ，$C_2 \geqq C_1(4b_1/a_1^2)$ が成り立つとき，R_1, R_2 はつぎのように求められる。

$$R_1 = \frac{a_1 C_2 - \sqrt{a_1^2 C_2^2 - 4b_1 C_1 C_2}}{2 C_1 C_2}, \quad R_2 = \frac{a_1 C_2 + \sqrt{a_1^2 C_2^2 - 4b_1 C_1 C_2}}{2 C_1 C_2}$$

---

† 演算増幅器の − に流れ込む電流が零となる近似を用いている。

また，一般にサレン・キーフィルタは G を変えることによってフィルタの係数 a_1 を変えることができる。$G = 1 + R_4/R_3$ であったから，例えば R_4 を可変抵抗にしておくとバターワースフィルタからチェビシェフフィルタ，ベッセルフィルタへと R_4 の値を変えることによって，調整することができる。

5.5.5 多重帰還トポロジー二次の能動 RC 低域通過フィルタ

別の回路構成による二次の特性

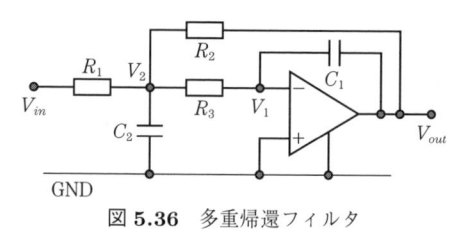

$$A(s) = \frac{A_0}{(1 + a_1 s + b_1 s^2)}$$

を持つ RC 能動低域通過フィルタの構成法を考える（図 **5.36**）。この回路においては，V_2 から V_{out} へは反転増幅回路となっているので

図 **5.36** 多重帰還フィルタ

$$V_{out} = -\frac{\frac{1}{C_1 s}}{R_3} V_2 = -\frac{1}{R_3 C_1 s} V_2$$

となる。これから $V_2 = -R_3 C_1 s V_{out}$ となる。仮想短絡により $V_1 = 0$ に注意する。V_2 における KCL により

$$\frac{V_{in} - V_2}{R_1} = \frac{V_2 - V_{out}}{R_2} + \frac{V_2}{R_3} + \frac{V_2}{\frac{1}{sC_2}} \tag{5.42}$$

が成り立つ。よって，V_{in} と V_{out} の関係は

$$\frac{V_{in} + R_3 C_1 s V_{out}}{R_1} = \frac{-R_3 C_1 s V_{out} - V_{out}}{R_2} + \frac{-R_3 C_1 s V_{out}}{R_3} - R_3 C_1 C_2 s^2 V_{out}$$

となる。これから

$$A(s) = \frac{V_{out}}{V_{in}} = -\frac{\frac{R_2}{R_1}}{R_2 R_3 C_1 C_2 s^2 + C_1 \left(R_2 + R_3 + \frac{R_2 R_3}{R_1}\right) s + 1}$$

$$= \frac{A_0}{1 + a_1 s + b_1 s^2} \tag{5.43}$$

を得る。ただし，$A_0 = -R_2/R_1$，$a_1 = C_1 (R_2 + R_3 + R_2 R_3/R_1)$，$b_1 = $

$R_2 R_3 C_1 C_2$ である。C_1, C_2, a_1, b_1 が与えられ

$$C_2 \geqq C_1 \frac{4b_1(1-A_0)}{a_1^2}$$

のとき，R_1, R_2, R_3 を求めるとつぎのようになる。

$$R_2 = \frac{a_1 C_2 - \sqrt{a_1^2 C_2^2 - 4b_1 C_1 C_2(1-A_0)}}{2C_1 C_2},$$

$$R_1 = \frac{R_2}{-A_0}, \qquad R_3 = \frac{b_1}{2\pi^2 C_1 C_2 R_2}$$

5.5.6 高次の RC 能動フィルタ

高次のフィルタの設計にはあらかじめ，フィルタ係数を計算してある表（例えば**表 5.1**）を利用するのが便利である。これを利用して六次のバターワースフィルタの設計を行ってみる。遮断周波数 $\omega_C/2\pi = f_c = 50\,\mathrm{kHz}$ の低域フィルタを設計する。表 5.1 からつぎの値を得る。

$$\left.\begin{array}{lll} 1\text{段のフィルタ} & a_1 = 1.9319 & b_1 = 1 \\ 2\text{段目のフィルタ} & a_2 = \sqrt{2} & b_2 = 1 \\ 3\text{段目のフィルタ} & a_3 = 0.5176 & b_3 = 1 \end{array}\right\} \tag{5.44}$$

表 **5.1** バターワースフィルタの係数

次数 m	i 段	a_i	b_i	k_i	Q_i
1	1	1	0	1	-
2	1	$\sqrt{2}$	1	1	0.71
3	1	1	0	1	-
	2	1	1	1.272	1
4	1	1.8478	1	0.719	0.54
	2	0.7654	1	1.39	1.31
5	1	1	0	1	-
	2	1.618	1	0.859	0.82
	3	0.618	1	1.448	1.62
6	1	1.9319	1	0.676	0.52
	2	$\sqrt{2}$	1	1	0.71
	3	0.5176	1	1.479	1.93
7	1	1	0	1	-
	2	1.8019	1	0.745	0.55
	3	1.247	1	1.117	0.8
	4	0.445	1	1.499	2.25

〔**1**〕 **1段目のフィルタ**　サレン・キー低域フィルタを用いて構成する。$C_1 = 1\,\mathrm{nF}$ としてみる。そこで，サレン・キーフィルタの構成可能条件

$$C_2 \geqq C_1 \frac{4b_1}{a_1^2} = 10^{-9} \times \frac{4}{1.931\,9^2} = 1.08\,\mathrm{nF} \tag{5.45}$$

となる。そこで $C_2 = 2\,\mathrm{nF}$ と選ぶ。

$$R_1 = \frac{a_1 C_2 - \sqrt{a_1^2 C_2^2 - 4b_1 C_1 C_2}}{4\pi f_c C_1 C_2} \approx 980\,\Omega \tag{5.46}$$

$$R_2 = \frac{a_1 C_2 + \sqrt{a_1^2 C_2^2 - 4b_1 C_1 C_2}}{4\pi f_c C_1 C_2} \approx 5.17\,\mathrm{k\Omega} \tag{5.47}$$

と選べばよい[†]。

〔**2**〕 **2段目のフィルタ**　$C_1 = 820\,\mathrm{pF}$ としてみる。そこで，サレン・キーフィルタの構成可能条件

$$C_2 \geqq C_1 \frac{4b_2}{a_2^2} = 0.82 \times 10^{-9} \times 2 = 1.64\,\mathrm{nF} \tag{5.48}$$

となる。そこで $C_2 = 2\,\mathrm{nF}$ と選ぶ。

$$R_1 = \frac{a_2 C_2 - \sqrt{a_2^2 C_2^2 - 4b_2 C_1 C_2}}{4\pi f_c C_1 C_2} \approx 1.58\,\mathrm{k\Omega} \tag{5.49}$$

$$R_2 = \frac{a_2 C_2 + \sqrt{a_2^2 C_2^2 - 4b_2 C_1 C_2}}{4\pi f_c C_1 C_2} \approx 3.91\,\mathrm{k\Omega} \tag{5.50}$$

〔**3**〕 **3段目のフィルタ**　$C_1 = 330\,\mathrm{pF}$ としてみる。そこで，サレン・キーフィルタの構成可能条件

$$C_2 \geqq C_1 \frac{4b_3}{a_3^2} = 0.33 \times 10^{-9} \times \frac{4}{0.517\,6^2} = 4.92\,\mathrm{nF} \tag{5.51}$$

となる。そこで $C_2 = 5\,\mathrm{nF}$ と選ぶ。

$$R_1 = \frac{a_3 C_2 - \sqrt{a_3^2 C_2^2 - 4b_3 C_1 C_2}}{4\pi f_c C_1 C_2} \approx 2.19\,\mathrm{k\Omega} \tag{5.52}$$

$$R_2 = \frac{a_3 C_2 + \sqrt{a_3^2 C_2^2 - 4b_3 C_1 C_2}}{4\pi f_c C_1 C_2} \approx 2.80\,\mathrm{k\Omega} \tag{5.53}$$

[†] 実施にはこれらの値に近い手に入る抵抗値のものを使うことになる。

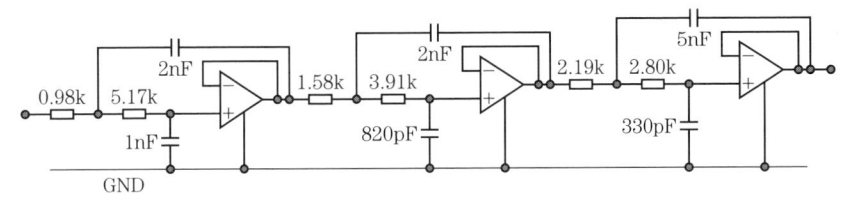

図 5.37 六次のバターワース高次能動フィルタ

と選べばよい．以上をまとめると図 5.37 のようになる．

5.6 インダクタンスシミュレーション

抵抗両終端 LC フィルタは，低感度であるなど，良い特性を持つことを前節で明らかにした．しかし，インダクタンスは集積回路で実現するのは困難である．そこで，インダクタンスを集積回路で実現できる形にシミュレーションして実現することが考えられる．例えば，ジャイレータと呼ばれる素子を用いると，インダクタを集積回路で模擬できる．ジャイレータは能動素子で実現できる．このようにインダクタンスシミュレーションによって，抵抗両終端 LC フィルタを模擬して集積回路で実現できるようにする方法について論じる．

5.6.1 インピーダンススケーリング

抵抗両終端 LC フィルタは $R_1 = R_2 = 1\Omega$ などで設計された．ここで $R_1 = R_2$ を保ちつつ

$$R_1 = R_2 = r \to R_1 = R_2 = Rr, \qquad L \to LR, \ C \to \frac{C}{R} \quad (5.54)$$

とスケーリングすることを考える．このとき，LC はしご型 2 ポート回路で各素子が L または C または LC の並列回路からなるとする．このとき，このスケーリング後のはしご型 2 ポートのインピーダンス行列 Z_{new} は，スケーリング前の LC はしご型回路のインピーダンス行列を Z とすると $Z_{new} = RZ$ となる．実際，

$$sL \to RsL, \frac{1}{sC} \to \frac{R}{sC}, \quad \frac{1}{\frac{1}{sL}+sC} \to \frac{1}{\frac{1}{RsL}+\frac{sC}{R}} = \frac{R}{\frac{1}{sL}+sC}$$

となることから，$Z_{new} = RZ$ が従う．

さて，図5.27の抵抗両終端 LC 回路フィルタにおいて，伝達関数はインピーダンス行列を用いると

$$\frac{V_2}{V_{in}} = \frac{R_2 z_{21}}{R_1 R_2 + R_2 z_{11} + R_1 z_{22} + \det Z}$$

と表されることを前章の章末問題で示した．この伝達関数はスケーリングの式 (5.54) で不変になることを見てみよう．実際，スケーリングの式 (5.54) で

$$\frac{V_2}{V_{in}} = \frac{r z_{21}}{r^2 + r z_{11} + r z_{22} + \det Z} \to \frac{R r R z_{21}}{R^2 r^2 + R^2 r z_{11} + R^2 r z_{22} + R^2 \det Z}$$

となるが，

$$\frac{R r R z_{21}}{R^2 r^2 + R^2 r z_{11} + R^2 r z_{22} + R^2 \det Z} = \frac{r z_{21}}{r^2 + r z_{11} + r z_{22} + \det Z}$$

となるからである．こうして，伝達関数の特性を変化させずに，スケーリングの式 (5.54) で，R の大きさを適切に取ることにより，キャパシタの値は実現可能な値にスケーリングできることがわかる．しかし，インダクタンスの集積回路での実現の難しさはこのようなスケーリングを考えても変わらない．

5.6.2 理想ジャイレータ

そこで，RC 回路で LC 回路を模擬することを考える．そのために，形式的に一つの理想回路素子として理想ジャイレータを導入する[†]．理想ジャイレータは図 **5.38** において

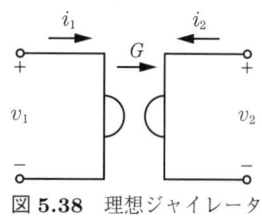

図 **5.38** 理想ジャイレータ

[†] B. D. H. Tellegen: The gyrator, A new electric network element, Philips Res. Rept., Vol.**3**, pp.81-101 (1948) で導入された．彼は，B. D. H. Tellegen: A general network theorem, with applications, Philips Res. Rept., Vol.**7**, pp.259-269 (1952) でいわゆる Tellegen の定理を発見している．

5.6 インダクタンスシミュレーション

$$i_1 = Gv_2, \qquad i_2 = -Gv_1 \tag{5.55}$$

が成り立つ 2 ポートとして定義される。G はジャイレータコンダクタンスと呼ばれる定数である。

2 ポート行列として表現すると，インピーダンス行列 $\boldsymbol{Z}$ とアドミタンス行列 $\boldsymbol{Y}$ は

$$\boldsymbol{Z} = \begin{bmatrix} 0 & -R \\ R & 0 \end{bmatrix}, \qquad \boldsymbol{Y} = \begin{bmatrix} 0 & G \\ -G & 0 \end{bmatrix}$$

で与えられる。ただし，$R = 1/G$ である。

ここで，図 5.39 の左側の回路のようにポート 2 (v_2 側) にインピーダンス Z を終端したとしよう。このとき，i_1, i_2, v_1, v_2 の指数励起の複素振幅を I_1, I_2, V_1, V_2 として $I_1 = GV_2 = -GZI_2$, $I_2 = -GV_1$ から $I_1 = G^2 ZV_1$ がわかる。よって

図 5.39 インピーダンス終端

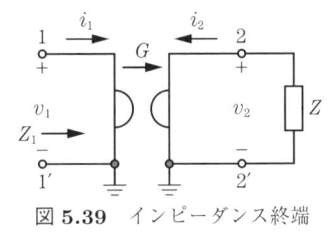

$$Z_1(s) = \frac{V_1}{I_1} = \frac{1}{G^2 Z(s)}$$

を得る。ここで，$Z(s) = 1/sC$ とすると，ポート 1 から右側を見たインピーダンスは

$$Z_1(s) = \frac{C}{G^2} s$$

となる (図 5.40)。すなわち，Z_1 は $L = C/G^2 = CR^2$, $R = 1/G$ のインダクタとみなせる。ただし，この回路は $1'$–$2'$ 側が接地されている構成である。

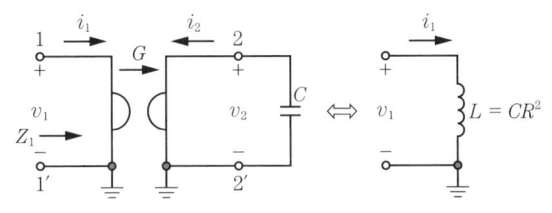

図 5.40 理想ジャイレータのキャパシタ終端

これに対して，図 5.41 の回路を考える．この回路においては $V_3 = RI_1$, $I_3 = -GV_1$, $I_4 = GV_2$, $V_4 = -RI_2$ が成り立つ．これから

$$\begin{bmatrix} V_3 = RI_1 \\ V_4 = -RI_2 \end{bmatrix} = \begin{bmatrix} -\frac{1}{sC}(I_3 + I_4) \\ -\frac{1}{sC}(I_3 + I_4) \end{bmatrix} = \begin{bmatrix} -\frac{1}{sC}(-GV_1 + GV_2) \\ -\frac{1}{sC}(-GV_1 + GV_2) \end{bmatrix}$$

となり，整理して

$$\begin{bmatrix} I_1 \\ I_2 \end{bmatrix} = \begin{bmatrix} \frac{G^2}{sC} & -\frac{G^2}{sC} \\ -\frac{G^2}{sC} & \frac{G^2}{sC} \end{bmatrix} \begin{bmatrix} V_1 \\ V_2 \end{bmatrix}$$

を得る．これは $L = R^2C$, $R = 1/G$ としたときの図 **5.42** の回路のアドミタンス行列表示に等しい．こうして，図 5.41 の回路が非接地インダクタ（浮遊インダクタ[†1]）に等価となることがわかる．

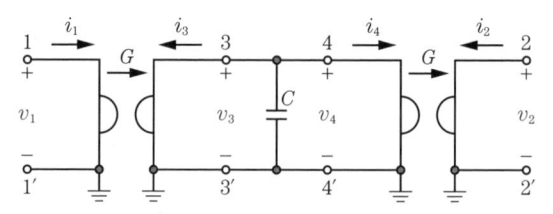

図 5.41 二つのジャイレータによる非接地インダクタ

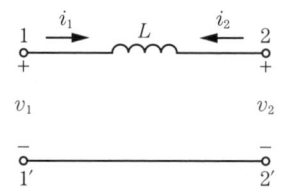

図 5.42 非接地インダクタ

5.6.3　OTA（電圧制御電流源 (VCCS)）によるジャイレータの合成

理想ジャイレータは，図 5.43 のように，二つの電圧制御電流源[†2]によって表現できる．ここで，VCCS を模した電気回路素子[†3]として図 **5.44** の OTA[†4] を導入しよう．

OTA は特性 $i_1 = 0$, $i_2 = gv_1$ によって定義される．出力が R で終端されているとき，$v_2 = Ri_2$ と

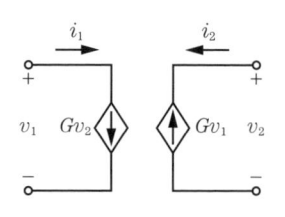

図 5.43 ジャイレータの VCCS による合成

[†1] floating inductor という．
[†2] voltage controlled current source (VCCS) という．
[†3] 機能をまとめたマクロモデルとも考えられる．
[†4] operational transconductance amplifier の略．

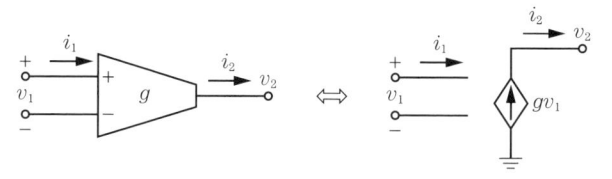

5.6 インダクタンスシミュレーション

図 5.44 OTA

なる。よって，OTA の電圧利得は $v_2/v_1 = Rg$ となる。

OTA を使った図 5.45 の回路が，ジャイレータによるインダクタンスの模擬（図 5.40 の回路）と等価な回路になっていることを見てみよう。実際

$$I_1 = gV_2, \quad I_2 = gV_1, \quad V_2 = \frac{1}{sC}I_2$$

が成り立つ。よって

$$I_1 = g\frac{1}{sC}I_2 = g^2\frac{1}{sC}V_1 \iff Z_1 = \frac{V_1}{I_1} = s\frac{C}{g^2}$$

となる。これは $L = C/g^2$ の接地されたインダクタと等価である。

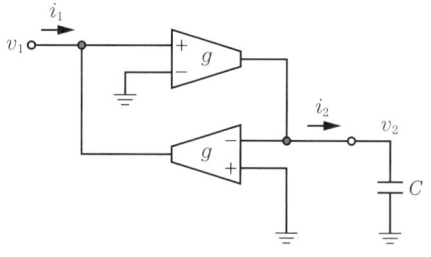

図 5.45 OTA を使ったジャイレータの合成と接地インダクタの模擬

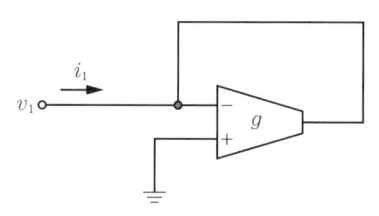

図 5.46 OTA を使った接地抵抗の模擬

OTA を使った，集積回路に適した素子シミュレーションについてここで示しておこう。

〔1〕**片側接地抵抗** 図 5.46 において $i_1 = gv_1$ が得られるので，この回路は，$1/g$ の抵抗値を持つ片側が接地された抵抗と等価となる。

〔2〕**浮遊インダクタ** ジャイレータを二つつないで浮遊インダクタが実現できる。したがって，OTA を四つ使った浮遊インダクタの模擬回路ができる

ことは明らかである。ここでは，OTA 三つによる浮遊インダクタの模擬回路図 **5.47** に示す。この回路においてつぎの関係式が成り立つ。

$$I_1 = -gV_3, \quad I_3 = g(V_1 - V_2),$$
$$I_2 = gV_3, \quad V_3 = -\frac{1}{sC}I_3$$

よって

$$I_1 = \frac{g}{sC}I_3 = \frac{g^2}{sC}(V_1 - V_2)$$

$$I_2 = -\frac{g}{sC}I_3 = -\frac{g^2}{sC}(V_1 - V_2)$$

よって，回路のアドミタンス行列は

$$Y = \begin{bmatrix} \dfrac{g^2}{sC} & -\dfrac{g^2}{sC} \\ -\dfrac{g^2}{sC} & \dfrac{g^2}{sC} \end{bmatrix}$$

となる。これは，図 5.42 の浮遊インダクタのアドミタンス行列に一致する。

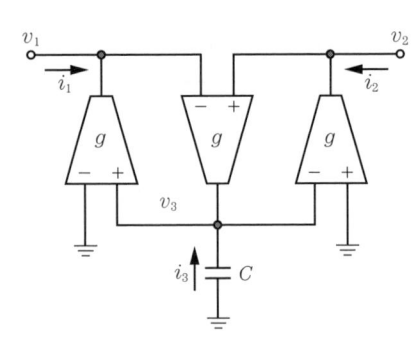

図 **5.47** 浮遊インダクタの模擬 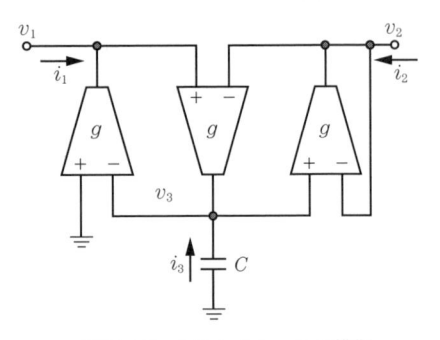　　　図 **5.48** LR セクションの模擬

〔3〕 **LR セクションの模擬**　　つぎに図 **5.48** の回路を考える[†]。
この回路においてつぎの関係式が成り立つ。

[†] 図 5.47 の回路と OTA 入力の ± の取り方が逆になっていることに注意されたい。

$$I_1 = gV_3, \qquad I_3 = -g(V_1 - V_2), \qquad I_2 = g(V_2 - V_3), \qquad V_3 = -\frac{1}{sC}I_3$$

よって

$$I_1 = -g\frac{1}{sC}I_3 = \frac{g^2}{sC}(V_1 - V_2)$$

同様に

$$I_2 = g(V_2 - V_3) = gV_2 - \frac{g^2}{sC}(V_1 - V_2) = -\frac{g^2}{sC}V_1 + \left(\frac{g^2}{sC} + g\right)V_2$$

を得る。こうして図 5.48 の回路は $L = g^2/C$, $R = 1/g$ としたときの図 **5.49** の LR 回路と同じアドミタンス行列を持つことがわかる。実際, 図の回路のアドミタンス行列は

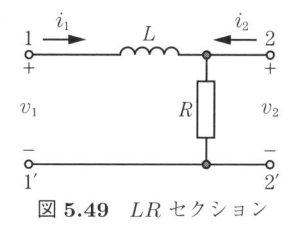

$$Y = \begin{bmatrix} \dfrac{1}{sL} & -\dfrac{1}{sL} \\ -\dfrac{1}{sL} & \dfrac{1}{sL} + g \end{bmatrix}$$

図 **5.49** LR セクション

となる。

5.6.4 OTA–C フィルタ

インダクタや抵抗を OTA とキャパシタ C を用いて模擬できることがわかった。こうして, OTA とキャパシタのみを使ったフィルタを構成できることがわかる。これを OTA–C フィルタ (integrated filters implemented with OTAs and poly-silicon capacitors) という。インダクタンスや抵抗を用いないので CMOS 集積回路などに適したフィルタの実現方法である。

〔1〕 **インダクタと抵抗を OTA–C 要素で置き換える方法**　　抵抗両終端 LC はしご型回路は素子値の変動に強いフィルタである。この回路の L と R を OTA–C で置き換えることによって, 素子値の変動に強い OTA–C フィルタを構成できる。

例題 5.8　図 **5.50** の五次のバターワースフィルタを考える。$R_1 = 1\,\mathrm{k\Omega}$, $R_2 = 4\,\mathrm{k\Omega}$, $C_1 = 0.5\,\mathrm{\mu F}$, $C_2 = 2.2\,\mathrm{\mu F}$, $C_3 = 2.4\,\mathrm{\mu F}$, $L_1 = 2.7\,\mathrm{\mu H}$, $L_2 = 2.4\,\mathrm{\mu H}$ とする。これを OTA–C フィルタとして実現せよ。

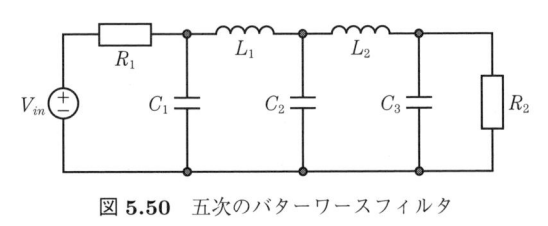

図 **5.50**　五次のバターワースフィルタ

【解答】　抵抗のスケーリングをする。$r = 100$ として，電圧伝達関数を不変にする変換を行う。

$$R_1' = rR_1 = 0.1\,\mathrm{M\Omega}, \qquad R_2' = rR_2 = 0.4\,\mathrm{M\Omega},$$

$$C_1' = \frac{C_1}{r} = 5\,\mathrm{pF}, \qquad C_2' = \frac{C_2}{r} = 22\,\mathrm{pF}, \qquad C_3' = \frac{C_3}{r} = 24\,\mathrm{pF}$$

$$L_1' = L_1 r = 0.27\,\mathrm{mH}, \qquad L_2' = L_2 r = 0.24\,\mathrm{mH}$$

ここで，$g_1 = 1/R_1' = 10\,\mathrm{\mu S}$, $g_2 = 10^{-2}\,\mathrm{S}$, $g_3 = 2.5\,\mathrm{\mu S}$ として $C' = 27\,\mathrm{pF}$, $C'' = 24\,\mathrm{pF}$ とする。このとき，実現した回路は図 **5.51** となる。

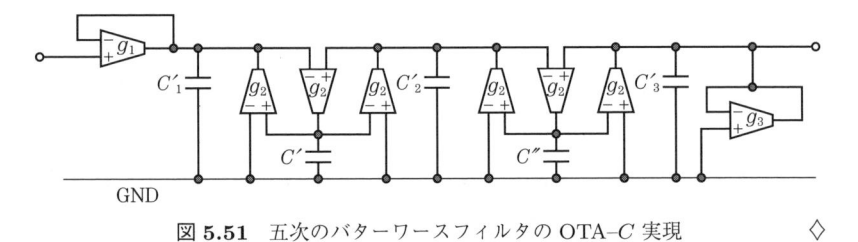

図 **5.51**　五次のバターワースフィルタの OTA–C 実現　　　◇

〔**2**〕**ブルートン変換と FDNR**　　抵抗両終端 LC はしご型回路の各素子を定数倍してもその電圧伝達関数は不変である。そこで，この回路の各素子のインピーダンスを s で割っても電圧伝達関数は不変となる。そこで，伝達関数が

5.6 インダクタンスシミュレーション

指定されたものになるように設計された抵抗両終端 LC 回路が与えられたときに，各枝の素子のインピーダンスを s で割ることが考えられた．これをブルートン変換 (Bruton transformation) という．抵抗，インダクタ，キャパシタのインピーダンスをブルートン変換すると

$$sL \to L, \qquad R \to \frac{R}{s}, \qquad \frac{1}{sC} \to \frac{1}{s^2 C}$$

となる．すなわち，インダクタは抵抗に，抵抗はキャパシタに，そしてキャパシタはインピーダンスとして

$$\frac{1}{s^2 D} \tag{5.56}$$

を持つ新しい素子になる．ただし，この場合は $D = C$ である．式 (5.56) で特性が与えられる素子を FDNR (frequency dependent negative resistance) という．FDNR の図記号を図 **5.52** に示す．図 5.50 の五次のバターワースフィルタをブルートン変換で変換すると図 **5.53** の回路となる．

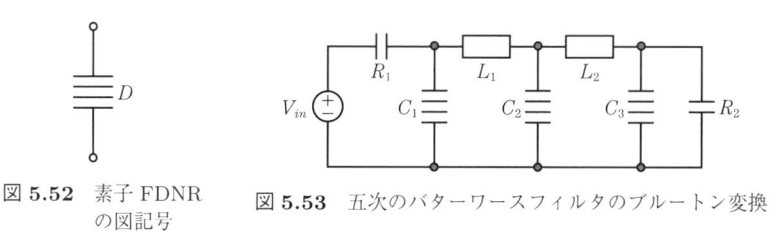

図 **5.52** 素子 FDNR の図記号

図 **5.53** 五次のバターワースフィルタのブルートン変換

ここで，FDNR の OTA による実現法を示す．図 **5.54** の回路では，OTA の入出力について

$$I = g_2 V_2, \qquad I_2 = -g_1 V, \qquad I_4 = I_2 = g_4 V_5,$$
$$I_5 = -g_5 V_3, \qquad I_3 = -g_3 V_2$$

が成り立つ．また，キャパシタ電圧について

$$I_3 = -sC_1 V_3, \qquad I_5 = sC_2 V_5$$

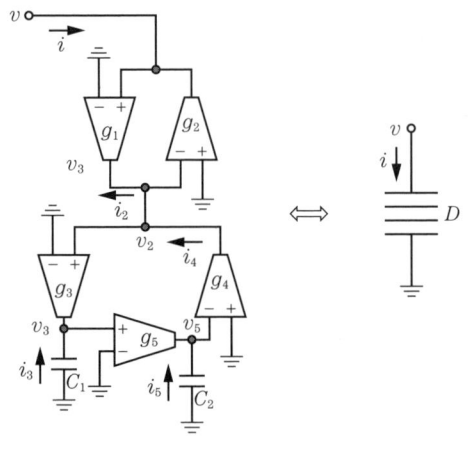

図 5.54　片接地 FDNR

が成り立つ。よって

$$I = g_2 V_2 = \frac{-g_2}{g_3} I_3 = \frac{g_2 s C_1}{g_3} V_3 = \frac{-g_2 s C_1}{g_3 g_5} I_5 = \frac{g_2 s^2 C_1 C_2}{g_3 g_5} V_5$$

$$= \frac{g_2 s^2 C_1 C_2}{g_3 g_4 g_5} I_4 = -\frac{g_2 s^2 C_1 C_2}{g_3 g_4 g_5} I_2 = \frac{g_1 g_2 s^2 C_1 C_2}{g_3 g_4 g_5} V$$

を得る。これから，図 5.54 の回路のインピーダンスは

$$Z = \frac{1}{s^2 D}, \qquad D = \frac{g_1 g_2}{g_3 g_4 g_5} C_1 C_2$$

となる。

　同様に，浮遊 FDNR は図 **5.55** の回路のように実現される。ただし

$$D = \frac{g_1 g_2}{g_3 g_4 g_5} C_1 C_2$$

である。

　また，浮遊キャパシタは図 **5.56** の回路のように実現される。ただし

$$C = \frac{g_3 g_4}{g_1 g_2} C_f$$

である。

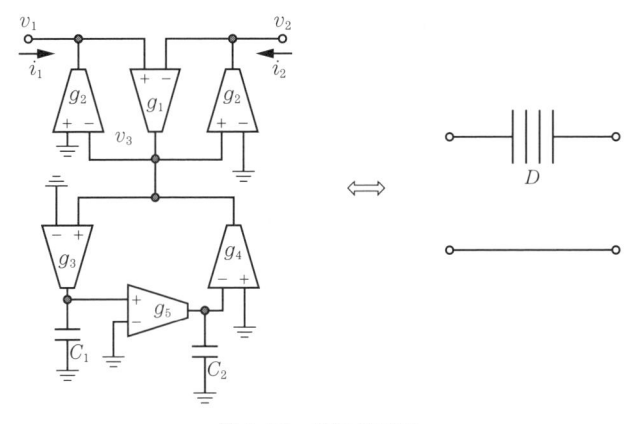

図 5.55 浮遊 FDNR

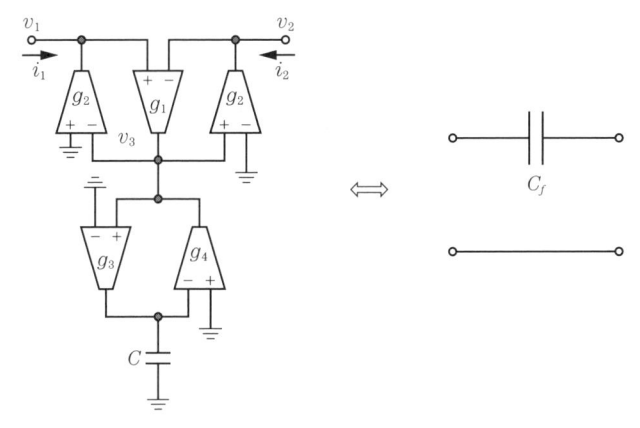

図 5.56 浮遊キャパシタ

章 末 問 題

【1】(1) 図 5.57 (a) の回路を考える。$H(j\omega) = |E_2/E_1|$ を求めよ。
(2) 縦軸に $|H(j\omega)|$,横軸に $\omega \geqq 0$ とする図を描け。
(3) $\max_{\omega \geqq 0} |H(j\omega)| = |H(0)| = 1$ を示せ。
(4) $|H(j\omega)|^2 = 1/2$ となる角周波数 ω を遮断周波数といい,ω_c で表す。図 (a) の回路の ω_c を求めよ。

(a) RL 回路 (b) RC 回路

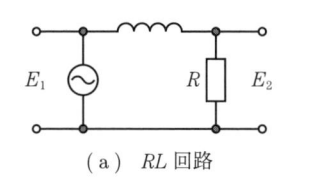

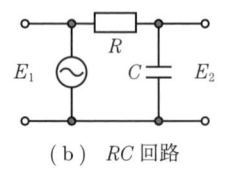

図 5.57 フィルタ

(5) 図 (b) の回路について，RL フィルタと同様の解析を繰り返せ。

【2】(1) 図 5.58 の回路を考える。$H(\mathrm{j}\omega) = |E_2/E_1|$ を求めよ。

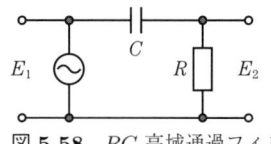

図 5.58 RC 高域通過フィルタ

(2) 縦軸を $|H(\mathrm{j}\omega)|$，横軸を $\omega \geqq 0$ とする図を描け。

(3) $|H(0)| = 0$ および $\lim_{\omega \to \infty} |H(\mathrm{j}\omega)| = 1$ を示せ。

(4) $|H(\mathrm{j}\omega)|^2 = 1/2$ となる角周波数 ω を遮断周波数といい，ω_c で表す。図の回路の ω_c を求めよ。

【3】図 5.59 の回路を考える。この回路は，低域通過 RC フィルタのあとに高域通過 RC フィルタを接続したものである。

(1) $H(\mathrm{j}\omega) = |E_2/E_1|$ を求めよ。
(2) $R_1 \ll R_2$ のときにこれが帯域通過フィルタの特性を持つことを示せ。

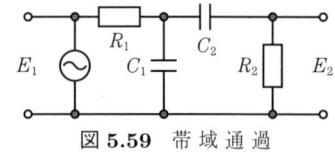

図 5.59 帯域通過

【4】バターワースフィルタの理論は S. Butterworth: On the theory of filter amplifiers, Experimental Wireless and the Radio Engineer, Vol. **7**, pp.536-541 (1930) で提案された。この論文の最初の部分を演習問題として再現してみよう。

(1) 図 5.60 の回路を考える。この回路をフェーザ法で解く。フィルタファクタ F とは $F = |E_2/E_1|$ のことである。ただし，E_1, E_2 は複素振幅である。このとき

$$\omega_0 = \frac{1}{\sqrt{LC}}, \quad \frac{L}{C} = \frac{1}{2}R^2, \quad x = \frac{\omega}{\omega_0}$$

とすると

$$F = \sqrt{\frac{1}{1+x^4}}$$

となることを示せ。このフィルタは，入力抵抗 R が決められた値であ

るとすると,R から L/C が決まり,遮断角周波数 ω_0 が決まると LC が決まる.

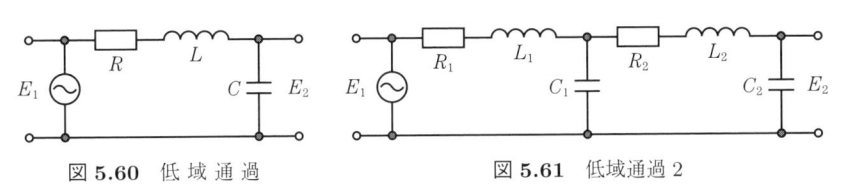

図 5.60 低域通過

図 5.61 低域通過 2

(2) 図 5.61 の回路を考える.このとき

$$Z_1 = R_1 + j\omega L_1, \qquad Z_2 = R_2 + j\omega L_2,$$
$$U_1 = \frac{1}{j\omega C_1}, \qquad U_2 = \frac{1}{j\omega C_2}$$

とすると

$$\frac{E_1}{E_2} = \left(1 + \frac{Z_1}{U_1}\right)\left(1 + \frac{Z_2}{U_2}\right) + \frac{Z_1}{U_2}$$

となることを示せ.

(3) ここで

$$L_1 C_1 = \frac{1}{\omega_1^2}, \qquad L_2 C_2 = \frac{1}{\omega_2^2}, \qquad \frac{R_1}{\omega_1} = P_1, \qquad \frac{R_2}{\omega_2} = P_2$$

とすると

$$1 + \frac{Z_1}{U_1} = 1 - \frac{\omega^2}{\omega_1^2} + jP_1\frac{\omega}{\omega_1}, \qquad 1 + \frac{Z_2}{U_2} = 1 - \frac{\omega^2}{\omega_2^2} + jP_2\frac{\omega}{\omega_2}$$

となる.さらに

$$x^2 = \frac{\omega^2}{\omega_1 \omega_2}, \qquad \alpha^2 = \frac{\omega_1}{\omega_2}, \qquad \beta = \frac{C_2}{C_1}$$

とおくと

$$\frac{E_1}{E_2} = \left(1 - \frac{x^2}{\alpha^2} + jP_1\frac{x}{\alpha}\right)\left(1 - \frac{\alpha^2}{x^2} + jP_1\alpha x\right)$$
$$+ \beta\left(-\frac{x^2}{\alpha^2} + jP_1\frac{x}{\alpha}\right)$$

となる.これから

$$\frac{1}{F^2} = 1 + (B^2 - 2A)x^2 + (2 + A^2 - 2BC)x^4 + (C^2 - 2A)x^6 + x^8$$

を得る。ただし

$$A = \frac{1+\beta}{\alpha} + \alpha^2 + P_1 P_2, \qquad B = P_1 \frac{1+\beta}{\alpha} + P_2 \alpha,$$

$$C = P_1 \alpha + \frac{P_2}{\alpha}$$

である。そこで，x^2, x^4, x^6 の係数が 0 になれば

$$F = \sqrt{\frac{1}{1+x^8}}$$

となる。x^2, x^4, x^6 の係数が 0 になる条件は $B^2 = C^2 = 2A$, $2 + A = 2BC$ となる。B, C を消去すると $A^2 - 4A + 2 = 0$ を得る。よって，$A = 2 \pm \sqrt{2}$ を得る。このとき，A の定義式から $A > 2$ が必要であることを示せ。このことから，$A = 2 + \sqrt{2}$ がわかる。

【5】 二次の低域通過フィルタを考える。すなわち，遮断周波数 ω_0 と Q ファクタを用いて電圧伝達関数 $H(s)$ をつぎのように表すことのできるフィルタを考える。

$$H(s) = \frac{H_0}{s^2 + \frac{\omega_0}{Q} s + \omega_0^2}$$

ただし，H_0 は通過域の利得を表す定数である。

(1) 二次のベッセルフィルタ

$$H(s) = \frac{1}{s^2 + 3s + 3}$$

の Q ファクタを求めよ。

(2) 図 5.60 の回路の Q を求めよ。

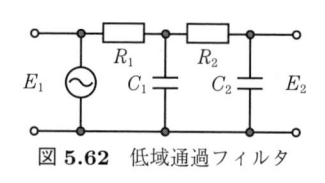

(3) 図 **5.62** の回路を考える。この回路の Q はつねに $1/2$ より小さいことを証明せよ。また，$R_1 = R_2$, $C_1 = C_2$ のとき $Q = 1/3$ となることを示せ。$Q \to 1/2$ とするにはどのような素子値を選べばよいか。

図 **5.62** 低域通過フィルタ

【6】 つぎの関数が正実関数かどうか判定せよ。

(1) $Z(s) = \dfrac{s+1}{s+3}$, (2) $Z(s) = \dfrac{(s+1)(s+5)}{(s+3)(s+7)}$,

(3) $Z(s) = \dfrac{(s+1)(s+3)}{(s+5)(s+7)}$, (4) $Z(s) = \dfrac{(s^2+1)(s^2+5)}{(s^2+3)(s^2+7)}$,

(5) $Z(s) = \dfrac{s^2 + 3s + 3}{s^3 + 3s^2 + 5s + 3}$, (6) $Z(s) = e^{s^2}$

【7】 駆動点インピーダンスがつぎの式で与えられるはしご型 LC 回路を構成せよ。

(1) $Z(s) = \dfrac{s^4 + 4s^2 + 3}{s^3 + 2s}$, (2) $Z(s) = \dfrac{2s^2 + 2s + 1}{2s^3 + 2s^2 + 2s + 1}$

【8】 図 5.27 の回路について，伝達関数はインピーダンス行列を用いると

$$\dfrac{V_2}{V_{in}} = \dfrac{R_2 z_{21}}{R_1 R_2 + R_2 z_{11} + R_1 z_{22} + \det Z} \tag{5.57}$$

と表される。式 (5.57) をつぎの手順で導け。

(1) 図 5.27 の回路において，定義から

$$V_1 = z_{11} I_1 + z_{12} I_2, \qquad V_2 = z_{21} I_1 + z_{22} I_2$$

である。両端では関係式 $V_2 = -R_2 I_2$，$I_1 = (V_{in} - V_1)/R_1$ が成り立つ。これから，つぎの関係式を導け。

$$I_2 = \dfrac{-z_{21} I_1}{R_2 + z_{22}}, \qquad I_1 = \dfrac{R_2 + z_{22}}{R_2 z_{11} + \det Z + R_1 R_2 + R_1 z_{22}} V_{in}$$

(2) (1) の関係式から

$$V_2 = \dfrac{R_2 z_{21}}{R_2 z_{11} + \det Z + R_1 R_2 + R_1 z_{22}} V_{in}$$

を導け。これは式 (5.57) と等価である。

(3) 式 (5.57) と等価なアドミタンス行列を用いた表示は

$$\dfrac{V_2}{V_{in}} = \dfrac{-y_{12} R_2}{R_1 R_2 \det Y + y_{11} R_1 + y_{22} R_2 + 1} \tag{5.58}$$

となる。式 (5.58) を導出せよ。

【9】 抵抗両終端 LC 回路で $R_1 = 1\,\Omega$ で $R_2 = 1\,\Omega$] のとき

$$|H(\mathrm{j}\omega)|^2 = \dfrac{A^2}{1 + \omega^6}$$

という周波数特性を実現するバターワースフィルタを構成せよ。

【10】 抵抗両終端 LC 回路で $R_1 = 1\,\Omega$ で $R_2 = 1\,\Omega$ のとき，つぎのフィルタの周波数特性を実現するフィルタを構成せよ。

$$|H(\mathrm{j}\omega)|^2 = \dfrac{4\omega^2}{4\omega^6 + 9\omega^4 + 6\omega^2 + 1}$$

【11】 バターワースフィルタは通過域において，伝達関数の利得（伝達関数の絶対値のこと）ができるだけ平坦となる関数という定義から作られた関数である。利得の特性は

5. フィルタ回路

$$H(\omega) = \cfrac{1}{1 + \left(\cfrac{\omega}{\omega_0}\right)^{2n}}$$

ここで，n はフィルタの次数を与え，$n = 1, 2, 3 \cdots$ とすることができる。また，ω_0 は-3dB を与える各周波数を与える。

$$H(s) = \frac{1}{D(s)} = \frac{1}{s^n + a_{n-1}s^{n-1} + \cdots + a_0}$$

とするとき，D は表 5.2 のように与えられることを示せ。ただし，遮断周波数は 1 度/s としてある。

表 5.2 バターワースフィルタの係数

段数 n	a_0	a_1	a_2	a_3	a_4	a_5	a_6
1	1						
2	1	$\sqrt{2}$					
3	1	2	2				
4	1	2.613	3.414	2.613			
5	1	3.236	5.236	5.236	3.236		
6	1	3.864	7.464	9.142	7.464	3.864	
7	1	4.494	10.098	14.592	14.592	10.098	4.494

【12】チェビシェフフィルタについて調べ，レポートにまとめよ。

【13】カウエルフィルタ（楕円フィルタ）について調べ，レポートにまとめよ。

【14】ジャイレータでは $p(t) = v_1 i_1 + v_2 i_2 = 0$ が常に満たされることを示せ（これを non-enegic という）。

【15】図 5.55 の回路が浮遊 FDNR の実現になっていることを示せ。

【16】図 5.56 の回路が浮遊キャパシタを模擬していることを示せ。

【17】5.5.6 項のフィルタを多重帰還フィルタをもとに構成せよ。

【18】表 5.1 を式 (5.34) などをもとに計算して作成せよ。

6 非線形回路ダイナミックスの解析

非線形回路に周期信号を加えたときに生じる周期的定常現象を一般に強制振動という。また，周期的信号を加えていないにもかかわらず，非線形回路に生じる周期的定常現象を自励振動という。本章では，MOSFET 増幅回路の解析を強制振動系に生じる周期解を求めるガレルキン (Galerkin) 法によって解析する方法を示す。つぎに，発振回路のガレルキン法による解析を自励振動の解析の例として示す。

6.1 ガレルキン法の概要

非線形回路の解析に対するガレルキン法の概要を説明する。強制振動を表すモデル方程式として，つぎのダフィング (Duffing) 方程式がよく知られている。

$$\left.\begin{aligned}\frac{dx_1}{dt} &= x_2 \\ \frac{dx_2}{dt} &= -kx_2 - ax_1 + bx_1^3 + B\cos t\end{aligned}\right\} \quad (6.1)$$

$v(t) = B\cos t$ が入力信号である。

線形系の場合，外力が加わったときには，外力がないときの一般解に外力がある場合の特殊解を加えれば，外力がある場合の一般解が得られる。系が漸近安定の場合，この特殊解は系が定常状態に入ったときの振舞いを表しており，外力と同じ周期で振動し，振幅は外力の振幅に比例する。

しかし，非線形の場合はカオスの発見に至るきわめて複雑な現象が生じる。そのおもなものを挙げるとつぎのようになる。

① 外力の周期と同じ周期の周期解が現れる。これを同期振動という。この

場合には,周期解のフーリエ成分には外力の振動数の $2, 3, \cdots$ 倍の振動数成分も含まれることが多い。これを高調波成分という。外力の振幅を変えると,周期解の振幅が突然変化するジャンプ現象が生じることがある。

② 外力の周期の $2, 3, \cdots$ 倍の長い基本周期を持つ周期解が現れる。これを分数調波解という。この場合,そのフーリエ成分には外力の振動数の $1/2, 1/3, \cdots$ 倍の振動数成分も含まれる。これを分数調波という。

③ 複数の異なった周期解が共存する。

④ 概周期解 (almost periodic solution) が現れる。

⑤ カオス解などの非周期解の族が現れる。

増幅回路は,以上のような現象の中で,外力と同じ周期の周期解が発生する同期振動を利用していると考えることができる。

非線形回路の状態方程式

$$\frac{d\boldsymbol{x}}{dt} = \boldsymbol{f}(\boldsymbol{x}, t) \tag{6.2}$$

を考える。ただし,各 t について $\boldsymbol{x}(t), \boldsymbol{f}(\boldsymbol{x}(t), t) \in \mathbb{R}^d$ で

$$\boldsymbol{f}(\boldsymbol{x}, t+T) = \boldsymbol{f}(\boldsymbol{x}, t)$$

を満たすものとする。以下,このような周期的な微分方程式に外力に同調して現れる周期 T の周期解が存在するための条件や,周期解の計算方法を議論しよう。

周期 T の周期解を求める方法はいろいろあるが,ガレルキン法は周期解 $\boldsymbol{x}(t)$ のフーリエ級数展開

$$\boldsymbol{x}(t) = \sum_{n=-\infty}^{\infty} \boldsymbol{c}_n e^{jn\omega t}$$

を利用する方法である。ただし,$T = 2\pi/\omega$ で $\boldsymbol{c}_n$ は d 次元のベクトルフーリエ係数である。周期解を求めるためには,フーリエ係数 $\{c_0, c_1, c_{-1}, c_2, c_{-2}, \cdots\}$ が決まればよい。ただし,実解を求めるので,$c_{-i} = c_i^*$ が成立する。このフーリエ級数を元の微分方程式から決定しようというのが,ガレルキン法の基本的アイデアである。解が滑らかであれば n が大きくなると c_n は 0 に近くなる。そ

こで近似解としてフーリエ級数を m 位までで打ち切った

$$\boldsymbol{x}_m(t) = \sum_{n=-m}^{m} \boldsymbol{c}_n e^{\mathrm{j}n\omega t}$$

を考える。こうすると決定すべきベクトルフーリエ係数の数が $2m+1$ 個と有限個になる。$P_m : \boldsymbol{x} \mapsto \boldsymbol{x}_m$ を射影作用素という。$\boldsymbol{x}_m$ を元の微分方程式 $d\boldsymbol{x}/dt = \boldsymbol{f}(\boldsymbol{x},t)$ に代入する。このとき $\boldsymbol{f}(\boldsymbol{x}_m(t),t)$ は f が非線形関数であれば，一般に，m 位より高位のフーリエ級数となる。そこでこれを m 位で打ち切って $P_m \boldsymbol{f}(\boldsymbol{x}_m(t),t)$ とする。こうして

$$\frac{d\boldsymbol{x}_m(t)}{dt} = P_m \boldsymbol{f}(\boldsymbol{x}_m(t),t) \tag{6.3}$$

を満たすように係数 $\{c_0, c_1, c_2, \cdots, c_m\}$ を決めるのがガレルキン法である。すなわち，上式の両辺のフーリエ係数が等しいように係数を決定することとなる。

6.2 ガレルキン法による増幅回路の定常解析

電子回路理論では直流解析と小信号交流解析により増幅回路の解析を行う。これが $m=1$ としたときのガレルキン法による増幅回路の解析であることを示そう。

nMOSFET ソース共通増幅器（図 **6.1**）について調べよう。R_1 と R_2 は FET が飽和領域で動作するように設定するための抵抗（バイアス抵抗）である。この回路において，ゲート電流は零であるから

$$v_{ds} + R_d i_d = V_{DD} \tag{6.4}$$

$$i_d = f(v_{gs}, v_{ds}) \tag{6.5}$$

$$i_{R_1} - i_{R_2} + C\frac{dv_C}{dt} = 0 \tag{6.6}$$

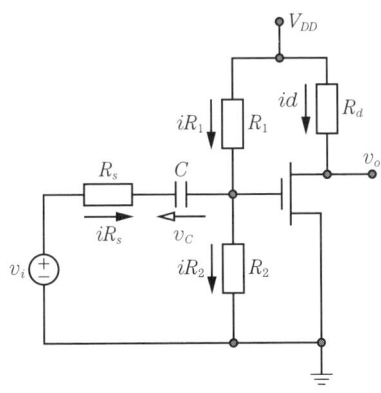

図 **6.1** ソース共通 FET 増幅回路

$$R_1 i_{R_1} + R_2 i_{R_2} = V_{DD} \tag{6.7}$$

$$v_i = R_2 i_{R_2} + R_s C \frac{dv_C}{dt} + v_C \tag{6.8}$$

が成り立つ．ただし，FET の特性は

$i_g=0$ （すべての v_{ds} と v_{gs} について）

$$i_d = f(v_{gs}, v_{ds}) = \begin{cases} 0 & v_{gs} - V_t < 0 \\ \dfrac{1}{2}\beta(v_{gs} - V_t)^2 & v_{ds} \geqq v_{gs} - V_t > 0 \\ \beta\{(v_{gs} - V_t)v_{ds} - \dfrac{1}{2}v_{ds}^2\} & 0 < v_{ds} < v_{gs} - V_t \end{cases}$$

この方程式を解くためにガレルキン法を用いよう．いま，入力が

$$v_i(t) = V_i e^{j\omega t} \tag{6.9}$$

で与えられているとしよう．これを回路方程式に代入し，その直流成分 $= 0$, $e^{j\omega t}$ の係数 $= 0$ として近似的に回路方程式を解く方法である．実際には，回路方程式には非線形項が含まれているため，$e^{jn\omega t}$ の係数も発生するので，$e^{jn\omega t}$ の係数 $= 0$ が $n = 2, 3, \cdots$ でも成立していないと厳密な解にはならないが，多くの場合には真の解がこのような近似解の近くに存在することが示される．ガレルキン法では，例えば

$$i_{R_1} = I_{0,R_1} + I_{R_1} e^{j\omega t}, \qquad i_{R_2} = I_{0,R_2} + I_{R_2} e^{j\omega t},$$
$$v_{ds} = V_{0,ds} + V_{ds} e^{j\omega t}, \qquad v_{gs} = V_{0,gs} + V_{gs} e^{j\omega t},$$
$$i_d = I_{0,d} + I_d e^{j\omega t}, \qquad v_C = V_{0,C} + V_C e^{j\omega t}$$

と仮定して，これを回路方程式 (6.4) などに代入する．直流成分 $= 0$ から

$$V_{0,ds} + R_d I_{0,d} = V_{DD} \tag{6.10}$$

$$I_{0,d} = [f(v_{gs}, v_{ds}) \text{ の直流分}] \tag{6.11}$$

$$I_{0,R_1} = I_{0,R_2} \tag{6.12}$$

$$R_1 I_{0,R_1} + R_2 I_{0,R_2} = V_{DD} \tag{6.13}$$

を得る。バイアスの設定で $v_{ds} \geqq v_{gs} - V_t > 0$ が満たされる飽和領域に入っているとすると

$$f(V_{0,gs} + V_{gs}e^{j\omega t}, v_{ds}) = \frac{\beta}{2}(V_{0,gs} + V_{gs}e^{j\omega t} - V_t)^2$$
$$= \frac{\beta}{2}\left\{(V_{0,gs} - V_t)^2 + 2(V_{0,gs} - V_t)V_{gs}e^{j\omega t} + V_{gs}^2 e^{j2\omega t}\right\} \quad (6.14)$$

となる。よって

$$[f(v_{gs}, v_{ds}) \text{の直流分}] = \frac{\beta}{2}(V_{0,gs} - V_t)^2$$

となるので

$$I_{0,d} = \frac{\beta}{2}(V_{0,gs} - V_t)^2 \quad (6.15)$$

となる。以上を直流分の等価回路として示すと図 **6.2** となる。

$V_{0,gs} = R_2 I_{0,R_2}$ とすると、式 (6.13) と式 (6.12) から

$$V_{0,gs} = \frac{R_2}{R_1 + R_2}V_{DD} \quad (6.16)$$

を得る。これを式 (6.15) に代入すると

$$I_{0,d} = \frac{\beta}{2}\left(\frac{R_2}{R_1 + R_2}V_{DD} - V_t\right)^2$$

となる。よって、式 (6.10) から

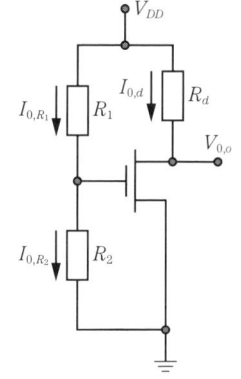

図 **6.2** ガレルキン法の零次（直流解析）

$$V_{0,ds} = V_{DD} - \frac{\beta R_d}{2}\left(\frac{R_2}{R_1 + R_2}V_{DD} - V_t\right)^2$$

がわかる。これが所望の値になるように R_1, R_2 を与えればバイアスの設定ができる。

つぎに、$e^{j\omega t}$ の係数 $= 0$ とする。式 (6.14) に注意すると

$$V_{ds} + R_d I_d = 0 \tag{6.17}$$

$$I_d = \beta \left(V_{0,gs} - V_t \right) V_{gs} \tag{6.18}$$

$$I_{R_1} = I_{R_2} - j\omega C V_C \tag{6.19}$$

$$R_1 I_{R_1} + R_2 I_{R_2} = 0 \tag{6.20}$$

$$V_i = R_2 I_{R_2} + j\omega R_s C V_C + V_C \tag{6.21}$$

を得る。

$$I_d = g_m V_{gs} \tag{6.22}$$

となる。$g_m = \beta \left(V_{0,gs} - V_t \right)$ と置き，トランスコンダクタンスと呼ぶ。これが FET の交流小信号モデルとなる。こうして，ガレルキン法の一次に相当する交流等価回路は図 **6.3** となる。

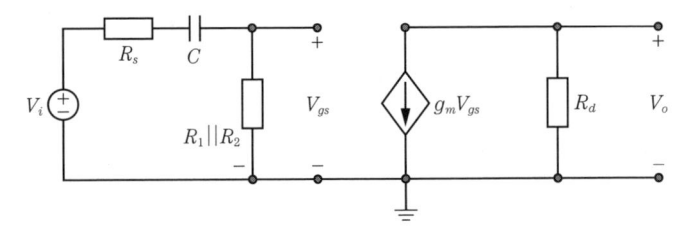

図 **6.3** ガレルキン法の一次（小信号交流解析）

ここで，交流電圧増幅率

$$A_v = \frac{V_o}{V_i} \tag{6.23}$$

を求める。出力は

$$V_o = -g_m V_{gs} R_d \tag{6.24}$$

となる。

$$V_{gs} = \frac{R_1 \| R_2}{R_s + \dfrac{1}{j\omega C} + R_1 \| R_2}$$

6.2 ガレルキン法による増幅回路の定常解析

より，電圧増幅率はつぎのようになる。

$$A_v = \frac{V_o}{V_i} = -g_m R_d \frac{R_1 R_2}{R_1 R_2 + R_1 R_s + R_2 R_s + \dfrac{R_1 + R_2}{\mathrm{j}\omega C}} \tag{6.25}$$

例題 6.1　図6.1において，$V_{DD} = 10\,\mathrm{V}$, $R_1 = 70.9\,\mathrm{k\Omega}$, $R_2 = 29.1\,\mathrm{k\Omega}$, $R_d = 5\,\mathrm{k\Omega}$ とする。FETの特性が $V_t = 1.5\,\mathrm{V}$, $0.5\beta = 0.5\,\mathrm{mAV^{-2}}$, $R_s = 4.5\,\mathrm{k\Omega}$ で与えられているとき，A_v を求めよ。また，入出力抵抗を求めよ。ただし，小信号交流解析において C は短絡と近似できるとする。

【解答】　直流でのバイアス計算から始める。

$$V_{0,gs} = \frac{R_2}{R_1 + R_2} V_{DD} = 3\,\mathrm{V} \tag{6.26}$$

このとき

$$I_{0,d} = \frac{\beta}{2}(V_{0,gs} - V_t)^2 = 1.1\,\mathrm{mA} \tag{6.27}$$

となる。これから

$$V_{0,ds} = V_{DD} - I_{0,d} R_d = 5.05\,\mathrm{V} \tag{6.28}$$

を得る。$V_{0,ds} = 5.05 > V_{0,gs} - V_t = 3 - 1.5 = 1.5\,\mathrm{V}$ であるから，バイアスは飽和領域に動作点が入るように設定されている。

交流解析に入る。

$$g_m = \beta(V_{0,gs} - V_t) = 1.5\,\mathrm{mA/V} \tag{6.29}$$

よって

$$A_v = -g_m R_d = -5\,000 \times 1.5 \times 10^{-3} = -7.5 \tag{6.30}$$

となる。

入力抵抗は $R_1 \| R_2$ で

$$\frac{R_1 R_2}{R_1 + R_2} = 21\,\mathrm{k\Omega} \tag{6.31}$$

で出力抵抗は R_d である。　　　　　　　　　　　　　　　　　　◇

6.3 発振回路とホップフ分岐定理

発振回路は,正弦波を出力する交流電源として,電子回路の基本的な構成要素となる。ここでは,発振回路の仕組みを学ぶ。

回路の出力が安定な周期波形となる条件を回路の発振条件という。回路の発振条件は,いままで出力が発振状態になかったものが,回路パラメータを変化させることによって発振状態に突然入るという,性質の変化を表す条件となる。パラメータの変化によって系の性質が変化する点を分岐点という。発振現象における分岐現象としては,ホップフ分岐[†]がある。これは,通常の回路の発振条件をほとんどすべて含むたいへん基本的なものである。

回路に安定な平衡点があると,その周りから出発した解は時間の変化とともに,その平衡点に引き込まれる。ここで,回路に含まれるパラメータを変化させる。

例えば,回路に演算増幅器が含まれているときに,その増幅率を増やしていく。そのとき,安定な平衡点があるパラメータの値 μ_0 で不安定化し,その不安定平衡点の周りに安定な周期解が発生するとしよう。この μ_0 の近傍において,回路方程式を安定な平衡点において線形化して考える。いままで,その線形化回路の固有値はすべて負の実部を持っていたものが, μ_0 で複素共役な純虚数の組(これを $\pm j\omega_0$, $\omega_0 \neq 0$ とする。)が現れ,さらにパラメータの値を増やすと正の実部を持つ一組の複素共役な固有値の組に変化するとしよう。このような性質の変化がホップフ分岐と呼ばれる。この条件はバルクハウザーの発振条件と呼ばれ,フィードバック回路の分野では古くから知られているのものである。バルクハウザーの発振条件はこのような仕方で回路が発振状態に入る必要条件を表しているが,さらに μ を少し増やしていったとき,安定な周期解が

[†] ホップフ分岐については,J. E. Marsden and M. MaCracken: The Hopf bifurcation and Its Applications, Springer Verlag, New York (1976) などを参照されたい。この著書には 1942 年に出版され,ホップフ分岐の発見が記されたドイツ語の E. Hopf の論文の英訳が収納されている。

発生するかどうかは明らかではない。

　不安定な平衡点の周りから出発した回路の解の軌道は平衡点が不安定であるので平衡点には入ることができない。正の実部をもつ一組の複素共役な固有値の組があるので，この影響で振動しながら解の軌道は無限遠に発散を開始する。しかし，平衡点から十分遠くなったとき，回路のエネルギーが消散され，平衡点のほうへ押し返される力が働くとしよう。すなわち，解の軌道は平衡点には入れないが，その近くを回る周期解に近づいていく。この安定な周期解を極限的な周期解という意味で（安定な）リミットサイクルという。安定なリミットサイクルが存在するようになることが回路が発振状態になる十分条件である。そこで，バルクハウザーの発振条件に加えて，安定なリミットサイクルが発生する条件を加えれば，それこそが回路が発振する条件となる。このような条件を示したものがホップフ分岐定理である。

　本節では，回路がフィードバック回路方程式で表される場合を考え，伝達関数を利用したホップフ分岐定理を示す。これは D. J. Allwrigh によって 1977 年に示された[†1]ものである。

　その後，ウイーンブリッジ発振回路をはじめとして，その回路に発振が起きることをホップフ分岐定理を用いて証明していく。

6.3.1　時間領域ホップフ分岐理論

時間領域でのホップフ分岐定理を状態空間の次元が二次元の場合について述べる[†2]。

> ☆ **性質 19** (ホップフ分岐定理)　　$x \in \mathbb{R}^2$, $f : \mathbb{R}^2 \times \mathbb{R} \to \mathbb{R}^2$ を 4 階微分可能な関数とする。
>
> $$\frac{dx}{dt} = f(x, \mu) \tag{6.32}$$
>
> ある $\mu_0 \in \mathbb{R}$ が開区間 (μ_1, μ_2) に含まれているとする。$(\mu_1, \mu_2) \to \mathbb{R}^2$

[†1]　D. L. Allwright: Harmonic balance and the Hoph bifurcation, Math. Proc. Camb. Phil. Soc., Vol.**82**, pp.453-467 (1977)

[†2]　証明は，前出（脚注）の Marsden と MaCracken の著書を参照されたい。

の C^4 級関数 $\hat{\boldsymbol{x}}(\mu)$ が存在して $f(\hat{\boldsymbol{x}}(\mu), \mu) = 0$ を満たすとする。$J(\mu) = \boldsymbol{f}'(\hat{\boldsymbol{x}}(\mu), \mu)$ とする。つぎの関係式が成り立つとする。

(i) $J(\mu)$ は複素共役な二つの単純固有値のペア $\lambda(\mu) = \alpha(\mu) + \mathrm{j}\omega(\mu)$ と $\lambda^*(\mu) = \alpha(\mu) - \mathrm{j}\omega(\mu)$ が存在して、$\alpha(\mu_0) = 0$ で $\alpha'(\mu_0) > 0$ が成り立つ。ただし、α と ω は実数値関数とする。

(ii) ここで、$\hat{\boldsymbol{x}}(\mu) = 0$ となるように変数変換する。式 (6.32) の右辺を原点の近傍でテイラー展開する。

$$\frac{dx_1}{dt} = \alpha(\mu)x_1 + \omega(\mu)x_2 + \frac{1}{2}f^1_{11}x_1^2 + f^1_{12}x_1x_2 + \frac{1}{2}f^1_{22}x_2^2$$
$$+ \frac{1}{6}f^1_{111}x_1^3 + \frac{1}{2}f^1_{112}x_1^2x_2 + \frac{1}{2}f^1_{122}x_1x_2^2 + \frac{1}{6}f^1_{222}x_2^3 + O(|x|^4)$$
$$\frac{dx_2}{dt} = -\omega(\mu)x_1 + \alpha(\mu)x_2 + \frac{1}{2}f^2_{11}x_1^2 + f^2_{12}x_1x_2 + \frac{1}{2}f^2_{22}x_2^2$$
$$+ \frac{1}{6}f^2_{111}x_1^3 + \frac{1}{2}f^2_{112}x_1^2x_2 + \frac{1}{2}f^2_{122}x_1x_2^2 + \frac{1}{6}f^2_{222}x_2^3 + O(|x|^4)$$

ただし

$$f^i_{pq} = \frac{\partial^2 f_i}{\partial x_p \partial x_q}, \qquad f^i_{pqr} = \frac{\partial^3 f_i}{\partial x_p \partial x_q \partial x_r} \tag{6.33}$$

である。

$$\sigma_0 = \frac{1}{16\omega(\mu_0)}[f^1_{11}(f^2_{11} - f^1_{12}) + f^2_{22}(f^2_{12} - f^1_{22})$$
$$+ (f^2_{11}f^2_{12} - f^1_{12}f^1_{22})] + \frac{1}{16}(f^1_{111} + f^1_{122} + f^2_{112} + f^2_{222}) \tag{6.34}$$

として、$\sigma_0 \neq 0$ とする。

このとき、μ_0 を含む開区間 (μ_l, μ_u) が存在して、$\hat{\boldsymbol{x}}(\mu)$ の大きさが $\varepsilon = O(\sqrt{|\alpha(\mu)|})$ の開近傍 $\mathcal{O}$ が存在して、つぎの関係が成り立つ。

① $\alpha(\mu)\sigma_0 < 0$ ならば、μ が μ_0 に十分近いとき $\mathcal{O}$ の中にほとんど正弦波形の周期解が存在し、周期は $\omega(\mu_0)/2\pi$ で振幅は $\sqrt{|\mu - \mu_0|}$ にほぼ比例する。

② $\sigma_0 < 0$ で $\Re\nu(\mu_0) < 0$ が $\lambda(\mu_0)$ と $\lambda^*(\mu_0)$ 以外の固有値 ν について成り立つとする。この周期解はアトラクティブである。

③ $\sigma_0 > 0$ で $\Re\nu(\mu_0) < 0$ が $\lambda(\mu_0)$ と $\lambda^*(\mu_0)$ 以外の固有値 ν について成り立つ。このとき，この周期解はリペリングである。

6.3.2 ウィーンブリッジ発振回路

図 **6.4** (a) に示すウィーンブリッジ発振回路を調べる。

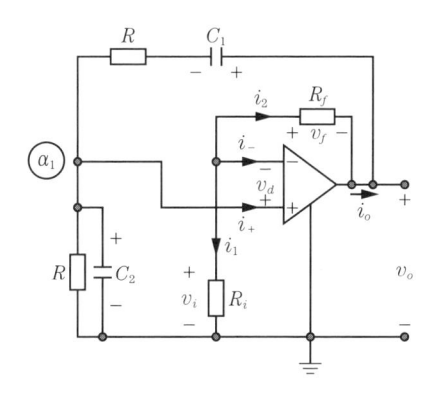

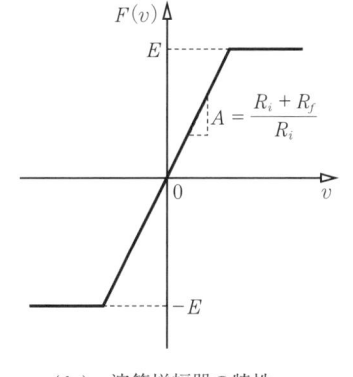

（a）ウィーンブリッジ回路　　　（b）演算増幅器の特性

図 **6.4**　ウィーンブリッジ発振回路

抵抗 R_i, R_f と演算増幅器は，図 (b) に示す特性を持つとする（非反転増幅回路の特性）。KVL を $C_2 \to R \to C_1 \to v_o$ について適用すると

$$v_{c_2} + RC_1 \frac{dv_{C_1}}{dt} + v_{C_1} - v_o = 0 \tag{6.35}$$

となる。節点 α_1 において成り立つ KCL より

$$C_2 \frac{dv_{C_2}}{dt} + \frac{v_{C_2}}{R} = C \frac{dv_{C_1}}{dt} \tag{6.36}$$

が成り立つ。よって，式 (6.36) に式 (6.35) を代入して

$$C_2 \frac{dv_{C_2}}{dt} + \frac{v_{C_2}}{R} = -\frac{1}{R}(v_{C_1} + v_{C_2} - F(v_{C_2}))$$

を得る。こうして，回路の状態方程式はつぎのようになることがわかる。

$$\frac{dv_{C_1}}{dt} = -\frac{1}{RC_1}(v_{C_1} + v_{C_2} - F(v_{C_2}))$$

$$\frac{dv_{C_2}}{dt} = -\frac{1}{RC_2}(v_{C_1} + 2v_{C_2} - F(v_{C_2}))$$

ここで,$x_1 = v_{C_1}, x_2 = v_{C_2}, k_1 = 1/RC_1, k_2 = 1/RC_2$ とする。このとき,状態方程式は

$$\left. \begin{array}{l} \dfrac{dx_1}{dt} = -k_1(x_1 + x_2 - F(x_2)) \\ \dfrac{dx_2}{dt} = -k_2(x_1 + 2x_2 - F(x_2)) \end{array} \right\} \tag{6.37}$$

となる。$\boldsymbol{x} = (x_1, x_2)^t$,式 (6.37) の右辺を

$$\boldsymbol{f}(\boldsymbol{x}) = \begin{pmatrix} -k_1(x_1 + x_2 - F(x_2)) \\ -k_2(x_1 + 2x_2 - F(x_2)) \end{pmatrix} \tag{6.38}$$

と置くと,式 (6.37) は

$$\frac{d\boldsymbol{x}}{dt} = \boldsymbol{f}(\boldsymbol{x}) \tag{6.39}$$

となる。式 (6.39) の右辺は $\boldsymbol{f}(0) = 0$ となる。したがって,$\boldsymbol{x} = (0,0)^t$ は式 (6.39) の平衡点となる。$\boldsymbol{f}$ のヤコビ行列(フレッシェ微分)$\boldsymbol{f}'(0)$ は

$$\boldsymbol{f}'(0) = \begin{pmatrix} -k_1 & -k_1 + k_1 A \\ -k_2 & -2k_2 + k_2 A \end{pmatrix}$$

となる。$k_1 = k_2 = k$ としてその固有値を e_1, e_2 とする。その実部 $\Re(e_1)$ を計算した結果を図 6.5 に示す。

この結果から,つぎのことがわかる。

① $0 \leqq k = k_1 = k_2 < 1$ のとき,$\boldsymbol{f}'(0)$ の二つの固有値は実である。

② $0 < k = k_1 = k_2 < 1$ のとき,$\boldsymbol{f}'(0)$ の二つの固有値は負である。

③ $1 < k = k_1 = k_2 < 4$ のとき,$\boldsymbol{f}'(0)$ の二つの固有値は複素共役な複素数のペアとなる。しかも,実ではない。

④ $1 < k = k_1 = k_2 < 3$ のとき,$\boldsymbol{f}'(0)$ の二つの固有値の実部は負となる。

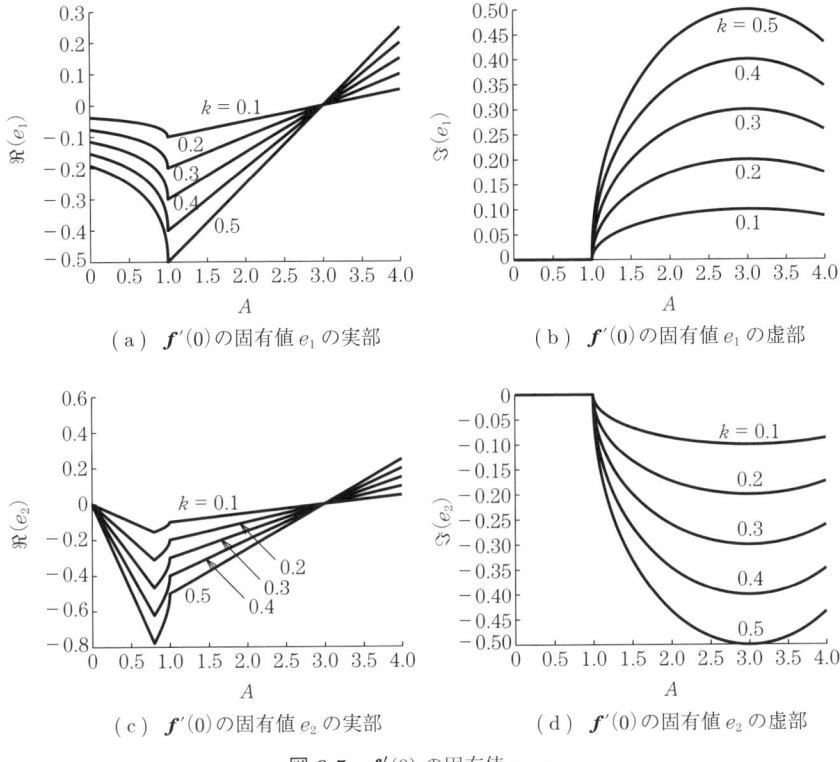

6.3 発振回路とホップフ分岐定理

(a) $\boldsymbol{f}'(0)$ の固有値 e_1 の実部

(b) $\boldsymbol{f}'(0)$ の固有値 e_1 の虚部

(c) $\boldsymbol{f}'(0)$ の固有値 e_2 の実部

(d) $\boldsymbol{f}'(0)$ の固有値 e_2 の虚部

図 6.5 $\boldsymbol{f}'(0)$ の固有値 e_1, e_2

⑤ $3 < k = k_1 = k_2$ のとき,$\boldsymbol{f}'(0)$ の二つの固有値の実部は正となる。

時間域でのホップフ分岐定理を適用するために,式 (6.38) を変数変換する。また,F も

$$F_\mu(e) = \frac{2E}{\pi} \arctan\left(\frac{\pi}{2}\frac{\mu}{E}e\right)$$

と仮定する。$E = 13\,\mathrm{V}$ とする。変数変換は

$$\boldsymbol{y} = U\boldsymbol{x}, \qquad U = \begin{pmatrix} 1 & 0 \\ -1 & 2 \end{pmatrix}$$

とする。$E = R_f/R_i$ である。

$$\bm{x} = U^{-1}\bm{y}, \qquad U^{-1} = \begin{pmatrix} 1 & 0 \\ 0.5 & 0.5 \end{pmatrix}$$

である。以下，簡単のために $k = k_1 = k_2 = 1$ とする。また，$\mu = 3$ でホップフ分岐が起きるので

$$B = \begin{pmatrix} -1 & 2 \\ -1 & 1 \end{pmatrix}$$

とする。このとき

$$UBU^{-1} = \begin{pmatrix} 0 & 1 \\ -1 & 0 \end{pmatrix}$$

となることから，$\mu_0 = 3$ の近傍で

$$\begin{aligned}\frac{d\bm{y}}{dt} &= UBU^{-1}\bm{y} + U\begin{pmatrix} F_\mu(\tfrac{1}{2}(y_1+y_2)) - \tfrac{3}{2}(y_1+y_2) \\ F_\mu(\tfrac{1}{2}(y_1+y_2)) - \tfrac{3}{2}(y_1+y_2) \end{pmatrix} \\ &= \begin{pmatrix} 0 & 1 \\ -1 & 0 \end{pmatrix}\bm{y} + \begin{pmatrix} F_\mu(\tfrac{1}{2}(y_1+y_2)) - \tfrac{3}{2}(y_1+y_2) \\ F_\mu(\tfrac{1}{2}(y_1+y_2)) - \tfrac{3}{2}(y_1+y_2) \end{pmatrix}\end{aligned}$$

を得る。$F''_{\mu_0}(0) = 0$，$F'''_{\mu_0}(0) < 0$ に注意する。これから，μ_0 において

$$f^1_{11} = 0, \qquad f^1_{22} = 0, \qquad f^2_{11} = 0, \qquad f^2_{22} = 0$$

および

$$f^1_{111} < 0, \qquad f^1_{122} < 0, \qquad f^2_{112} < 0, \qquad f^2_{222} < 0$$

を得て，$\sigma_0 < 0$ がわかる。$\arctan(x)' = 1/(1+x^2)$ より，$\mu - \mu_0$ が正で十分小さければ，$\alpha'(\mu) > 0$ となることもわかる。よって，これからつぎの①，②が成り立つことがわかる。すなわち，ホップフ分岐理論から，ウィーンブリッジ回路は $\mu_0 = 3$ でホップフ分岐を起こし

① $\mu - \mu_0$ が正で十分小さければ，$\mathcal{O}$ の中にほとんど正弦波形の周期解が存在し，周期は $\omega(\mu_0)/2\pi$ で振幅は $\sqrt{|\mu - \mu_0|}$ にほぼ比例する。

② この周期解はアトラクティブで，リミットサイクルとなる。

ことがわかる。

図 6.5 より，$\mu = 3$ のとき，$f'(0)$ の固有値の虚部は $1/k$ となることがわかる。よって，ホップフ分岐によって生じるリミットサイクルによって生じる周期振動の周波数は

$$\omega = \frac{1}{2\pi RC} \tag{6.40}$$

となることがわかる。ホップ分岐の生じる条件は $A = 3$ であったが，これは

$$A = (1 + \frac{R_f}{R_i}) = 3 \iff \frac{R_f}{R_i} = 2 \tag{6.41}$$

である。

6.3.3 トンネルダイオード発振回路

トンネルダイオード（江崎ダイオード）を含む発振回路について調べる。

図 **6.6** の中のダイオードはトンネルダイオードで，その特性をつぎのように近似する。

$$\begin{aligned} i = &\frac{J_p}{V_p} v \exp\left[-\frac{1}{V_p}(v - V_p)\right] \\ &+ J_V \exp[B_2(v - V_p)] \\ &+ J_0 \left[\exp\left(\frac{qv}{kT}\right) - 1\right] \end{aligned} \tag{6.42}$$

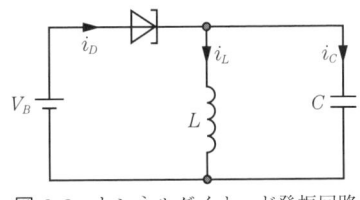

図 **6.6** トンネルダイオード発振回路

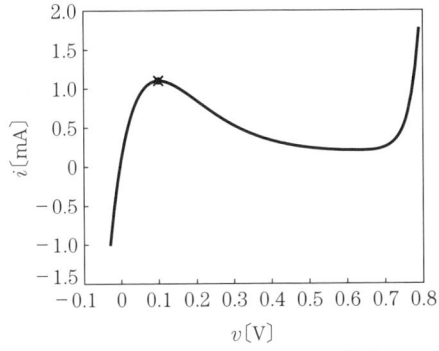

第 1 項はトンネル電流，第 2 項は過剰電流，第 3 項は通常のダイオード電流を表している。ただし，定数はつぎのような値が典型的である。$J_p = 1\,\mathrm{mA}$, $V_p = 0.1\,\mathrm{V}$, $J_V = 0.1\,\mathrm{mA}$, $V_V = 0.5\,\mathrm{V}$, $B_2 = 30\,\mathrm{V^{-1}}$, $J_0 = 10^{-16}\,\mathrm{A}$, $kT/q = 26\,\mathrm{mV}$ この素子モデルによる特性を図 **6.7** に示す。

図 **6.7** トンネルダイオードの特性

この回路の状態方程式は

$$\frac{di_L}{dt} = \frac{1}{L}v_C \tag{6.43}$$

$$\frac{dv_C}{dt} = \frac{1}{C}[g(V_B - v_C) - i_L] \tag{6.44}$$

となる。ただし，トンネルダイオードの特性（式 (6.42)）を $i = g(v)$ と表している。以下，簡単のために $L = C = 1$ とし，$x_1 = i_L, x_2 = v_C, \mu = V_B$ とすると，式 (6.44) は

$$\frac{dx_1}{dt} = x_2 \tag{6.45}$$

$$\frac{dx_2}{dt} = g(\mu - x_2) - x_1 \tag{6.46}$$

となる。この方程式の平衡解は $\hat{x} = (\hat{x}_1 = g(\mu), \hat{x}_2 = 0)^t$ である。平衡解における式 (6.46) の右辺のヤコビ行列は

$$\boldsymbol{f}'(\hat{\boldsymbol{x}}) = \begin{pmatrix} 0 & 1 \\ -1 & -g'(\mu) \end{pmatrix} \tag{6.47}$$

となる。よって，特性方程式は

$$\lambda^2 + g'(\mu)\lambda + 1 = 0 \tag{6.48}$$

となる。これから，行列 $\boldsymbol{f}'(\hat{\boldsymbol{x}})$ の固有値は

$$\lambda_{1,2} = -\frac{1}{2}g'(\mu) \pm \mathrm{j}\sqrt{1 - \left[\frac{1}{2}g'(\mu)\right]^2} := \alpha(\mu) + \mathrm{j}\omega(\mu) \tag{6.49}$$

となる。よって，図 6.7 の × 印で記した点（$g'(\mu_0) = 0$ となる点）を μ_0 とすると，そこでのヤコビ行列は

$$\boldsymbol{f}'(\hat{\boldsymbol{x}}) = \begin{pmatrix} 0 & 1 \\ -1 & 0 \end{pmatrix} \tag{6.50}$$

となる。これは，いま考えている式 (6.46) がホップフ分岐定理の微分方程式の正規形となっていることを示している。$g''(\mu_0) < 0$ であるから

$$\alpha(\mu_0)' = -g''(\mu_0) > 0 \tag{6.51}$$

となる。また

$$\sigma_0 = -\frac{1}{16}g'''(\mu_0) < 0 \tag{6.52}$$

となる。よって，ホップフ分岐定理から，ある $\epsilon > 0$ が存在して，$\mu_0 < \mu < \mu_0+\epsilon$ で安定なリミットサイクルが存在する。その周波数は $\omega_0 = 1$ に近く，振幅は $\sqrt{\mu - \mu_0}$ にほぼ比例する正弦波形に近いものである。

一方，図 **6.8** の×印で記した点 μ_1 でも $g'(\mu_1) = 0$ となる。ここで $\nu = -\mu$ と置くと，$g(\mu-x_2) = g(-\nu-x_2)$ と置き換えてやることにより，前とまったく同様な解析ができる。よって，ある正数 ϵ が存在して $\mu_1 - \epsilon < \mu < \mu_1$ において安定なリミットサイクルが存在することがわかる。

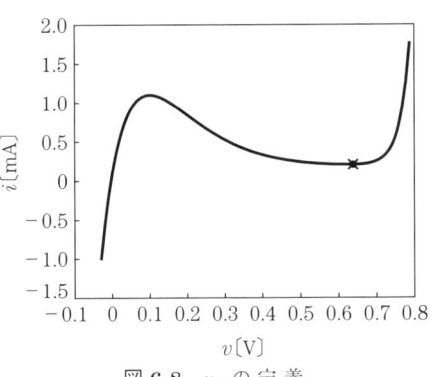

図 **6.8** μ_1 の定義

6.4 周波数領域のホップフ分岐定理

周波数領域のホップフ分岐定理を示す。図 **6.9** のフィードバックループを考える。このフィードバック回路の中の線形要素の特性は $\mathcal{T}$ で与えられるとする。

ここで，$\mathcal{T}$ を複素周波数領域で定義する。すなわち，s を複素数として，$\mathcal{T}$ の定義が $\mathcal{T}(e^{st}) = G(s)e^{st}$ で与えられるとする。$G(s)$ は線形要素の伝達関数と呼ばれる。フィードバック回路の方程式は

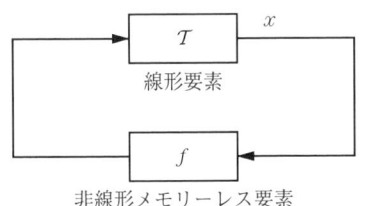

図 **6.9** 非線形フィードバック回路

$$x = \mathcal{T}[f(x)] \tag{6.53}$$

である。f はメモリーレスな非線形要素とする。すなわち，$y(t) = f(x(t))$ も t の滑らかな関数であるとする。G も f も滑らかであるとする。このとき，つぎの定理が成立する[†]。

☆ **性質 20**　方程式

$$x = \mathcal{T}[f(x)] \tag{6.54}$$

で記述される図 6.9 のフィードバック回路を考える。ただし，$\mathcal{T}$ は線形作用素で，f はメモリーレスな非線形要素とする。線形作用素 $\mathcal{T}$ の伝達関数を $G(s)$ とする。G と f は滑らかであるとする。このフィードバック回路は

$$\alpha = \mathcal{T}[f(\alpha)] \iff \alpha = G(0)f(\alpha) \tag{6.55}$$

を満たす平衡解 α を持っているとする。また，f はパラメータ $\mu \in \mathbb{R}$ を持ち，α は $\alpha(\mu_0)$ で $\mu_0 \in \mathbb{R}$ の近傍で

$$\alpha(\mu) = G(0)f_\mu(\alpha(\mu)) \tag{6.56}$$

となる平衡解 $\alpha(\mu)$ を持っているとする。$\alpha(\mu)$ は μ の連続関数と仮定する。$\mu = \mu_0$ と ω_0 で

$$G(j\omega_0)f'_{\mu_0}(\alpha) = 1 \tag{6.57}$$

となるとする。さらに，$F(s) = G(s)/(1 - G(s)f'(\alpha))$

$$\zeta = \frac{G(j\omega_0)}{8f'(\alpha)}\left\{f'''(\alpha) + f''(\alpha)^2(2F(0) + F(2j\omega_0))\right\} \tag{6.58}$$

とするとき

$$\Re\left(\frac{\zeta}{G'(j\omega_0)}\right) > 0 \tag{6.59}$$

[†] 証明はここでは省略する。前出（脚注）の Allwright の論文を参照されたい。

が成り立つとする。このとき，μ_0 でホップフ分岐が発生し，$\mu > \mu_0$ となる μ_0 に十分近い μ において平衡点 α が不安定になり，安定な正弦波に近い周期解が発生する。その周期解の振幅は

$$\sqrt{\frac{|\mu - \mu_0|}{|\zeta|}} \tag{6.60}$$

に近く，発振周波数は ω_0 に近い。

注記　条件 (6.57) はバルクハウゼンの発振条件と呼ばれるものであるが，この定理からわかるように，ホップフ分岐の必要条件であることがわかる。すなわち，バルクハウゼンの発振条件が満たされていても，平衡解が不安定化し，安定な周期解（リミットサイクル）が発生するとは限らない。

6.4.1　ウィーンブリッジ発振回路

ウィーンブリッジ回路をフィードバックループ回路で表すと図 **6.10** のようになる。

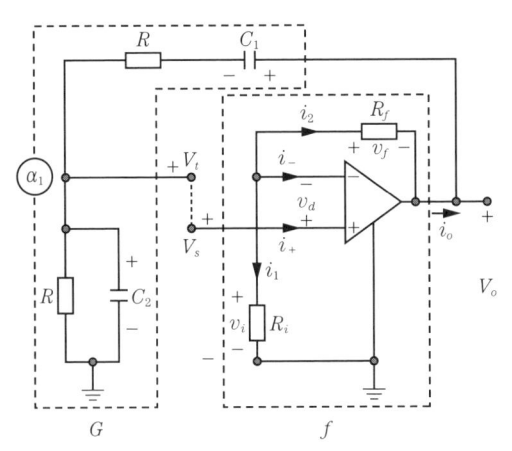

図 6.10　ウィーンブリッジ発振回路をフィードバックループ回路と見る

f としては関数形の詳細にはよらないので，解析しやすいように以下を仮定する。

$$f_\mu(e) = \frac{2E}{\pi}\arctan\left(\frac{\pi}{2}\frac{\mu}{E}e\right), \qquad E = 13\,\mathrm{V}, \qquad \mu = 1 + \frac{R_f}{R_i}$$

まず，$\alpha = 0$ がわかる．また，$f'_\mu(0) = 1 + R_f/R_i$ となる．

一方，G の部分は RC の直列回路と RC の並列回路の電圧配分になっているから

$$V_t = \frac{R\|\frac{1}{\mathrm{j}\omega C_2}}{\left(R + \frac{1}{\mathrm{j}\omega C_1}\right) + \left(R\|\frac{1}{\mathrm{j}\omega C_2}\right)} V_o$$

となる．よって

$$G(\mathrm{j}\omega)f'_\mu(0) = \frac{1 + \dfrac{R_f}{R_i}}{\left(2 + \dfrac{C_2}{C_1}\right) + \mathrm{j}\left(\omega C_2 R - \dfrac{1}{\omega C_1 R}\right)}$$

となる．これが $1 + \mathrm{j}0$ となるためには

$$\omega C_2 R - \frac{1}{\omega C_1 R} = 0 \iff \omega = \frac{1}{\sqrt{C_1 C_2} R}$$

および

$$1 + \frac{R_f}{R_i} = 2 + \frac{C_2}{C_1}$$

とすればよい．$C_1 = C_2$ なら $1 + R_f/R_i = 3$ となる．これは先に導いたホップフ分岐の条件と同一となる．この周波数領域でのホップフ分岐の（必要）条件は帰還回路における従来の発振条件と同じである．

さて，$CR = 1$ とする．

$$G'(\mathrm{j}\omega_0) = \frac{-\left(1 + \dfrac{1}{\omega_0^2}\right)}{9} < 0$$

である．さらに

$$f'(0) > 0, \qquad f''(0) = 0, \qquad f'''(0) < 0, \qquad G(\mathrm{j}\omega_0) = 3$$

であるから，$\zeta < 0$ がわかる．よって

$$\Re\left(\frac{\zeta}{G'(j\omega_0)}\right) > 0$$

がわかる。こうして，周波数領域のホップフ分岐定理（性質 20）が成り立つことがわかる。

6.4.2 バッファ付き RC 移相発振回路

図 **6.11** のようなバッファ付き RC 移相発振回路について調べる。これを図 **6.12** のようなフィードバックループ回路に書き直す。v_o から v_i へ変換する回路の特性を $\mathcal{T}$ とする。

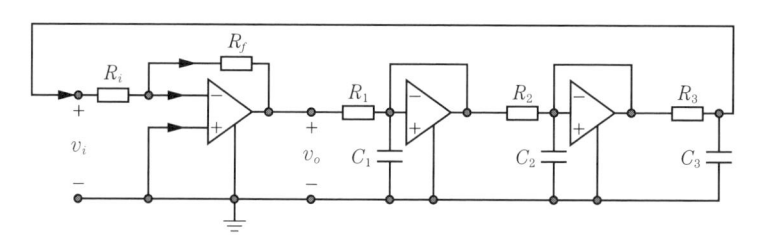

図 **6.11** バッファ付き RC 移相発振回路

$$v_i = \mathcal{T} v_o \tag{6.61}$$

$R_1 = R_2 = R_3 = R, C_1 = C_2 = C_3 = C$ とし，R_i が R に比べて十分大きとすれば，電圧ホロワの性質により $\mathcal{T}$ の伝達関数 $G(s)$ は

$$G(s) = \left(\frac{1}{RCs+1}\right)^3 \tag{6.62}$$

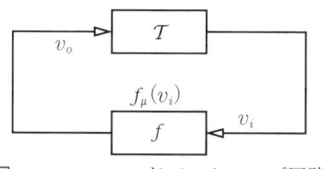

図 **6.12** フィードバックループ回路

となる。一方，フィードバック部を構成する非線形要素は R_i と R_f と演算増幅回路で構成される反転増幅器部分とし，つぎの特性を持つとする。

$$v_o = f_\mu(v_i) = -\frac{2E}{\pi}\arctan\left(\frac{\pi}{2}\frac{\mu}{E}v_i\right) \tag{6.63}$$

このとき，周波数領域のホップフ分岐定理を適用しよう．まず，このフィードバックループ回路は $G(0) = 1$ から

$$\alpha = f_\mu(\alpha) \tag{6.64}$$

となり，$f(0) = 0$ から平衡解 $\alpha(\mu) = 0$ を持っている．$\mu = \mu_0$ と ω_0 で

$$G(j\omega_0)f'_{\mu_0}(0) = 1$$
$$\iff \frac{1 - 3\omega_0^2 RC + j(\omega_0^3 R^3 C^3 - 3\omega_0 RC)}{(1 - 3\omega_0^2 RC)^2 + (\omega_0^3 R^3 C^3 - 3\omega_0 RC)^2}(-\mu) = 1 \tag{6.65}$$

となるとすると，$\omega_0 = \sqrt{3/RC}$，$\mu_0 = 8$ が解となることがわかる．

さて，$CR = 1$ とする．$G(j\omega_0) = -1/8$ である．

$$f_\mu(v) = -\frac{2E}{\pi}\arctan\left(\frac{\pi}{2}\frac{\mu}{E}v\right) \tag{6.66}$$

から，$f'_\mu(0) < 0$, $f''_\mu(0) = 0$, $f'''_\mu(0) > 0$ であるから，$\zeta > 0$ がわかる．よって

$$\Re\left(\frac{\zeta}{G'(j\omega_0)}\right) = -\frac{\zeta}{3}(1 - 6\omega_0^2 + \omega_0^4) = \frac{8}{3}\zeta > 0 \tag{6.67}$$

のように，周波数領域のホップフ分岐定理（性質20）が成り立つことがわかる．

章 末 問 題

【1】 トンネルダイオード発振回路をフィードバックループ回路の形に書く．これには任意性がある．ここでは，線形要素を $i_D + v_C$ を入力として，つぎの方程式を解いて v_C を出力するものと取る†．

$$\frac{di_L}{dt} = v_C$$
$$\frac{dv_C}{dt} = (i_D + v_C) - i_L - v_C$$

すなわち，$v_C = \mathcal{T}(i_D + v_C)$ とする．$\mathcal{T}$ の伝達関数 $G(s)$ を $G(s)e^{st} = \mathcal{T}e^{st}$ と求める．$L = C = 1$ とする．$i_L = I_L e^{st}, v_C = V_C e^{st}, i_D - v_C = e^{st}$ と置くと

---

† 単純に i_D を入力して v_C を出力するものとすると解析がうまくいかない．

を得る。よって，これを解いて

$$G(s) = \frac{s}{s^2 + s + 1}$$

を得る。一方，フィードバック部の非線形要素は

$$f(v_C) = i_D(v_C) + v_C = g(V_B - v_C) + v_C$$

で与えられる。以上により，トンネルダイオード発振回路をフィードバックループ回路として表すと図 6.13 となる。周波数領域のホップフ分岐定理を適用してホップフ分岐の存在を示せ。

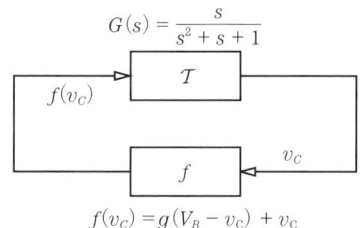

図 6.13 トンネルダイオードフィードバックループ回路

【2】図 6.14 で与えられる RC 移相発振回路に周波数領域のホップフ分岐定理を適用して，ホップフ分岐が生じることを以下に従って示せ。ただし，$R_1 = R_2 = R_3 = R$, $C_1 = C_2 = C_3 = C$ とし，R_i が R に比べて十分大きいとする。

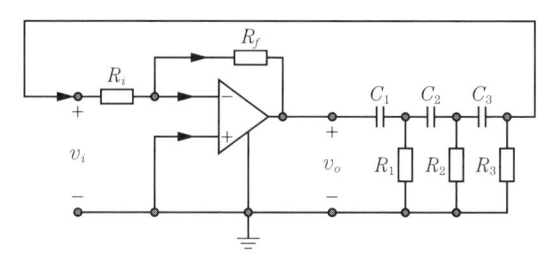

図 6.14 RC 移相発振回路

(1) これをフィードバックループ回路に書き直せ(図 6.15)。v_o から v_i へ変換する回路の特性を $v_i = \mathcal{T} v_o$ とする。$R_1 = R_2 = R_3 = R$, $C_1 = C_2 = C_3 = C$ とし，R_i が R に比べて十分大きいとすれば，$\mathcal{T}$ の伝達関数 $G(\mathrm{j}\omega)$ は

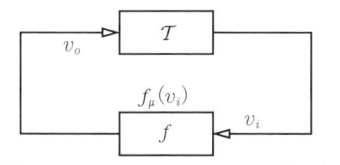

図 6.15 フィードバックループ回路

$$G(\mathrm{j}\omega) = \frac{-(\omega CR)^2}{5 - (\omega CR)^2 + \mathrm{j}\left(6\omega CR - \dfrac{1}{\omega CR}\right)}$$

となることを示せ．一方，フィードバック部を構成する非線形要素は R_i と R_f と演算増幅回路で構成される反転増幅器部分とし，つぎの特性を持つとする．

$$v_o = f_\mu(v_i) = -\frac{2E}{\pi} \arctan\left(\frac{\pi}{2}\frac{\mu}{E}v_i\right)$$

(2) 以上の準備の下に，周波数領域のホップフ分岐定理を適用せよ．まず，このフィードバック回路は $G(0) = 0$ から平衡解 $\alpha(\mu) = 0$ を持っている．$\mu = \mu_0$ と ω_0 で

$$G(\mathrm{j}\omega_0)f'_{\mu_0}(0) = 1$$
$$\iff \frac{-(\omega CR)^2}{5 - (\omega CR)^2 + \mathrm{j}\left(6\omega CR - \dfrac{1}{\omega CR}\right)}(-\mu) = 1$$

となるとすると

$$\omega_0 = \frac{1}{\sqrt{6}RC}, \qquad \mu_0 = 29$$

が解となることを示せ．そして

$$\Re\left(\frac{\zeta}{G'(\mathrm{j}\omega_0)}\right) > 0$$

が成り立つことを示せ．

【3】 図 **6.16** の RC 移相発振回路に，周波数領域のホップフ分岐定理を適用して，ホップフ分岐が生じることを示せ．

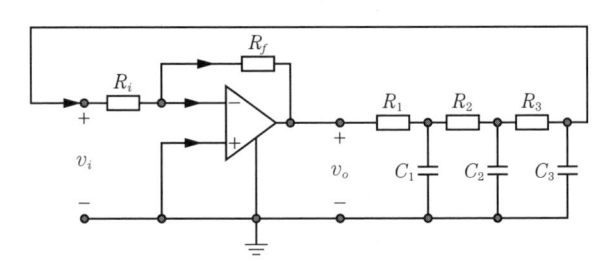

図 **6.16** RC 移相発振回路

付　　録

A.1　複　素　数

　付録では，複素数，ベクトル，ベクトル空間，ベクトル解析など回路理論を学ぶための基礎となる数学をまとめる．必要に応じて学習して欲しい．

　2 乗すると負となる数を虚数 (imaginary number) という．2 乗して負の数となるのは不可解であり，その意味で人類史上長い間虚数は実在する数とはみなされなかった．虚数が科学技術に現れて，それが実在するように感じられてくるためには，人類はいろいろな経験を経なければならなかった．しかし，紙面の都合がありその経験を語るのは別の機会に譲り，紀元 1 世紀のヘロン (Heron) の著書 "測量術" にすでに虚数にまつわる記述があることを述べるに止めよう．

　ベクトル (vector) はラテン語の「運ぶ」を意味する vehere から発想されて，ハミルトン (William Rowan Hamilton, 1805-1865) によって名づけれらた，大きさと向きを持つ量のことである．アルキメデス (Arkhimedes, 287?-212BC) の研究に刺激されて力学の研究をしたステファン (Simon Stevin, 1548-1620) は，1586 年に出版された著書 "De Beghinselen der Weeghconst" で力の平行四辺形の法則 (ベクトルの加法) を示した．ステファンは，コペルニクス (Nicolaus Copernicus, 1473-1543) の地動説を支持したことでも知られている．

　デカルト (René Descartes, 1596-1650) は，虚数 (imaginal number) という用語の発案者であるように，虚数と作図不可能性とを結びつけるなど，虚数に対してネガティブな捉え方をした．これに対して，虚数を積極的に捉えようとする数学者が現れた．ウォリス (John Wallis, 1616-1703) である．ウォリスは円周率 π に対する有名な公式

$$\frac{\pi}{2} = \frac{2}{1}\frac{2}{3}\frac{4}{3}\frac{4}{5}\frac{6}{5}\frac{6}{7}\frac{8}{7}\frac{8}{9}\cdots \tag{A.1}$$

を与えているが，虚数を 90°の回転として捉える芽を与えるような研究をした．1680 年代のことである．この研究の芽が実を結ぶにはそれから 1 世紀の期間が必要であった．

A.1.1 オイラーの公式

$\sqrt{-1}$ は 2 乗すると -1 となる数である．これを虚数単位という．虚数単位を i で表すのは，1777 年にスイスの数学者オイラー (Leonhard Euler, 1707-1783) が始めた．現在でも虚数単位は i で表すのが普通であるが，回路理論だけは虚数単位を j で表す．ただし，この付録では数学を扱うので以下，$i = \sqrt{-1}$ とする．したがって，i は $x^2 = -1$ の一つの根となる ($i^2 = -1$)．オイラーは 1740 年，ベルヌーイ (Jean Bernoulli, 1667-1748) への手紙の中で，微分方程式の初期値問題

$$\frac{d^2 f(x)}{dx^2} + f(x) = 0, \qquad f(0) = 2, \qquad \frac{df(0)}{dx} = 0 \qquad (A.2)$$

の解が 2 通りの表現を持つことを書いている．一つは $f(x) = 2\cos x$ で，もう一つは $f(x) = e^{ix} + e^{-ix}$ である．(厳密には証明しなかったが) 微分方程式 (A.2) の初期値問題の解が唯一しか存在しないことから，オイラーは

$$\cos x = \frac{e^{ix} + e^{-ix}}{2} \qquad (A.3)$$

が成り立つことを書いている．同様な考察から

$$\sin x = \frac{e^{ix} - e^{-ix}}{2i} \qquad (A.4)$$

が成り立つこともわかる．オイラーは，1748 年に出版された著書 "Introductio in Analysis Infinitorum"（無限小解析入門）で

$$e^{ix} = \cos x + i \sin x \qquad (A.5)$$

を書いている．この公式はオイラーが最初に印刷物に残したものではない．実際，カルダノ (Gerolamo Cardano, 1501-1576) の公式に現れる 3 乗根を計算する際に，ニュートン (Isaac Newton, 1642-1727) はより一般的な公式を利用していたし，その公式は，ニュートンと親交のあったフランスの数学者ド・モアブル (De Moivre, 1667-1754) が 1698 年に出版した論文に記されていた．

$$(\cos\theta + i\sin\theta)^n = \cos(n\theta) + i\sin(n\theta) \qquad (A.6)$$

式 (A.6) は通常ド・モアブルの公式と呼ばれる．しかし，式 (A.5) は，それに関連するオイラーの深い考察により，現在，オイラーの公式と呼ばれている．

A.1.2 複素平面

二つの実数 a と b に対して複素数 z は $z = a + ib$ と定義される．1799 年ノルウェーの数学者ヴェッセル (Casper Wessel, 1745-1818) は複素数 $z = a + ib$ を y

軸を虚数軸とする二次元デカルト座標系内に表現することを提案した (図 **A.1**(a))。これを複素平面という。二つの複素数 $z_1 = a_1 + ib_1$ と $z_2 = a_2 + ib_2$ の和は，$z_1 + z_2 = a_1 + ib_1 + a_2 + ib_2 = (a_1 + a_2) + i(b_1 + b_2)$ となる。すなわち，複素数の加法は複素数を複素平面内のベクトルと考えたときのベクトルの加法と同じである (図 (b))。複素数 $z = a + ib$ に実数 α を掛ける操作は $\alpha z = \alpha(a+bi) = \alpha a + i\alpha b$ となるので，複素平面内のベクトルのスカラー倍となる。

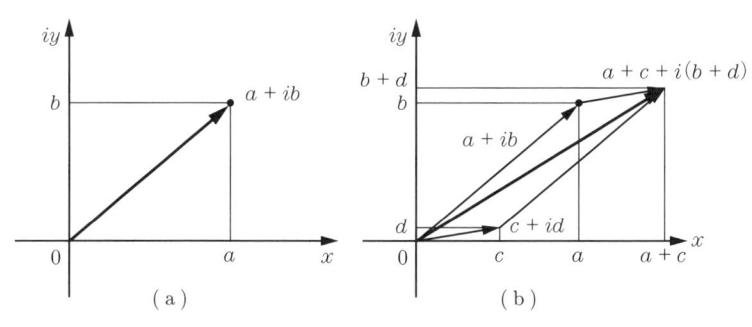

図 **A.1** 複 素 平 面

以上で複素数の加減算が複素変面内のベクトル表示の加減算として，解釈できることを示した。しかし，複素数の本質は，加減算に加えて，その乗除算が定義できることにある。ヴェッセルの貢献は，乗除算のシンプルな図的解釈を与えたことにあるといってもよい。複素数の乗除算を定義するためには，極座標表示を用いると便利なことをヴェッセルは示した。彼は図 **A.2** において複素数 $z = a + bi$ の絶対値を，複素平面内のベクトルの大きさとして $|z| = \sqrt{a^2 + b^2}$ で定義した。また，z の偏角を正の x 軸と複素変面内のベクトル表示とのなす角 $\theta = \tan^{-1}(b/a)$ で定義した。図より $a = |z|\cos\theta$，$b = |z|\sin\theta$ が成り立つ。したがって，極座標では，$r = |z|$ とすると

$$z = r(\cos\theta + i\sin\theta) \qquad (A.7)$$

図 **A.2** 極 表 示

と表すことができることがわかった。オイラーの公式 (A.5) により，式 (A.7) は $z = re^{i\theta}$ と表されることがわかる。これを複素数の極表示という。

二つの複素数の積は，極座標表示では，$z_1 = r_1 e^{i\theta_1}$，$z_2 = r_2 e^{i\theta_2}$ とすると $z_1 z_2 = r_1 r_2 e^{i(\theta_1 + \theta_2)}$ となる。

つぎに，除算を考えよう。複素数 z_1 を z_2 で割る演算は，極座標表示では $z_1 = r_1 e^{i\theta_1}$，

$z_2 = r_2 e^{i\theta_2}$ とすると $z_1/z_2 = r_1/r_2 e^{i(\theta_1-\theta_2)}$ となる.

こうして, 複素数の間には, 加法, 減法, 乗法, 除法が定義され, その図的な意味付けもできることがわかった. さらに, 加法と乗法の交換法則, 結合法則, 分配法則も成り立つことがわかる. すなわち, すべての複素数からなる集合を考えると, これは四則演算によって閉じており, 実数と同じように変形して計算しても正しい結果が得られることもわかる. これを数学的には複素数の集合は体をなすという.

ヴェッセルの仕事を知らずに, その結果を再発見した一人はアルガン (Jean Robert Argand, 1768-1822) であった. 1806 年, 彼はヴェッセルの複素数の幾何学的解釈と同様な内容を私家版で少量出版した. また, ビュエ (Abbé Adrien–Quentin Buée, 1748-1826) も 1806 年, 複素数の幾何学的解釈に関する論文を出版した. しかし, これらの研究も徐々に忘れられていった. 1831 年, ガウス (Karl Friedrich Gauss, 1777-1855) は複素数の幾何学的解釈を論文に記載して出版した. ガウスはヴェッセルの論文の出版より早い 1796 年にはこのようなアイディアをすでに持っていたが, それを熟すまで発表しなかった. 実際, 例えば, 1811 年 12 月 18 日付けのベッセルへの手紙で, ガウスは複素平面の概念に言及している. ガウスは複素数係数多項式の根が複素数まで考えるとすべて求められること (代数学の基本定理) を示し, 多項式の根を求めるにあたり, 数を複素数以上に拡張する必要のないことの証明を与えた. この結果を含め, 高名な数学者ガウスが複素平面による複素数の幾何学的表現を与えたことにより, ここに複素数の複素平面による幾何学的解釈は完全に認知された. その結果, フランス以外では複素平面をガウス平面と呼ぶことになった. フランスでは複素平面をアルガン平面と呼ぶ.

話はまだ続きがある. アルガンとビュエの仕事も忘れ去られようとしていたころ, 1828 年にワレン (John Warren, 1796-1852) は複素数の幾何学的解釈を論文に書いた. これを見たハミルトンは, 複素数の幾何学的解釈の反対として, 1835 年, 複素数を純粋に代数的に表現しようと試みた. 二つの実数 a と b に対して, 順序まで考えたペア (a, b) を考える. 2 組のこのようなペア (a, b) と (c, d) に対して, 和と積を

$$(a, b) + (c, d) = (a + c, b + d), \qquad (a, b)(c, d) = (ac - bd, bc + ad)$$

と定義する. このような和と積の定義された二つの実数のペア (a, b) の集合は複素数の集合と同型となることをハミルトンは示した. このとき, 虚数単位 i に対応するのは $(0, 1)$ である. ハミルトンは, さらに, 1843 年, 複素数を拡張することを考えた. これについては後述する.

1844 年, グラスマン (Hermann Günther Grassmann, 1809-1877) はベクトルの積として, 内積と外積の概念を導入した. また, グラスマンは任意の次元のベクトルを導入して, 線形代数を完成させるなど天才的な数学者であるが, 一生をギムナジウ

ム(Gymnasium, ドイツの中等教育機関)の教師として過ごしたという。

A.2 複素関数とその微分可能性

複素平面が定義できたことにより,複素数の解析学を始めることができる。実際,コーシー (Augustin Louis Cauchy, 1789-1857) は複素解析学 (関数論) の論文を 1814年に提出した。これが近代複素関数論の始まりとなる。本節では,コーシーの複素解析学について学ぶ。複素数はガウス平面上の点となる。ガウス平面上の二つの点の間の距離を絶対値を利用して定義することができる。本節では,複素数の点列の収束について議論し,複素関数の微分可能性について議論する。実関数と複素関数の微分可能性は大いに異なる。その違いが理解できれば複素解析学は非常に身近になる。以下,実数体を $\mathbb{R}$ で,複素数体を $\mathbb{C}$ で表すことにする。

A.2.1 複素数列の収束
複素数列が収束するとはどういうことか定義しよう。

[1] 距　　離　　二つの複素数の $z_1 = a+ib$ と $z_2 = c+id$ の距離を

$$|z_1 - z_2| = \sqrt{(a-c)^2 + (b-d)^2} \tag{A.8}$$

で測ることにする。これはガウス平面内での z_1 と z_2 の距離である (図 **A.3**)。$n \to \infty$ のとき,複素数の数列 $\{z_n\}_{n=0}^{\infty}$ がある $z^* \in \mathbb{C}$ に収束することを

$$z_n \to z^*, \, (n \to \infty) \iff |z_n - z^*| \to 0, \,\, (n \to \infty) \tag{A.9}$$

によって定義することができる。

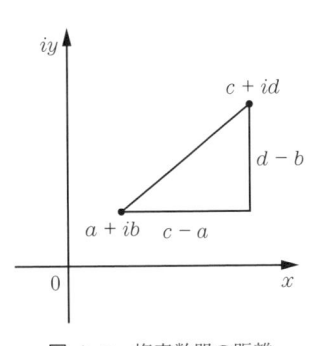

図 **A.3** 複素数間の距離

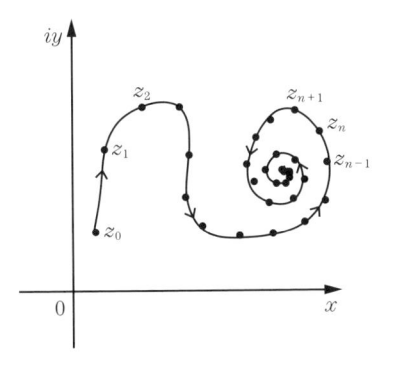

図 **A.4** 複素数列の収束

$|z_n - z^*| \to 0$, $(n \to \infty)$ のとき，図 **A.4** のように，ガウス平面上を自由に点列 z_n が飛びまわりながら，$z^* \in \mathbb{C}$ に収束することができる．

複素数の数列 $\{z_n\}_{n=0}^{\infty}$ がコーシー列であるとは

$$|z_m - z_n| \to 0, \quad (m, n \to \infty) \tag{A.10}$$

となることをいう．複素数の数列 $\{z_n\}_{n=0}^{\infty}$ がコーシー列であるとき，ある $z^* \in \mathbb{C}$ が存在して，$|z_n - z^*| \to 0$, $(n \to \infty)$ が成り立つ．これを複素数の完備性という．複素数の完備性は実数の完備性から導くことができる．

〔2〕**開 集 合**　複素平面内で，複素数 z を中心として，半径 r の縁を含まない円盤 $U_r(z) = \{u \in \mathbb{C} | \ |z - u| < r\}$ を開円盤という．複素平面内の集合 A を考える．集合 A に含まれる点 y が A の内点であるとは，y を中心として，適当な半径 $r > 0$ の開円盤 $U_r(y)$ が存在して，$U_r(y)$ が A の部分集合となることである（図 **A.5**）．集合 A に含まれるすべての点 y が A の内点となるとき，集合 A を開集合であるという．集合 B が開集合の補集合であるとき，集合 B を閉集合であるという．

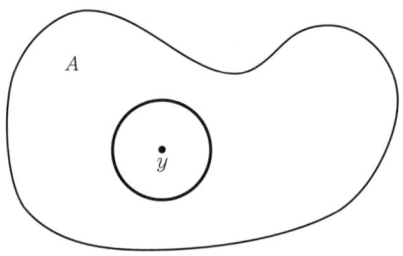

図 **A.5**　y は集合 A の内点

複素平面内の集合 A の任意の 2 点 y と z が与えられたとき，その 2 点を両端とする曲線 C で A に含まれるものが存在するとき，A は弧状連結であるという（図 **A.6**）．弧状連結である開集合を領域という．

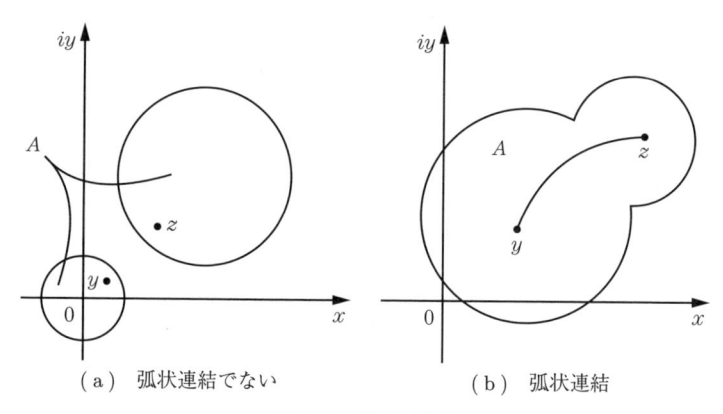

（a）弧状連結でない　　　　（b）弧状連結

図 **A.6**　弧 状 連 結

A.2.2 複 素 関 数

複素数 z を複素数 w に対応させる写像 f を複素関数といい, $w = f(z)$ あるいは $f : \mathbb{C} \to \mathbb{C}$ と表す。

[1] 連 続 性　　複素関数 $f : \mathbb{C} \to \mathbb{C}$ がガウス平面内の点 $a \in \mathbb{C}$ で点列連続であるとは a に収束する任意の複素数の数列 z_n に対して $|f(z_n) - f(a)| \to 0$ となることである。また，複素平面内の任意の開集合 B の $f : \mathbb{C} \to \mathbb{C}$ による逆像 $f^{-1}(B) = \{z \in B |$ ある $b \in B$ が存在して $f(z) = b$ となる $\}$ も開集合となるとき，f は連続であるという。

複素関数 $f : \mathbb{C} \to \mathbb{C}$ が点列連続であることと連続であることは同値であることが知られている。そこで，点列連続であることも単に連続と呼ぶ。

☆ **性質 21**　　複素関数 $f : \mathbb{C} \to \mathbb{C}$ と複素関数 $g : \mathbb{C} \to \mathbb{C}$ が共に点 $a \in \mathbb{C}$ で連続なとき $f(z) + g(z),\ f(z) - g(z),\ f(z)g(z),\ \alpha f(z)$ も点 a で連続となる。ただし，$\alpha \in \mathbb{C}$ は定数である。また，$f(a) \neq 0$ ならば $g(z)/f(z)$ も点 a で連続となる。証明は省く。

$a_n \in \mathbb{C},\ (n = 0, 1, 2, \cdots, n)$ とする。

$$p(z) = a_0 + a_1 z + a_2 z^2 + \cdots + a_n z^n \tag{A.11}$$

と表される関数を多項式 (polynomial) という。性質 21 から，多項式 $p : \mathbb{C} \to \mathbb{C}$ は，すべての $a \in \mathbb{C}$ において連続となることがわかる。また，二つの多項式 $p(z), q(z)$ の比によって $r(z) = p(z)/q(z)$ と表される関数を有理関数 (rational function) という。$q(a) \neq 0$ となる任意の $a \in \mathbb{C}$ において，性質 21 から，有理関数 $r(z)$ は連続となることもわかる。

[2] 微分可能性　　D を領域とする。複素関数 $f : D \to \mathbb{C}$ の微分可能性を定義しよう。

定義 1（微分可能性）　　複素関数 $f : D \to \mathbb{C}$ が点 $z_0 \in D$ で微分可能であるとは極限

$$\lim_{\Delta z \to 0} \frac{f(z_0 + \Delta z) - f(z_0)}{\Delta z} \tag{A.12}$$

が存在して有限となることである。この極限が存在するとき，それを微分と呼び

$$f'(z_0) \quad \text{または} \quad \frac{df(z_0)}{dz} \tag{A.13}$$

と表す。

複素関数において領域 D で微分可能となるものは重要な意味を持つ。そのために，つぎのように定義する。

定義 2（正則性） D を領域とする。複素関数 $f: D \to \mathbb{C}$ が D のすべての点 $Z \in D$ で微分可能であるとき，関数 $f: D \to \mathbb{C}$ を D 上の解析関数または正則関数という。関数 f が点 z_0 で正則であるとは適当な正数 r が存在して，$U_r(z_0) \subset D$ で f が $U_r(z_0)$ 上で正則となることをいう。

A.2.3　コーシー–リーマンの関係式

コーシーは複素関数の積分を考え，さまざまな積分の値を計算することに興味を持った。コーシーの父はフランス政府の高官であったが，フランス革命に関連する 1793 年の恐怖時代に家族とともにパリから田舎 (Arcueil) 逃げた。コーシーが 4 才のときであった。コーシー一家はこのときたいへん貧しく，パン 1 パウンド以上が食卓にあがることはなかったという。しかし，すぐにコーシーの父はパリに戻り，コーシーの教育にたいへん熱心であった。コーシーはエコールポリテクニーク (Ecole Polytechnique) に進学した。コーシーは，はじめは土木工学を学んだが，1811 年頃までには健康上の理由から土木工学をあきらめ，数学に転進した。1814 年には定積分の計算に関する論文を書いた。これが複素関数論の幕開けとなる。これ以降，コーシーは後述するコーシーの定理などを発見するなど，複素関数論の研究を追及した。いま，複素数 z をその実部 $x \in \mathbb{R}$ と虚部 $y \in \mathbb{R}$ により，$z = x + iy$ と表す。複素関数 $f(z)$ の実部と虚部をそれぞれ $u(x,y), v(x,y)$, $(u, v: \mathbb{R}^2 \to \mathbb{R})$ と表す。リーマン (Georg Friedrich Bernhard Riemann, 1826-1866) は学位論文において，つぎの定理を示した。

☆ **性質 22** (コーシー–リーマンの関係式) 　 $u: \mathbb{R}^2 \to \mathbb{R}$ と $v: \mathbb{R}^2 \to \mathbb{R}$ とする。これによって定義される複素関数

$$f(z) = u(x,y) + iv(x,y) \tag{A.14}$$

が，点 $z_0 = x_0 + iy_0$ で微分可能となるための必要十分条件は，$u(x,y)$ と $v(x,y)$ が点 z_0 で x と y について偏微分可能で，その偏微分係数が z_0 で連続となり，点 z_0 で

$$\frac{\partial u}{\partial x} = \frac{\partial v}{\partial y}, \quad \frac{\partial u}{\partial y} = -\frac{\partial v}{\partial x} \tag{A.15}$$

が成り立つことである。式 (A.15) をコーシー–リーマンの関係式という。

正則性の定義 (定義 2) から，ある正数 $r > 0$ が存在して，複素関数 f が点 z_0 を中心とする半径 $r > 0$ の円盤 $U_r(z_0)$ 内のすべての点 z でコーシー–リーマンの関係式 (A.15) を満たせば点 z_0 で正則となることがわかる。

A.3 コーシーの定理

　線積分，曲面積分，体積積分は複素関数論とベクトル解析において基本的に重要となる。このような積分に関連する定理は 19 世紀におもなものが現れた。ガウス，グリーン (Geoge Green, 1793-1841)，ストークス (George Gabriel Stokes, 1819-1903) などの学者による積分定理はその代表的なものである。その歴史はかなり複雑である。コーシーの 1814 年の複素積分に関する論文には，グリーンの定理と現在呼ばれる定理が本質的には用いられていた。グリーンは 1828 年にグリーンの定理を記載した出版物を私的に出した。グリーンの定理は物理の大御所トムソン（William Thomson, 1824-1907，のちのケルビン (Kelvin) 卿は別称）を含む人々に伝わった。1850 年トムソンは友人のケンブリッジ大学のストークスにその結果を知らせた。これを，あとに電磁気学を数学的に完成させた，マクスウェル (James Clerk Maxwell, 1831-1879) が学生としてストークスから学んだといわれている。1873 年にマクスウェルはこの定理を彼の著書にストークスの定理として引用した。マクスウェルの電磁気理論は四元数によって書かれていたが，これをベクトル解析で簡潔に表すことに成功したヘビサイド (Oliver Heaviside, 1850-1925) はトムソンと論争をしたことで有名である。

　ここでは，線積分とそれに関連するグリーンの定理を学ぶ。そして，その結果を利用して，複素関数論の基本定理であるコーシーの定理を示す。

A.3.1 線　積　分

　本項では，まず，線積分の定義をする。つぎに，線積分と面積分の関係を与えるグリーンの定理を示す。

　以下，α と β を $\alpha < \beta$ を満たす実数とする。二次元デカルト座標系を考える。二次元座標系の中での曲線とは，$t \in [\alpha, \beta]$ の連続関数 $\gamma : [\alpha, \beta] \to \mathbb{R}^2$ によって

$$C = \bigcup_{t \in [\alpha, \beta]} \gamma(t) \tag{A.16}$$

と表される集合をいう。これを曲線 C のパラメータ表示という（図 **A.7**）。

　区間 $[\alpha, \beta]$ を有限個の部分区間の和集合に分ける。すなわち

$$\alpha = a_0 < a_1 < a_2 < \cdots < a_n = \beta \tag{A.17}$$

として

$$[\alpha, \beta] = \bigcup_{i=1}^{n} [a_{i-1}, a_i] \tag{A.18}$$

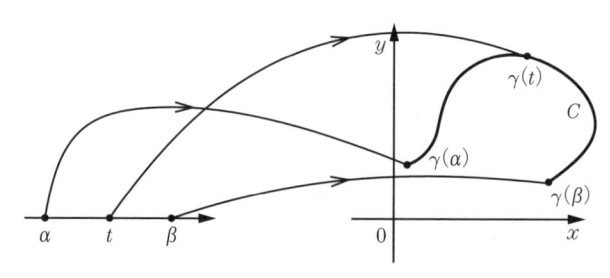

図 **A.7** 曲線の定義

とする。このような，適当な区間 $[\alpha, \beta]$ の分割が存在して，各 (a_{i-1}, a_i) で $\gamma(t)$ が t について微分可能となるような連続な曲線 γ によって表される曲線を，区分的に微分可能な曲線という。以下では，曲線といえば，区分的に微分可能な曲線のこととする。

定義 3　出発点 $\gamma(\alpha)$ と到着点 $\gamma(\beta)$ のみが一致するような閉曲線を単純な閉曲線あるいはジョルダン曲線という。

☆ **性質 23 (ジョルダンの曲線定理)**　C を単純な閉曲線とする。このとき，二次元平面はジョルダン曲線によって二つの連結領域に分けられる。その内の一方の領域を U とすると，ある定数 K が存在して，任意の $u \in U$ に対して $|u| < K$ が成り立つ（集合 U は有界であるという。図 **A.8**）。

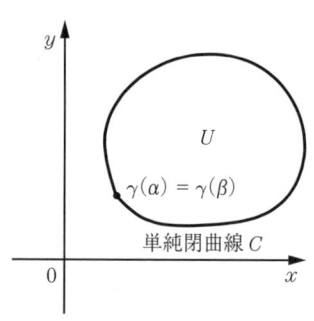

ジョルダン (Camille Jordan, 1838-1922) は，この定理の証明を 1887 年に示したが，誤りがあった。正しい証明は 1905 年になってやっと与えられた。ジョルダンの曲線定理の証明は意外と難しいので有名である。

実変数 x と y の関数 $f : \mathbb{R}^2 \to \mathbb{R}$ を考える。また，二次元平面 $\mathbb{R}^2$ 上の曲線 C が

$$C = \{(x(t), y(t))^t, \quad t \in [\alpha, \beta]\} \quad (A.19)$$

図 **A.8**　ジョルダンの曲線定理

と表される場合を考える。以下，簡単のため，$x(t), y(t)$ は t について 1 回連続微分可能とする。いま，関数 f が関数 $\gamma : [\alpha, \beta] \to \mathbb{R}^2$ によって定義される曲線 C 上で連続であるとする。このとき，曲線 C に沿う関数 f のつぎの形の線積分を

$$\int_C f(x(t), y(t)) dx = \int_\alpha^\beta f(x(t), y(t)) \frac{dx(t)}{dt} dt \quad (A.20)$$

で定義する。$f(x(t), y(t)) x'(t)$ が t の区分的に連続な関数となるので，微積分学の定理より，この線積分が定義できることがわかる。同様に，曲線 C に沿う関数 f の別

の線積分を

$$\int_C f(x(t),y(t))dy = \int_\alpha^\beta f(x(t),y(t))\frac{dy(t)}{dt}dt \tag{A.21}$$

で定義する。$f(x(t),y(t))y'(t)$ が t の区分的に連続な関数となるので，微積分学の定理より，この線積分が定義できることがわかる。

A.3.2 グリーンの定理

単純閉曲線 C の向きを図 **A.9** のように定義する。すなわち，曲線の内部 (ジョルダンの閉曲線定理で有界となる集合を内部という) を左側に見ながら進む向きを単純閉曲線の正の向きということにする。

☆ **性質 24 (グリーンの定理)** U を単純閉曲線 C で囲まれた有界領域とする。x と y を実変数とする。$D = U \bigcup C$ なる閉集合とする。P と Q を x,y の実関数 ($P : \mathbb{R}^2 \to \mathbb{R}$) とする。$P$ と Q が D 上で連続な偏導関数を持つとする。このとき

$$\int_C (Pdx + Qdy) = \iint_D \left(\frac{\partial Q}{\partial x} - \frac{\partial P}{\partial y}\right)dxdy \tag{A.22}$$

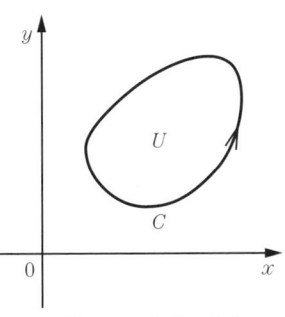

図 **A.9** 曲線の向き

が成り立つ。ただし，C は正の向きを持つとする (図 A.9 参照)。

グリーンの定理はニュートンとライプニッツ (Gottfried Wilhelm Leibniz, 1646-1716) による微積分学の基本定理の 2 変数関数への自然な拡張となっている。x を実変数，f を実連続関数 ($f : \mathbb{R} \to \mathbb{R}$) とする。このとき，$F$ を f の不定積分とすると

$$\int_a^b f(x)dx = F(b) - F(a) \tag{A.23}$$

となるというのが微積分学の基本定理であった。$F'(x) = f(x)$ であるから，式 (A.23) を

$$F(b) - F(a) = \int_a^b \frac{dF}{dx}dx \tag{A.24}$$

と書き直すと，グリーンの公式 (A.22) と似ている感じがより強まるであろう。実際，式 (A.22) の左辺の積分は一重積分 (一重といういい方は少し変であるが) で右辺は二重積分であり，左辺のほうが，積分が一次元低い。また，曲線 C は領域 D の縁 (数学用語では境界) である (図 **A.10**)。一方，式 (A.24) でも，左辺は積分がなく，右

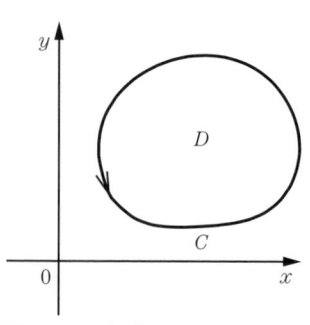

図 **A.10** 領域 D とその境界 C

辺は一重積分であり，左辺は積分が一次元低い．また，a, b は区間 $[a, b]$ の縁（区間の端点）である．

グリーンの公式 (A.22) の特徴は，グリーンの公式がある種の座標変換で形を変えないことにある．そのことは別に示すとして，ここでは，グリーンの公式が微積分学の基本定理をもとに証明できることを示そう．そのために，まず，D が特殊な形状の場合を2例扱う．そして，この二つのケースの組合せとして，一般の場合を証明しよう．

いま，x を実変数，$u_1(x), u_2(x)$ を実関数とする．そして，領域 D が

$$D = \{(x, y) \in \mathbb{R}^2 |\ a \leq x \leq b,\ u_1(x) \leq y \leq u_2(x)\} \qquad (A.25)$$

と表されるとする（図 **A.11**）．

このとき，二重積分を累積積分に直す公式により

$$\begin{aligned}
&\iint_D -\frac{\partial P}{\partial y} dx dy \\
&= \int_a^b \left\{ \int_{u_1(x)}^{u_2(x)} -\frac{\partial P}{\partial y} dy \right\} dx \\
&= \int_a^b P(x, u_1(x)) dx - \int_a^b P(x, u_2(x)) dx \\
&= \int_a^b P(x, u_1(x)) dx + \int_b^a P(x, u_2(x)) dx \\
&= \int_C P(x, y) dx \qquad (A.26)
\end{aligned}$$

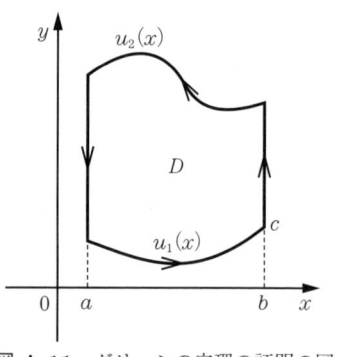

図 **A.11** グリーンの定理の証明の図 1

となることがわかる．

つぎに，y を実変数，$v_1(y), v_2(y)$ を実関数とする．そして，領域 D が

$$D = \{(x, y) \in \mathbb{R}^2 |\ c \leq y \leq d, \quad v_1(y) \leq x \leq v_2(y)\} \qquad (A.27)$$

と表されるとする（図 **A.12**）．このときも，二重積分を累積積分に直す公式により

$$\iint_D \frac{\partial P}{\partial x}dxdy$$
$$=\int_c^d \left\{\int_{v_1(y)}^{v_2(y)} \frac{\partial P}{\partial x}dx\right\}dy$$
$$=\int_c^d P(v_2(y),y)dy - \int_c^d P(v_1(y),y)dy$$
$$=\int_c^d P(v_2(y),y)dy + \int_d^c P(v_1(y),y)dy$$
$$=\int_C P(x,y)dy \qquad (A.28)$$

を得る。

図 **A.12** グリーンの定理の証明の図 2

式 (A.26) と (A.28) より，グリーンの公式 (A.22) が成り立つことを示そう。一般の場合を扱うのはたいへんなので例で示そう。図 **A.13** (a) のような，楕円盤から円盤を除いた図形を D とする。また，その境界を C とする。このとき，D を図 (b) のように四つの領域に分ける。四つの領域の境界を C_1, C_2, C_3, C_4 とすると，それぞれには式 (A.28) が適用できる。これから

$$\iint_D \frac{\partial Q}{\partial x}dxdy = \int_{C_1} Qdy + \int_{C_2} Qdy + \int_{C_3} Qdy + \int_{C_4} Qdy = \int_C Qdy \qquad (A.29)$$

がわかる。

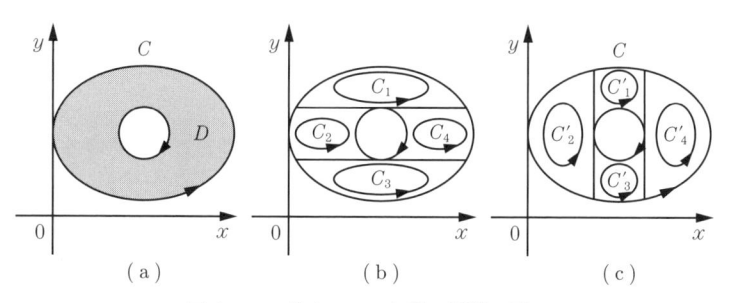

図 **A.13** グリーンの定理の証明の図 3

一方，D を図 (c) のように四つの領域に分ける。四つの領域の境界を C_1', C_2', C_3', C_4' とすると，それぞれには式 (A.26) が適用できる。これから

$$-\iint_D \frac{\partial P}{\partial y}dxdy = \int_{C_1'} Pdx + \int_{C_2'} Pdx + \int_{C_3'} Pdx + \int_{C_4'} Pdx = \int_C Pdx \qquad (A.30)$$

を得る.式 (A.29) と (A.30) からグリーンの定理が成り立つことがわかる.

A.3.3 複素積分とコーシーの定理

複素積分を用いた正則な複素関数の特徴づけを与えよう.まず,複素関数の積分を考える.実関数の積分は区間の上での積分であった.複素関数は複素平面上で定義されるので,その積分路は複素平面上の曲線となる.すなわち,複素関数の積分は複素平面上での線積分となる.複素関数の積分を複素積分という.ここでは,二次元平面上の実関数の線積分を基にして複素積分を定義しよう.

$z(t)$ が区間 $[a,b]$ から複素平面への区分的に微分可能な関数であるとは,$z(t)$ が連続関数であり,適切な区間 $[a,b]$ の有限分割 $a = t_0 < t_1 < \cdots < t_n = b$ が存在して,各区間 (t_{k-1}, t_k),$(k = 1, 2, \cdots, n)$ 上で $z(t)$ が 1 回連続微分可能なことをいう.$z(t)$ を区間 $[a,b]$ から複素平面への区分的に微分可能な関数であるとする.集合 $C = \{z(t)|\ t \in [a,b]\}$ は複素平面上の区分的に微分可能な曲線となる(図 **A.14**).

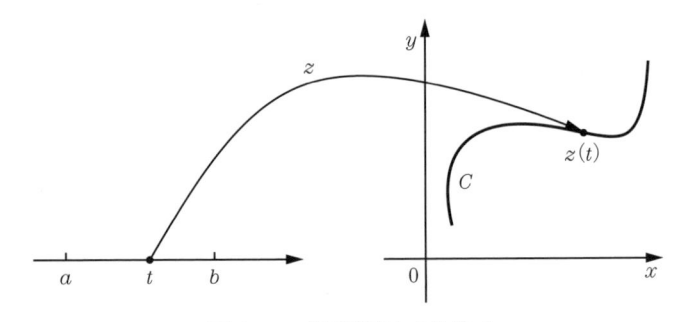

図 A.14 複素平面上の曲線 C

以下,簡単のために曲線といえば区分的に微分可能な曲線とする.D を複素平面上の領域とする.f を D 上で定義された複素関数とする.$C \subset D$ となる複素平面上の曲線 C を考える.曲線 C 上の複素関数 $f(z)$ の複素積分をつぎのように定義する.

$$\int_C f(z)dz = \int_a^b f(z(t)) \frac{dz(t)}{dt} dt \tag{A.31}$$

これにより,複素積分が定義されることを見てみよう.そのために,$z(t) = x(t) + iy(t)$ とする.$x(t)$ と $y(t)$ はともに区分的に微分可能とする.$u(x,y)$ と $v(x,y)$ を実変数 x, y の実 2 変数として,$f(z(t)) = u(x,t) + iv(x,y)$ となるとする.このとき

$$
\begin{aligned}
&\int_a^b f(z(t))\frac{dz(t)}{dt}dt \\
&= \int_b^a (u(x(t),y(t)) + iv(x(t),y(t)))\left\{\frac{dx(t)}{dt} + i\frac{dy(t)}{dt}\right\}dt \\
&= \int_b^a u(x(t),y(t))\frac{dx(t)}{dt}dt + i\int_b^a v(x(t),y(t))\frac{dx(t)}{dt}dt \\
&\quad + i\int_b^a u(x(t),y(t))\frac{dy(t)}{dt}dt - \int_b^a v(x(t),y(t))\frac{dy(t)}{dt}dt
\end{aligned}
\tag{A.32}
$$

となって，確かに実関数の積分の定義を利用して，複素積分が定義できることがわかる。式 (A.20) と (A.21) から，これはさらに

$$
= \int_C \{u(x,y) + iv(x,y)\}dx + i\int_C \{u(x,y) + iv(x,y)\}dy \tag{A.33}
$$

と書き直される。すなわち

$$
\int_C f(z)dz = \int_C f(z)(dx + idy) \tag{A.34}
$$

が成り立つことがわかる。これは，$dz = dx + idy$ と考えてよいことを示している。

グリーンの定理（性質 24）の応用範囲は非常に広い。グリーンの定理の考え方はコーシーの 1814 年の複素積分に関する論文にある。しかし，グリーンの著書がそれを直接に扱っているので，本書ではほかの多くの著書と同様に性質 24 をグリーンの定理と呼ぶことにする。コーシーも後年（1846 年）にはグリーンの定理を直接に用いて，自身の作り出した複素関数の基本定理（コーシーの定理と呼ばれる）を証明しなおしている。

> **定義 4**（単連結領域）　D を領域とする。D 内の任意の単純閉曲線を取ったとき，その内部がすべて D に含まれるとき，D を単連結という。

単連結とは直感的にいえば，内部に穴のあいていない領域をいう（図 **A.15**）。

(a) 単連結領域　　(b) 単連結でない領域

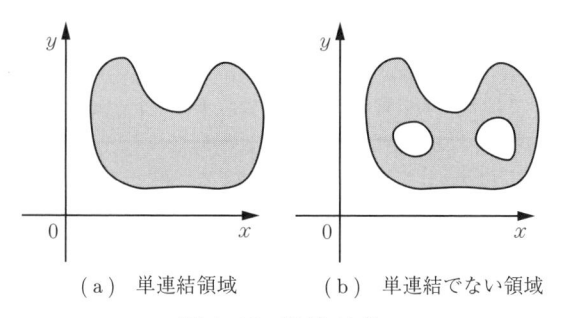

図 **A.15**　単 連 結 性

☆ **性質 25 (コーシーの定理)**　D を複素平面内の単連結領域とする．複素関数 $f: D \to \mathbb{C}$ が D 上で正則で，$f'(z)$ が D 上で連続であるとする．このとき，D 内の任意の単純閉曲線を C とすると

$$\int_C f(z)dz = 0 \tag{A.35}$$

となる．

証明　複素関数 f の実部を u，虚部を v とする．

$$f(z) = u(x,y) + iv(x,y) \tag{A.36}$$

このとき，$dz = dx + idy$ と式 (A.36) より

$$\begin{aligned}\int_C f(z)dz &= \int_C \{u(x,y) + iv(x,y)\}(dx+idy) \\ &= \int_C \{u(x,y)dx - v(x,y)dy\} + i\int_C \{v(x,y)dx + u(x,y)dy\}\end{aligned} \tag{A.37}$$

を得る．グリーンの定理より，U を C の内部として

$$\int_C \{u(x,y)dx - v(x,y)dy\} = -\iint_U \left(\frac{\partial u}{\partial y} + \frac{\partial v}{\partial x}\right)dxdy \tag{A.38}$$

がわかる．同様に

$$\int_C \{v(x,y)dx + u(x,y)dy\} = -\iint_U \left(\frac{\partial v}{\partial y} - \frac{\partial u}{\partial x}\right)dxdy \tag{A.39}$$

を得る．ここで，複素関数が D 上で正則なことより，D 上でつぎのコーシー–リーマンの関係式が成り立つ．

$$\frac{\partial u}{\partial x} = \frac{\partial v}{\partial y}, \quad \frac{\partial u}{\partial y} = -\frac{\partial v}{\partial x} \tag{A.40}$$

これは式 (A.38) と式 (A.39) の右辺が零となることを示している．よって，コーシーの積分公式 (A.35) が成り立つことが示された．　□

この定理についてはガウスも気がついていたようである．実際，1811 年ガウスが友人に宛てた手紙の中で，この定理が成り立つことを述べて，いずれ適当なところで証明を与えようと書いている．しかし，ガウスが多くの例でそうであったように，それはなされなかった．

コーシーは，複素積分についてさまざまな計算を行ったが，性質 25 はその基礎となる重要な定理となった．つぎの性質 26 はコーシーの定理 (性質 25) の系であり，積分計算に直接的に役立つものである．

A.3 コーシーの定理

☆ **性質 26**　複素平面内の単連結領域 D において，複素関数 $f(z)$ は正則であるとする。いま，$z_1 \in D$ を始点として，$z_2 \in D$ を終点とする二つの積分路 $C_1 \subset D$ および $C_2 \subset D$ を考える。このとき

$$\int_{C_1} f(z)dz = \int_{C_2} f(z)dz \tag{A.41}$$

が成り立つ。

コーシーの定理から導かれる基本定理として，正則関数の積分表示に関する定理がある。これをコーシーの積分定理という。以下，コーシーの積分定理について学ぼう。そのために単連結領域でない領域 (複連結領域と呼ぶことにする) 上でのコーシーの定理を見てみよう。複連結領域として，図 **A.16**(a) のような穴の空いた領域 D を考える。領域 D 内に入る単純曲線 C, C_1, C_2 を考える。

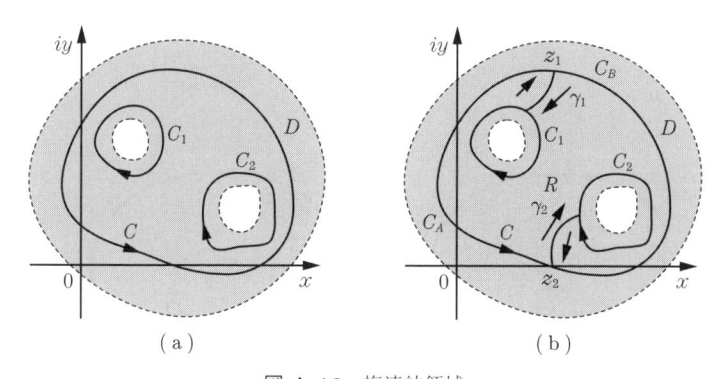

図 **A.16**　複連結領域

ここで，図 (b) のように C と C_1 を結ぶ積分路 γ_1 と C と C_2 を結ぶ積分路 γ_2 を考える。γ_1 と γ_2 の向きは C から C_1, C_2 へ向かう方向をそれぞれ正の向きとする。このとき，C と γ_1 との交点を z_1，C と γ_2 の交点を z_2 とすると，C の正の向きにそって，z_1 から z_2 までの部分を C_A，z_2 から z_1 までの部分を C_B とすると，$C_A, \gamma_2, C_2, -\gamma_2, C_B, \gamma_1, C_1, -\gamma_1$ で囲まれる領域 R は単連結領域となる。よって，コーシーの定理から

$$\begin{aligned}&\int_{C_A} f(z)dz + \int_{\gamma_2} f(z)dz + \int_{C_2} f(z)dz - \int_{\gamma_2} f(z)dz \\ &+ \int_{C_B} f(z)dz + \int_{\gamma_1} f(z)dz + \int_{C_1} f(z)dz - \int_{\gamma_1} f(z)dz = 0\end{aligned} \tag{A.42}$$

を得る。式 (A.42) を整理すると

$$\int_C f(z)dz + \int_{C_1} f(z)dz + \int_{C_2} f(z)dz = 0 \tag{A.43}$$

を得る。ここで，C_1, C_2 の向きを逆転した曲線を C_1^+, C_2^+ とすると，式 (A.43) は

$$\int_C f(z)dz = \int_{C_1^+} f(z)dz + \int_{C_2^+} f(z)dz \tag{A.44}$$

となる。

複結合領域の穴の数がもっと増えた場合も同様である。以上の準備の下に，コーシーの積分定理を示そう。

☆ **性質 27 (コーシーの積分定理)**　D を単連結領域とする。$f(z)$ を D 上で定義された正則な複素関数とする。図 **A.17** のように C を D に含まれる正の向きを持つ曲線とする。z_0 を C の内部に含まれる内点とすると

$$f(z_0) = \frac{1}{2\pi i} \int_C \frac{f(z)}{z - z_0} dz \tag{A.45}$$

が成り立つ。式 (A.45) をコーシーの積分公式という。

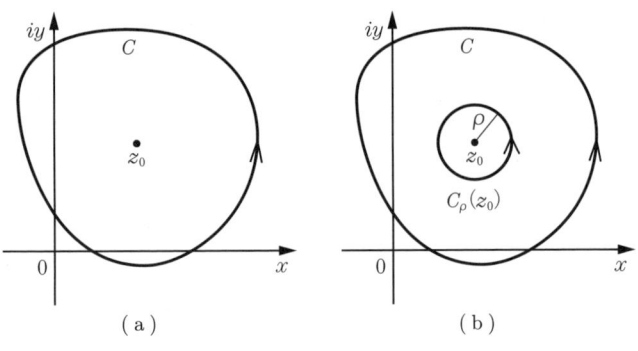

(a)　　　　　　　　(b)

図 **A.17**　コーシーの積分公式

証明　正数 ρ を十分小さく取ると，z_0 が C の内部の内点であることから，z_0 を中心として半径 ρ の円盤 $C_\rho(z_0)$ は C の内部に含まれるようにできる。また，$C_\rho(z_0)$ の向きは図 (b) のように取るものとする。したがって，複連結領域のコーシーの定理により

$$\int_C \frac{f(z)}{z - z_0} dz = \int_{C_\rho(z_0)} \frac{f(z)}{z - z_0} dz \tag{A.46}$$

が成り立つ。ここで，$z - z_0 = \rho e^{i\theta}$, $(0 \leqq \theta \leqq 2\pi)$ と極表示する。このとき，$dz(\theta)/d\theta = i(z - z_0)$ より

$$d\theta = \frac{dz}{i(z - z_0)} \tag{A.47}$$

を得る。式 (A.47) を式 (A.46) の右辺に代入すると

$$\int_{C_\rho(z_0)} \frac{f(z)}{z - z_0} dz = i \int_0^{2\pi} f(z_0 + \rho e^{i\theta}) d\theta \tag{A.48}$$

を得る。ここで，微積分学で学習したつぎの命題を思い起こそう。

「もし，$g(x,y)$ が二次元矩形 $[a,b] \times [c,d]$ 上で連続ならば

$$G(y) = \int_\alpha^\beta g(x,y) dx \tag{A.49}$$

は閉区間 $[c,d]$ 上で連続で

$$\lim_{y \to y_0} G(y) = \int_\alpha^\beta g(x, y_0) dx \tag{A.50}$$

が成り立つ」。

この定理を利用すると

$$\lim_{\rho \to 0} i \int_0^{2\pi} f(z_0 + \rho e^{i\theta}) d\theta = i \int_0^{2\pi} f(z_0) d\theta = 2\pi i f(z_0) \tag{A.51}$$

となることがわかる。よって，式 (A.46) に (A.48) を代入した

$$\int_C \frac{f(z)}{z - z_0} dz = i \int_0^{2\pi} f(z_0 + \rho e^{i\theta}) d\theta \tag{A.52}$$

において，ρ は任意に小さくしてよいことを考えると

$$\int_C \frac{f(z)}{z - z_0} dz = 2\pi i f(z_0) \tag{A.53}$$

が導かれる。これはコーシーの積分公式 (A.45) と同等である。 □

A.4 四元数からベクトルへ

ニュートンは力学の基本法則を定式化したが，ベクトルを陽には用いなかった。静力学に関連して，ベクトルの概念を陽に用い始めたのはメビウス (August Ferdinand Möbius, 1790-1868) であるといわれている。1843 年ハミルトンは複素数の代数的理論をさらに拡張して四元数を定義した。四元数の積の中に，実質的にベクトルの内積と外積が現れる。また，1844 年に出版されたドイツのギムナジウムの教師グラスマン

の著書の中で外積代数が初めて展開された.そして,グラスマンはきわめて深い意味で線形代数を確立する.マクスウェルは四元数を基にファラデー (Michael Faraday, 1791-1867) の理論を数学化し,拡張して電磁気学の基本方程式を導いた.ここでの基本哲学はファラデーの近接作用の原理である.電荷が空中に置かれると,周りの空間の電気的な特性が変化し,その変化が伝搬して力が伝わるという考え方である.ここに,空間の各点に物理的な量を表すベクトルが対応するというベクトル場の考え方が現れた.これを,ベクトル解析を創始して,現代のマクスウェルの方程式の形に直したのはヘビサイドとギッブス (Josiah Willard Gibbs, 1839-1903) である.ベクトル解析はベクトル場の解析学である.ギッブスはグラスマンの外積代数の重要性を認識して,ベクトル解析を展開したという.

A.4.1 四　元　数

真にオリジナルな発見は時代を超越することがある.ハミルトンの四元数の発見もその例であろう.マクスウェルは彼の電磁気学を四元数で記述した.ヘビサイドはこれをベクトルの言葉に書き直して,現代的なベクトル解析を創始した.現代ではマクスウェルの方程式はヘビサイドのベクトル解析の言葉で表現されるのが普通である.物理現象の入れ物としての三次元ユークリッド空間はベクトルで表現するほうが素直なような感じがするからである.しかし,相対性理論が出現し,時間と空間を同時に考えなければいけないとき,四元数の物理的な意味がはっきりする.物理学者ディラック (Paul Adrien Maurice Dirac, 1902-1984) は四元数を用いて相対論的な電子の方程式を導いた.そして,その理論的帰結として陽電子の存在を予言する.陽電子のアイディアは半導体中のホール(正孔)の理論のモデルとなり,現代の半導体工学の基礎となっている.

ダブリンの数学者ハミルトンは5才の頃からギリシャ語,ラテン語などを習い,15才ではニュートンやラプラス (Marquis de Laplace, 1749-1827) を学んでいた.1833年ハミルトンは複素数を実数の組とみなす理論を発表した.複素数の代数的な理論の誕生である.これが基礎となって,代数的な立場からハミルトンは複素数の拡張を思いつくことになる.1843年,ハミルトンは,彼の妻と運河べりを散策していたとき,四元数のアイディアに思い至ったという.それは,虚数単位の拡張として三つの単位 i, j, k を導入することであった.この i, j, k は $i^2 = j^2 = k^2 = ijk = -1$ を満たすとして与えられる.そして,四元数 x は,a, b, c, d を実数として $x = a + bi + cj + dk$ として定義される.

二つの四元数 $x_1 = a_1 + b_1 i + c_1 j + d_1 k$ と $x_2 = a_2 + b_2 i + c_2 j + d_2 k$ が与えられたとき,その和は

A.4 四元数からベクトルへ

$$x_1 + x_2 = a_1 + a_2 + (b_1 + b_2)i + (c_1 + c_2)j + (d_1 + d_2)k \tag{A.54}$$

で定義される。四元数 $x = a + bi + cj + dk$ が 0 であるとは，$a = b = c = d = 0$ であることと定義する。明らかに，四元数 $x = a + bi + cj + dk$ に関する加法の逆元は $-x = -a - bi - cj - dk$ で与えられる。加法に関しては，複素数の加法と同じ式変形ができる。

一方，四元数の乗法はどうであろうか。四元数の乗法は，単位 i, j, k の間に乗法の結合法則が成り立つとして定義される。$ijk = -1$ という定義式に右側から k を掛けると，$ijk^2 = -k$ となる。$k^2 = -1$ と定義されていることから，$ij = k$ を得る。同様にして，$i(ijk) = i(-1)$ から $jk = i$ を得る。$i^2jk^2 = (-1)j(-1) = j$ より $i(ijk)k = -ik = j$ を得る。また，$(ij)(jk) = ki$ であるが，$ij^2k = -ik$ となるので，$ki = -ik$ を得る。よって，$ki = j$ である。$(ki)(jk) = ji$ であるが，$(ki)(jk) = k(ijk) = -k$ となるので，$ji = -k = ij$ を得る。さらに，$(ij)(ki) = kj$ であるが，$(ij)(ki) = (ijk)i = -i$ より，$kj = -i = -jk$ を得る。こうして，二つの異なる単位の積は，積の順序によって値が変わることがわかった。

$$ij = -ji = k, \qquad jk = -kj = i, \qquad ki = -ik = j \tag{A.55}$$

すなわち，二つの四元数の x, y の積は $xy \neq yx$ となる。このような性質を四元数の乗法の非可換性という。

四元数 $x = a + bi + cj + dk$ に対して，その共役 $\overline{x}$ は

$$\overline{x} = a - bi - cj - dk \tag{A.56}$$

と定義される。四元数 x のノルム $N(x)$ を $N(x) = x\overline{x}$ で定義する。単位 i, j, k の定義と四元数の共役の定義 (式 (A.56)) に従って計算すれば，$x\overline{x} = a^2 + b^2 + c^2 + d^2$ を得る。明らかに，$x = 0$ となるのは $N(x) = 0$ となるとき，かつ，そのときのみである。$N(x) \neq 0$ のとき，x の乗法に関する逆元を $x^{-1} = \overline{x}/N(x)$ によって定義することができる。実際

$$xx^{-1} = \frac{x\overline{x}}{N(x)} = 1, \qquad x^{-1}x = \frac{\overline{x}x}{N(x)} = 1 \tag{A.57}$$

が成り立つ。

こうして，容易に，四元数は，複素数や実数の式変形の性質の中で，乗法の可換性をだけを満たさない体系として特徴づけらることがわかる。数学的にはこのような体系を斜体という。ハミルトンの四元数の業績は現代の教育現場ではあまり紹介されないが，非可換な乗法を持つ代数系の例は，これが最初であったという意味で歴史的に重要な意義を持った（少しあとに行列が出現して，四元数は非可換な乗法を持つ代数

系の代表例として座を行列に譲り渡すことになる)。ハミルトンはその残りの人生を四元数の数学に捧げることになる。

A.4.2 四元数と相対性理論

時代を先走って,四元数と物理学の本質的な結びつきを明らかにしよう。アインシュタインの特殊相対性理論では時間と空間が物理的に一体として考察されるべきことが示された。いま,簡単のために光の速度が 1 となるような単位系で考える。このとき,アインシュタイン (Albert Einstein, 1879-1955) は

$$s^2 = t^2 - x^2 - y^2 - z^2 \tag{A.58}$$

が,静止座標系から一定の速度で移動する移動座標系への変換でも不変に保たれるべきことを要請して,特殊相対性理論を創始した。ただし,t は時間を表す実変数,x, y, z も位置を表す実数とする。ここで,i という記号を虚数単位を表す記号へと戻し ($i = \sqrt{-1}$),ハミルトンの導入した新しい単位 i, j, k をそれぞれ i_1, i_2, i_3 と表すことにする。そして,複素四元数 u を

$$u = t + i(xi_1 + yi_2 + zi_3) \tag{A.59}$$

と定義する。すると

$$N(u) = u\bar{u} = t^2 - x^2 - y^2 - z^2 \tag{A.60}$$

となることがわかる。すなわち,複素四元数のノルムが式 (A.58) の右辺に現れていたのである。こうして,複素四元数 u は相対性理論における時空 (現在ではこれを研究したミンコウスキー (Hermann Minkowski, 1864-1909) の名前を取って,ミンコウスキー空間という) の一点を表していることがわかった。ハミルトンのアイディアをさらに複素四元数という形に昇華してはいるが,相対性理論における時空の一点が複素四元数によって表され,その複素四元数のスカラー部分が時間,(複素) ベクトル部分が空間座標を表しているというのは,あまりにも見事である。しかし,ハミルトンの時代にはまだ電磁気学は完成しておらず,相対性理論の出現はさらにそのあとである。ハミルトンの生きた時代は四元数を分解して,ベクトルへと引き戻すことになる。

A.4.3 四元数からベクトルへ

ここで,再び,時代を戻すと同時に,i, j, k をハミルトンの導入した新しい単位を表す記号へと戻す。四元数 $x = x_0 + x_1 i + x_2 j + x_3 k$ を

$$x = x_0 + v, \quad v = x_1 i + x_2 j + x_3 k \tag{A.61}$$

と表す。ただし,x_0, x_1, x_2, x_3 は実数とする。x_0 を四元数 x のスカラー成分,v を四

元数 x のベクトル成分という。スカラー成分が 0 でベクトル成分のみからなる四元数 $x = x_1 i + x_2 j + x_3 k$ は三次元ベクトルとみなすことも可能である。スカラー成分が 0 の二つの四元数 $x = x_1 i + x_2 j + x_3 k$ と $y = y_1 i + y_2 j + y_3 k$ の積は

$$xy = (x_1 i + x_2 j + x_3 k)(y_1 i + y_2 j + y_3 k)$$
$$= -(x_1 y_1 + x_2 y_2 + x_3 y_3)$$
$$+ (x_2 y_3 - x_3 y_2)i + (x_3 y_1 - x_1 y_3)j + (x_1 y_2 - x_2 y_1)k \tag{A.62}$$

となる。ヘビサイドはこの積のスカラー部分を内積,ベクトル部分を外積と呼び,これをつぎのように取り出した(厳密には,ヘビサイドの内積の記号と外積の記号はこれとは異なる)。

$$x \cdot y = x_1 y_1 + x_2 y_2 + x_2 y_3$$
$$x \times y = (x_2 y_3 - x_2 y_3)i + (x_3 y_1 - x_1 y_3)j + (x_1 y_2 - x_2 y_1)k \tag{A.63}$$

A.4.4 ベクトル解析の始まり

ヘビサイドは三次元空間を物理現象の入れ物と考えた。この場合,時間はパラメータとなって,空間座標と直接の関係はなくなる。ヘビサイドはハミルトンに敬意を払いつつも,四元数の理論の難解さを指摘し,ベクトル解析のわかりやすさを強調して,ベクトル解析を 1893 年に出版された彼の著書「電磁気学 I」の第 3 章に展開している(その著書の表紙の写真を図 **A.18** に示す)。ベクトル解析はヘビサイドとアメリカの

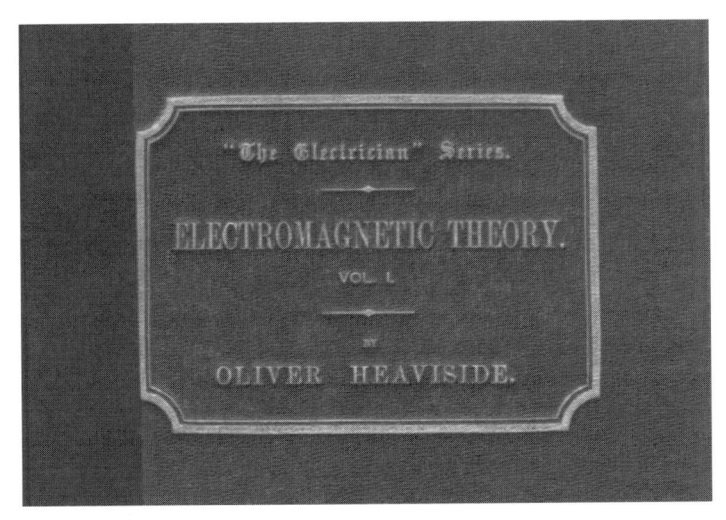

図 **A.18** ヘビサイドの著書「電磁気学 I」の表紙の一部

物理学者ギッブスが独立に開発したものである。ギッブスはエール (Yale) 大学に入り，工学博士号をアメリカで最初に受領した。ギアの研究であった。その後，ヨーロッパに渡り，ハイデルブルグでキルヒホッフ (Gustav Robert Kirchhoff, 1824-1887) やヘルムホルツ (Hermman Ludwig Ferdinand von Helmholtz, 1821-1894) の影響を受けた。アメリカに帰国後，1871 年にエール大学の物理数学の教授に任命された。1881 年と 1884 年にベクトル解析についての講義用のプレプリントを印刷した。これが著書として，正式に出版されたのは 1901 年のことであった。ギッブスのベクトル解析はグラスマンの結果を利用している。ヘビサイドは彼の著書の中で，ギッブスのプレプリントを読んだことを書いている。一方，ギッブスの著書はヘビサイドの著書のあとで出版された。ギッブスは当然ヘビサイドの著書を読んでいた。

ヘビサイドは，自分の物理学者および電気工学者としての立場を強調して，ベクトル解析の理論を展開する。物理量には，質量，エネルギー，温度などのような実数値で与えられるものと，変位 (位置)，速度，加速度，力，運動量，電流などのように方向と大きさを持つものが存在することを述べて，前者をスカラー，後者をベクトルと呼ぶ。

なお，ヘビサイドはマクスウェルがベクトルをドイツ文字で表していることに対して，簡単さのためにクラレンドン活字のローマ文字を使うことにしたと書いている。クラレンドン活字とは太文字のことである。このようにベクトルを太文字で書くのはヘビサイドに始まったのである。

A.5 ベクトル空間

A.5.1 ノルム空間

ヘビサイドの時代から一気に現代に飛び，回路理論の数学的な基礎としてのベクトル空間論 (関数解析) の基礎を概説する。$\mathbb{R}$ を実数の集合とし，$\mathbb{R}$ 上のベクトル空間 (vector space) を定義しよう。集合 X が $\mathbb{R}$ 上のベクトル空間であるとは任意の $x, y \in X$ に対して和 $x + y \in X$ が定義され，さらに任意の実数 α と任意の $x \in X$ に対しスカラー倍 $\alpha x \in X$ が定義され，つぎの条件が満たされることである (以下，x, y, z を X の任意の要素，α, β を任意の実数とする)。

① $x + y = y + x$
② $(x + y) + z = x + (y + z)$
③ $x + 0 = x$ となる $0 \in X$ が存在する。
④ x に対して，$x + x' = 0$ となる元 $x' \in X$ が存在する。x' を $-x$ と表す。

⑤ $1\bm{x} = \bm{x}$
⑥ $(\alpha\beta)\bm{x} = \alpha(\beta\bm{x})$
⑦ $(\alpha + \beta)\bm{x} = \alpha\bm{x} + \beta\bm{x}$
⑧ $\alpha(\bm{x} + \bm{y}) = \alpha\bm{x} + \alpha\bm{y}$

ベクトル空間 X の元を点またはベクトルという。また，$\mathbb{R}$ を係数体，その要素をスカラーという。抵抗回路の解析などをはじめとして，つぎのユークリッド空間は非常に重要となる。

例（n 次元ユークリッド空間） $\mathbb{R}^n = \{\bm{x} = (x_1, x_2, \cdots, x_n)^t, x_i \in \mathbb{R}, (i = 1, 2, \cdots, n)\}$ を n 次元ユークリッド空間という。$\bm{x}, \bm{y} \in \mathbb{R}^n, \alpha \in \mathbb{R}$ とするとき和とスカラー倍をそれぞれ

$$\bm{x} + \bm{y} = (x_1 + y_1, x_2 + y_2, \cdots, x_n + y_n)^t, \quad \alpha\bm{x} = (\alpha x_1, \alpha x_2, \cdots, x_n)^t$$

で定義すると，$\mathbb{R}^n$ はベクトル空間となる。 □

回路のダイナミックスの解析には関数の作るベクトル空間が重要になる。つぎの連続関数の作るベクトル空間は特に重要となる。

例（連続関数のベクトル空間） 有界閉区間 $[a,b]$ 上の実数値連続関数の全体を $C[a,b]$ と表す。$\bm{x}, \bm{y} \in C[a,b]$ と $\alpha \in \mathbb{R}$ に対して和とスカラー倍をそれぞれ

$$(\bm{x} + \bm{y})(t) = \bm{x}(t) + \bm{y}(t), \quad t \in [a,b], \quad (\alpha\bm{x})(t) = \alpha\bm{x}(t), \quad t \in [a,b]$$

で定義する。$C[a,b]$ はベクトル空間となる。$C[a,b]$ のように関数のつくるベクトル空間を関数空間 (function space) という。

〔**1**〕**ベクトル空間の次元** ベクトル空間 X の線形独立な要素の最大値が定まり，N となるなら，$\dim X = N$ と表す。数 N を X の次元 (dimension) という。また，もし，任意の非負整数 N に対して，N 個の一次独立な要素が X から取れるとき $\dim X = \infty$ と表し，X は無限次元空間 (infinite-dimensionl space) であるという。$0 \leqq \dim X < \infty$ のとき X は有限次元という。$C[a,b]$ は無限次元ベクトル空間となる。

〔**2**〕**ベクトル空間の内積** つぎに，ベクトル空間 X の内積 $(\cdot, \cdot) : X \times X \to \mathbb{R}$ を定義しよう。$\bm{u}, \bm{v}, \bm{w} \in X, \alpha, \beta \in \mathbb{R}$ を任意とする。
① $(\bm{x}, \bm{x}) \geqq 0$ で $(\bm{x}, \bm{x}) = 0$ なら $\bm{x} = \bm{0}$
② $(\bm{w}, \alpha\bm{u} + \beta\bm{v}) = \alpha(\bm{w}, \bm{u}) + \beta(\bm{w}, \bm{v})$
③ $(\bm{u}, \bm{v}) = (\bm{v}, \bm{u})$
内積を持つベクトル空間 X を内積空間という。

例（ユークリッド内積空間） $n \geqq 2$ とする。$\bm{x}, \bm{y} \in \mathbb{R}^n$ に対して

$$(\boldsymbol{x}, \boldsymbol{y}) = x_1 y_2 + x_2 y_2 + \cdots + x_n y_n$$

とする．これは内積である．この内積を持つ $\mathbb{R}^n$ をユークリッド内積空間という．このときの内積を $g(\boldsymbol{x}, \boldsymbol{y}) = \boldsymbol{x} \cdot \boldsymbol{y}$ と表す．

〔3〕 **ベクトルのノルム** $\boldsymbol{x}, \boldsymbol{y}$ をベクトル，α を実数とする．ベクトル空間 X の要素となる任意のベクトル $\boldsymbol{x}$ に対して，非負の実数値 $\|\boldsymbol{x}\|$ が対応し，これが，つぎの (N1) から (N3) までの条件を満たすとき，$\|\boldsymbol{x}\|$ をベクトル $\boldsymbol{x}$ のノルム (norm) と呼ぶ．

(N1)　　$\|\boldsymbol{x}\| \geqq 0$, $\|\boldsymbol{x}\| = 0$ と $\boldsymbol{x} = \boldsymbol{0}$ は同値

(N2)　　$\|\alpha \boldsymbol{x}\| = |\alpha| \|\boldsymbol{x}\|$

(N3)　　$\|\boldsymbol{x} + \boldsymbol{y}\| \leqq \|\boldsymbol{x}\| + \|\boldsymbol{y}\|$

ノルムは，ベクトルの長さの概念を拡張したものである．同じベクトル空間の上でもノルムは幾通りも定義できる．ユークリッド空間に対するノルムをまず示そう．

例（ユークリッドノルムと最大値ノルム） n 次元ベクトル空間の上では $\boldsymbol{x} = (x_1, x_2, \cdots, x_n)$ に対して

$$\|\boldsymbol{x}\|_2 = \sqrt{\sum_{i=1}^{n} x_i^2}, \quad \|\boldsymbol{x}\|_\infty = \max_{1 \leqq i \leqq n} |x_i|$$

はそれぞれノルムとなる．前者をユークリッドノルム，後者を最大値ノルムという．

例（内積から定義されるノルム） X を内積空間とするとき，$\boldsymbol{x} \in X$ について $\sqrt{|(\boldsymbol{x}, \boldsymbol{x})|}$ はノルムとなる．

例（連続関数に対する最大値ノルム） 連続関数の空間 $C[a, b]$ に対してノルムを

$$\|\boldsymbol{x}\|_\infty = \max_{a \leqq t \leqq b} \{|x(t)|\} \tag{A.64}$$

で定義しよう．これは，ノルムの条件を満たす．これを最大値ノルムという．

〔4〕 **ノルム空間** ノルムが定義されたベクトル（関数）空間をノルム空間 (normed space) という．

(1) 収束 ノルム空間 X 内の点列 $\{\boldsymbol{x}_n\}_{n=1}^\infty$ が点 $\boldsymbol{x} \in X$ に収束 (convegence) することを

$$\lim_{n \to \infty} \boldsymbol{x}_n = \boldsymbol{x} \iff \lim_{n \to \infty} \|\boldsymbol{x}_n - \boldsymbol{x}\| = 0$$

と定義する．上式を $\boldsymbol{x}_n \to \boldsymbol{x}, (n \to \infty)$ とも表す．

(2) 有界集合 ノルム空間 X の部分集合 M が有界 (bounded) とは，ある非負定数 c が存在して，任意の $x \in M$ に対して $\|x\| \leqq c$ が成り立つことである．

(3) 閉集合 $\{\boldsymbol{x}_n\} \subset C \subset X$ が $\boldsymbol{x}_n \to \boldsymbol{x}, (n \to \infty)$ を満たせば $\boldsymbol{x} \in C$ となるとき C を閉集合という．

〔5〕 バナッハ空間　ノルム空間 X の無限点列 $\{x_n\}_{n=1}^{\infty}$ が基本列またはコーシー列 (Cauchy sequence) であるとは，任意の ϵ に対して，ある正の整数 N が存在して任意の整数 $m, n \geq N$ に対して $\|\boldsymbol{x}_m - \boldsymbol{x}_n\| < \epsilon$ となることである。

ノルム空間 X がバナッハ空間であるとは，その任意の基本列 $\{\boldsymbol{x}_n\}_{n=1}^{\infty}$ に対してある $\boldsymbol{x}^* \in X$ が唯一つ定まり，$\|\boldsymbol{x}_n - \boldsymbol{x}^*\| \to 0, \; (n \to \infty)$ が成り立つことである。

☆ 性質 28　すべての有限次元実ノルム空間はバナッハ空間となる。

しかし，無限次元ノルム空間はバナッハ空間になるとは限らない。つぎの結果が知られている。

☆ 性質 29　最大値ノルムによりノルム空間 $C[a,b]$ はバナッハ空間となる。

A.5.2　線形作用素

バナッハ X の線形部分空間 D からバナッハ Y への写像 $L: D \to Y$ が線形 (linear) であるとは，つぎの重ねの理が成り立つことをいう。

① $L(x+y) = Lx + Ly$ (任意の $x, y \in D$ に対して)
② $L(\alpha x) = \alpha L x$ (任意の $x \in D$ と任意の実数 α に対して)

線形写像を線形作用素ということが多い。

〔1〕 連続線形作用素　X, Y をバナッハ空間とし，D を X の部分空間とする。線形作用素 $L: D \to Y$ が D 上で連続 (continuous) であるとは，任意の $x \in D$ と x に収束する任意の点列 $\{x_n\}_{n=1}^{\infty} \subset X$ に対し

$$\|Lx_n - Lx\| \to 0, \qquad (n \to \infty)$$

が成り立つことである。

〔2〕 双対空間　バナッハ空間 X に対して，連続線形写像 $f: X \to \mathbb{R}$ の集合を X^* と書き，X の双対空間という。

〔3〕 フレッシェ微分　X と Y をバナッハ空間とし，U を X の開集合とする。写像 $f: U \subset X \to Y$ が $x \in U$ においてフレッシェ微分可能であるとはある連続線形作用素 A が存在して，任意の $h \in X$ に対してつぎの関係が成り立つことである。

$$f(x+h) = f(x) + Ah + o(\|h\|), \qquad (h \to 0)$$

ただし，$o(h)$ は高次の無限小を表し，$\|h\| \to 0$ のとき $\|o(\|h\|)\|/\|h\| \to 0$ が成り立つことを表す。

線形作用素 A のことを f の点 x におけるフレッシェ微分 (Fréchet derivative) といい，$A = df(\boldsymbol{x})$ あるいは $A = f'(\boldsymbol{x})$ と表す。

X をバナッハ空間とし，U を X の開集合とする。$f: U \to \mathbb{R}$ が U 上で連続微分可

能とする.このとき,x を固定すると $df(x) : X \to \mathbb{R}$ となり線形連続となる.よって,$df(x) : U \to X^*$ となる.この対応を f の微分形式 (differential form) という.

A.5.3 内 積 空 間

〔1〕基 底 X を有限次元内積空間とする.一次独立なベクトルの集合 $\{\phi_i\}_{i=1}^n \subset X$ によって,任意の $x \in X$ が

$$x = x_1\phi_1 + \cdots x_n\phi_n$$

と表されるとき,$\{\phi_i\}_{i=1}^n$ を X の基底という.$(\phi_i, \phi_i) = 1$ を $i = 1, 2, \cdots, n$ で満たし,$i \neq j$ の任意の $i = 1, 2, \cdots, n$ と $j = 1, 2, \cdots, n$ について $(\phi_i, \phi_j) = 0$ が成り立つとき,正規直交基底という.正規直交基底があると x に対して

$$(x, \phi_i) = (x_1\phi_1, \phi_i) + \cdots (x_n\phi_n, \phi_i) = x_i(\phi_i, \phi_i) = x_i$$

を得る.すなわち,$x_i = (x, \phi_i) = \psi_i(x)$ を得る.有限次元内積空間には正規直交基底が存在することが知られている.さて,$\psi_i : X \to \mathbb{R}$ となるので,$\psi_i \in X^*, (i = 1, 2\cdots, n)$ となる.これは V^* の基底となることがわかる.これを双対基底という.

☆ **性質 30** 有限次元内積空間 X を考える.$f \in X^*$ に対して $v \in X$ が存在して $f(u) = (v, u)$ となる.そのような $v \in X$ はただ一つ定まる.

証明 $\{\phi_i\}_{i=1}^n$ を X の正規直交基底とする.$x \in X$ について

$$u = (\phi_1, u)\phi_1 + \cdots + (\phi_n, u)\phi_n$$

となる.これから $f(u) = (\phi_1, u)f(\phi_1) + \cdots + (\phi_n, u)f(\phi_n)$ となる.よって

$$v = f(\phi_1)\phi_1 + \cdots + f(\phi_n)\phi_n$$

とすれば $f(u) = (v, u)$ となる.w も $f(u) = (w, u)$ を満たすとすると $(v-w, u)$ がすべての $u \in X$ に対して成り立つので,$v - w = 0$ となり,この表示の一意性がわかる. □

〔2〕勾 配 有限次元内積空間 X を考える.U を X の開集合とする.$f : U \to \mathbb{R}$ が U 上で連続微分可能とする.このとき,各 x で $df(x) : U \to X^*$ となるので,性質 30 より

$$df(x)y = (v(x), y)$$

となる $v(x) \in X$ がただ一つ定まる.$v(x) = \mathrm{grad} f(x)$ と表し,f の勾配 (gradient) という.

$$\frac{d}{dt}f(\boldsymbol{x}+t\boldsymbol{y}) = (\mathrm{grad}f(\boldsymbol{x}),\boldsymbol{y})$$

が成り立つ。ここで，X の正規直交基底を $\boldsymbol{\phi}_1,\cdots,\boldsymbol{\phi}_n$ とする。このとき，性質 30 と $\boldsymbol{x} = x_1\boldsymbol{\phi}_1 + \cdots + x_n\boldsymbol{\phi}_n$ に対して $f'(\boldsymbol{x},\boldsymbol{\phi}_i) = \partial f(\boldsymbol{x})/\partial x_i$ となることから

$$\mathrm{grad}f(\boldsymbol{x}) = \frac{\partial f(\boldsymbol{x})}{\partial x_1}\boldsymbol{\phi}_1 + \cdots + \frac{\partial f(\boldsymbol{x})}{\partial x_n}\boldsymbol{\phi}_n$$

となる。

〔3〕**曲　　線**　X を有限次元内積空間とする。$-\infty < a < b < \infty$ とし，区間 $[a,b]$ から X への連続写像 $\boldsymbol{c}$ を曲線という。像 $\boldsymbol{c}$ による $[a,b]$ の像 $C = \{\boldsymbol{c}(t)|t \in [a,b]\}$ も曲線と呼ぶ。この場合には $\boldsymbol{c}$ を曲線 C のパラメータ表示関数という。

〔4〕**ベクトル場の線積分**　$U \subset X$ を開集合とし，写像 $\boldsymbol{f} : U \to X$ をベクトル場という。$\boldsymbol{f}$ が U で連続なとき，連続なベクトル場という。$\boldsymbol{c}$ が区分的に滑らかなとき，ベクトル場 $\boldsymbol{f}$ の曲線 C または $\boldsymbol{c}$ に沿う積分を

$$\int_C (\boldsymbol{f}, d\boldsymbol{x}) = \int_{\boldsymbol{c}} (\boldsymbol{f}, d\boldsymbol{x}) = \int_a^b (\boldsymbol{c}(t), \boldsymbol{c}'(t))dt$$

によって定義する。ユークリッド内積空間のときには $(\boldsymbol{f}, d\boldsymbol{x}) = \boldsymbol{f}(\boldsymbol{x}) \cdot d\boldsymbol{x}$ となる。

☆ **性質 31**　X を有限次元内積空間とする。$U \subset X$ を開集合とし，$\boldsymbol{x}, \boldsymbol{y} \in U$ とする。$C \subset U$ を区分的に滑らかで $\boldsymbol{c}(a) = \boldsymbol{x}, \boldsymbol{c}(b) = \boldsymbol{y}$ となる任意の U 内の曲線とする。$f : U \to \mathbb{R}$ が連続微分可能であれば

$$\int_C (\mathrm{grad}f, d\boldsymbol{x}) = f(\boldsymbol{y}) - f(\boldsymbol{x})$$

となる。

証明　$k(t) = f(\boldsymbol{c}(t))$ とすると，$k'(t) = (\mathrm{grad}f(\boldsymbol{c}(t)), \boldsymbol{c}'(t))$ となるから，微積分学の基本定理により

$$\int_C (\mathrm{grad}f, d\boldsymbol{x}) = \int_a^b (\mathrm{grad}f(\boldsymbol{c}(t)), \boldsymbol{c}'(t)) = \int_a^b k'(t)dt = k(b) - k(a)$$

となる。$k(a) = f(\boldsymbol{x}), k(b) = f(\boldsymbol{y})$ から性質が証明される。　□

A.6　ベクトル解析

　回路に現れる現象は電磁気学に支配される現象である。電磁気学の基礎方程式であるマクスウェルの方程式を概観する。

A.6.1 マクスウェルの方程式

〔1〕 **ガウスの法則** 三次元のデカルト座標系を考える。空間の各点は (x,y,z) 座標を与えることによって決まる。ここで，三次元ベクトルの値が (x,y,z) の滑らかな関数になっているものを考える。これをベクトル場という。電磁気現象で基礎となるのは電荷が受けるローレンツ力である。$\boldsymbol{E}$ は (x,y,z) の関数である。空間のある位置 (x,y,z) に仮想的に電荷量が q である電荷を置く。その電荷が力 $\boldsymbol{F}$ を受けるとき，電場 $\boldsymbol{E}$ は $\boldsymbol{E} = \boldsymbol{F}/q$ として定義される。いま，三次元空間内に閉曲面 S を考える。ガウスの法則は $\boldsymbol{E}$ が滑らかなベクトル場となり，S が滑らかな閉曲面でつぎの式の左辺の面積分が定義できるならば

$$\iint_S \boldsymbol{E}(x,y,z) \cdot \boldsymbol{n}(x,y,z) dS = \frac{Q}{\varepsilon_0} \tag{A.65}$$

が成り立つというものである。ただし，$\boldsymbol{n}(x,y,z)$ は曲面 S 上の点 (x,y,z) における外向き法線ベクトル（単位ベクトル）とする[†1]。ここに ε_0 は真空中の誘電率で，空間中に分布する電荷の分布密度が $\rho(x,y,z)$ で与えられるとき

$$Q = \iiint_V \rho(x,y,z) dV$$

で与えられる。ただし，V は閉曲面 S によって囲まれた三次元の領域とする。式 (A.65) をガウスの法則といい，マクスウェルの方程式の一つとなる。

〔2〕 **アンペアの法則** 空間が磁気的な力によって影響を受けているとき，速度 $\boldsymbol{v}$ で動く電荷 q を置くと $\boldsymbol{F} = q\boldsymbol{v} \times \boldsymbol{B}$ というローレンツ力が発生するとして磁束密度 $\boldsymbol{B}$ が定義される。ただし，電場は発生していないとする[†2]。磁束密度に関連するのが磁場であり $\boldsymbol{H}$ で表す。アンペアの法則は時間的に変動しない磁場の法則で

$$\int_C \boldsymbol{H} \cdot dl = I$$

と与えられる。ただし，I は電流で C は空間中の滑らかな閉曲線，C を境界とする向

[†1] $\mathbb{R}^3$ 内の C^1 級二次元多様体 M を曲面という。そのとき，単位法線ベクトルが M の各点で定義される。もし，$p \in M$ について連続な単位法線ベクトルが存在するとき，M を向き付け可能という。例えば，$h : \mathbb{R}^3 \to \mathbb{R}$ として，曲面が方程式 $h(\boldsymbol{x}) = 0, \boldsymbol{x} = (x_1, x_2, x_3)^t$ で定義されているときには点 $\boldsymbol{x}$ で単位法線ベクトルは

$$\boldsymbol{n} = \frac{\text{grad } h}{\|\text{grad } h\|}, \qquad \boldsymbol{n}' = -\boldsymbol{n}$$

の二つある。向き付け可能曲面の向きを決めるとは，ある点でこのどちらかのベクトルを選ぶことをいう。これを例えば外向きと決めたとすると，M 全体でこのベクトルに連続につながる方向が外向きとして決まる。

[†2] 一般のローレンツ力は $\boldsymbol{F} = q\boldsymbol{E} + q\boldsymbol{v} \times \boldsymbol{B}$ となる。

き付け可能な滑らかな閉曲面を S とする† とき，閉曲面 S を横切る電流密度 $\boldsymbol{J}$ に対して，

$$I = \iint_S \boldsymbol{J} \cdot \boldsymbol{n} dS$$

と定義される．$\boldsymbol{B} = \mu_0 \boldsymbol{H}$ が成り立つ．μ_0 は真空中の透磁率である．

〔3〕 **ファラデーの法則**　　電磁場が時間的に変化するときファラデーは

$$\int_C \boldsymbol{E} \cdot d\boldsymbol{l} = -\frac{d}{dt}\Phi, \qquad \Phi = \iint_S \boldsymbol{B} \cdot \boldsymbol{n} dS \tag{A.66}$$

が成り立つことを示した．ただし，Φ は磁束である．これをファラデーの電磁誘導の法則という．ただし，C は空間中の滑らかな閉曲線で，C を境界とする滑らかな閉曲面を S とする．

〔4〕 **マクスウェル–アンペアの法則**　　一方，マクスウェルは $\boldsymbol{D} = \varepsilon_0 \boldsymbol{E}$ として，アンペアの法則を

$$\int_C \boldsymbol{H} \cdot d\boldsymbol{l} = I + \frac{d}{dt} \iint_S \boldsymbol{D} \cdot d\boldsymbol{S} \tag{A.67}$$

と拡張すべきことを示した．

〔5〕 **磁気単極子の非存在**　　さらに，磁気単極子 (N 極あるいは S 極単体のこと) がいまだに発見されていないことから

$$\iint_S \boldsymbol{B}(x,y,z) \cdot \boldsymbol{n}(x,y,z) dS = 0 \tag{A.68}$$

が成り立つ．マクスウェルの方程式の積分形は式 (A.65)〜(A.68) である．

A.6.2　積　分　定　理

〔1〕 **発散とガウスの定理**　　いま，電場 $\boldsymbol{E} = \boldsymbol{E}(x,y,z)$ は (x,y,z) の滑らかな関数であるとする．このとき，空間中の一点 $P = (x,y,z)$ を中心とする球を V，その球面を S とする．このとき，この球 V の体積 $m(V)$ を零にもっていく極限を考える．$\boldsymbol{E}$ が点 P の近傍で滑らかなベクトル場であればつぎの極限が存在する．

$$\text{div } \boldsymbol{E}(x,y,z) = \lim_{m(V) \to 0, P \in V} \frac{\iint_S \boldsymbol{E} \cdot \boldsymbol{n} dS}{m(V)} \tag{A.69}$$

---

† 曲面 M の点 $\boldsymbol{p}$ が内点であるとは，$\boldsymbol{p}$ を含む円盤に同相な M の近傍が取れることをいい，そうでないときには $\boldsymbol{p}$ は境界 ∂M に属するという．M が境界のない曲面であるとは $\partial M = \emptyset$ となることをいう．M は境界 ∂M が空でない向き付け可能な曲面とする．このとき，∂M を動くときに，M の指定された向きの正の方向がつねに左側に見えるように方向づけることができる．これを，M の向きに固有の ∂M の方向づけという．

これを E の発散 (divergence) の定義とする。三次元デカルト座標系では

$$\text{div } E(x,y,z) = \frac{\partial E_x(x,y,z)}{\partial x} + \frac{\partial E_y(x,y,z)}{\partial y} + \frac{\partial E_z(x,y,z)}{\partial z} \tag{A.70}$$

となる。ただし，$E = (E_x, E_y, E_z)^t$ とする。このとき，数学の定理としてつぎのガウスの定理が成り立つ。

☆ **性質 32 (ガウスの定理)** V を C^1 級の境界 S を持つ有界領域とする。E が V を含む閉集合で C^1 級ならば

$$\iint_S E \cdot n \, dS = \iiint_V \text{div } E \, dV \tag{A.71}$$

が成り立つ。

ガウスの法則 (A.65) はガウスの定理を用いると

$$\iiint_V \left(\text{div} E - \frac{\rho}{\varepsilon_0} \right) dV = 0 \tag{A.72}$$

と書き直される。V を滑らかな表面を持つ有界領域として任意にとれるので

$$\text{div} E - \frac{\rho}{\varepsilon_0} = 0 \tag{A.73}$$

となる。同様に，式 (A.68) から

$$\text{div} B = 0 \tag{A.74}$$

が成り立つ。

〔2〕 **回転とストークスの定理** 滑らかなベクトル場 H が与えられたとする。点 $P \in \mathbb{R}^3$ を含む平面 W を考える。W の点 P における法線の足を中心とする W に含まれる円盤 S とその縁となる円 C を考える。円 C の向きを法線方向が右ねじが進む向きに取る。S の面積 $m(S)$ が零になる極限を考える。このとき，H が点 P の近傍で C^1 級ならばつぎの極限が存在する。

$$(\text{rot} H) \cdot n = \lim_{m(S) \to 0, P \in S} \frac{\int_C H \cdot dl}{m(S)} \tag{A.75}$$

これを H の回転 rot H の定義とする。つぎの定理が成り立つ。

☆ **性質 33 (ストークスの定理)** M を $\mathbb{R}^3$ 内の区分的に C^2 で有界な向き付け可能曲面とする。また，∂M を M の向きから固有に方向付けられた境界とする。$F : M \to \mathbb{R}^3$ を M 上で定義された C^1 ベクトル場とするとき

$$\int_{\partial M} F \cdot dx = \iint_M \text{rot } F \cdot n \, dS$$

が成り立つ。

ストークスの定理を用いると，式 (A.66) は

$$\iint_S \left(\mathrm{rot}\boldsymbol{E} + \frac{\partial \boldsymbol{B}}{\partial t} \right) \cdot \boldsymbol{n} dS = 0$$

と書き直すことができる．S は滑らかで向き付けができ，滑らかな境界 C を持つ曲面であるなら任意であったので

$$\mathrm{rot}\boldsymbol{E} = -\frac{\partial \boldsymbol{B}}{\partial t} \tag{A.76}$$

が成り立つ．同様に，式 (A.67) からつぎの関係が導かれる．

$$\mathrm{rot}\boldsymbol{H} = \boldsymbol{J} + \frac{\partial \boldsymbol{D}}{\partial t} = 0 \tag{A.77}$$

式 (A.73)〜(A.77) がマクスウェルの方程式の微分形である．

章　末　問　題

【1】 $C[a,b]$ は最大値ノルムによりバナッハ空間となることを証明せよ．

【2】 有界閉区間 $[a,b]$ 上の実数値1回連続微分可能関数の全体を $C^1[a,b]$ と表す．$C^1[a,b]$ の任意の元 $\boldsymbol{x}, \boldsymbol{y}$ に対して和とスカラー倍を $C[a,b]$ と同様に定義する．ノルムを $\|\boldsymbol{x}\|_{C^1} = \|\boldsymbol{x}(t)\|_\infty + \|\dot{\boldsymbol{x}}(t)\|_\infty$ で定義すると，$C^1[a,b]$ はバナッハ空間となることを証明せよ．ただし，$\dot{\boldsymbol{x}}(t) = d\boldsymbol{x}(t)/dt$ である．

【3】 $\boldsymbol{A} : \mathbb{R}^n \to \mathbb{R}^n$ を $n \times n$ 行列とする．つぎの命題は同値であることを証明せよ．これを線形代数の基本定理と呼ぶ．

(1) $\boldsymbol{A}$ は全単射である．

(2) $\det \boldsymbol{A} \neq 0$

(3) $\boldsymbol{A}$ は全射である．

(4) $\boldsymbol{A}$ は単射である．

【4】 $\boldsymbol{A}, \boldsymbol{B}$ を $n \times n$ 実行列とする．$\boldsymbol{A}$ に対して $\rho(\boldsymbol{A}) = \max\{|\lambda_1|, |\lambda_2|, \cdots, |\lambda_n|\}$ とする．ただし，$\lambda_i, (i=1,2,\cdots,n)$ は $\boldsymbol{A}$ の固有値とする．$\rho(\boldsymbol{B}\boldsymbol{A} - \boldsymbol{I}) < 1$ ならば $\boldsymbol{A}, \boldsymbol{B}$ 共に正則となることを示せ．$\boldsymbol{I}$ を $n \times n$ の単位行列とする．

【5】 フレッドホルムの交代定理とは何かを調べ，線形代数の基本定理の拡張とみなせることを論ぜよ（文献11）などを参照されたい）．

引用・参考文献

　本書ではマクスウェルの方程式をいわば公理として仮定し，回路理論を論理的に展開した。マクスウェルの方程式ついては電磁気学の著書を参照する必要がある。
○ ベクトル解析と同時にマクスウェルの方程式までを直感的に概観したい場合には
　　1）藤田広一：電磁気学ノート，コロナ社 (1971)
がよい。つぎはベクトル解析が学べる。
　　2）S. ラング 著，松坂和夫，片山孝次 訳：続解析入門（原書第 2 版），岩波書店 (1981)
○ 電磁気学の成立の歴史をたどり，本格的なものにはつぎの文献がある。
　　3）太田浩一：電磁気学の基礎 I および II，シュプリンガージャパン (2012)
○ つぎの著書にはポテンシャルと回路理論という節がある。
　　4）岡部洋一：電磁気学の意味と考え方，講談社 (2008)
○ 回路のための数学については付録に複素数とベクトルならびにベクトル空間について，簡潔にまとめた。特に，複素数とベクトルについては電磁気学の成立の近傍の数学の歴史的な展開に触れた。フーリエ解析について触れていないが，つぎの拙著などが参考になる。
　　5）大石進一：フーリエ解析，岩波書店 (1989)
○ 回路理論の教科書ではつぎのような文献を参考にした。
　　6）西 哲生：基礎としての回路，コロナ社 (2008)
　　7）尾崎 弘：回路理論 (2)（第 3 版），オーム社 (2000)
　　8）篠田庄司：回路論入門 (1), (2), コロナ社 (1996)
　　9）斎藤正男：電気回路・システム特論，コロナ社 (2011)
○ じつは，原著論文も含めて非常に多くの海外の著書を参考にしているが，それについてはつぎの文献を挙げるにとどめよう。原著論文は必要に応じて脚注で示した。
　　10) L. O. Chua, C. A. Desoer and E. S. Khu: Linear and nonlinear circuits, McGraw-Hill Book Company (1987)

○本書の背景に流れる思想はつぎの文献と接続する。関数解析や数値解析について学べる。

11) 大石進一：非線形解析入門，コロナ社 (1997)

12) 大石進一：精度保証付き数値計算，コロナ社 (1999)

○電子回路については多数の参考書があるがつぎの文献を挙げておく。

13) 髙木茂孝：アナログ電子回路入門，数理工学社 (2012)

14) 五島正裕：ディジタル回路，数理工学社 (2007)

索　引

【あ】
アドミタンス　118
アドミタンス行列　149
アナログフィルタ　130
安　定　112
アンペアの法則　246

【い】
イミタンス　118
インダクタ　16
インダクタだけの
　カットセット　97
インダクタンス　16
インバータの出力容量　122
インピーダンス　118
インピーダンス行列　148

【う】
ウォリス　217

【え】
枝　26
枝電流法　26
演算増幅回路　87
エンハンスメント型　57

【お】
オイラーの公式　218
オームの法則　7

【か】
回　転　248
回路のグラフ　38
回路のダイナミックス　97
回路のトポロジー　25
カウエル構成法　145
ガウスの法則　246
カオス　194
拡張されたキルヒホッフ
　の電圧則　21
加算回路　91
仮想短絡　88
カットセット　40
過渡解析　113
ガレルキン法　193
カレントミラー回路　85
関数空間　241
関数ハンドル　63
完全（論理）　94

【き】
木　39
基　底　244
基本解　106
基本解行列　106
基本カットセット　41
基本カットセット系　41
基本閉路　40
基本閉路系　40
逆飽和電流　53
キャパシタ　12
キャパシタだけからなる
　閉路　97
キャパシタンス　13
キャベンディッシュ　9
境界写像　42
行列の指数関数　108

【く】
極　114
曲　線　245
虚　数　217
虚数単位　116
虚　部　116
キルヒホッフの電圧則　21
キルヒホッフの電流則　22
キルヒホッフの法則　23

【く】
空乏層　55
グロンウォールの不等式　104

【け】
計算代数　125
ゲート　55
ゲート酸化膜　55
ゲート電圧　57
ケーリー–ハミルトンの
　定理　127
ケネリー　124

【こ】
高調波　194
勾　配　244
交流理論　116
コーシー–リーマンの
　関係式　224
コーシー列　243
コンダクタンス　7, 118
コンタクト　8

【さ】
最大値ノルム　242

索引 253

最大電力供給定理	49	正　則	224	定常解	115
サセプタンス	118	静電ポテンシャル	3	デプレション型	57
サレン・キー		精度保証付き数値計算	30	デプレションモード	
RC能動フィルタ	172	絶対温度	53	nMOSFET ダイオード	
サレン・キーフィルタ	174	節　点	25	接続	72
散乱行列	159	節点方程式	33, 61	電　圧	2, 3
		漸近安定	113	電圧源	10
【し】		漸近安定性	112	電圧ホロワ	88
シート抵抗	8	線形回路	111	電位差	3
しきい値電圧	56	——のダイナミックス	106	電荷分布	1
次　元	241	線形代数の基本定理	249	電荷保存の法則	1
実対称行列	125	線形抵抗回路	25	電磁場のエネルギー	
実　部	116	全電荷量	2	保存則	19
私的な極	148			伝達関数	64, 115
ジャイレータ	179	【そ】		伝導チャネル	55
収　束	242	双対基底	244	電　流	2
従属電圧源	11	双対性	8	電流から電圧への	
従属電流源	12	増幅率	67	変換回路	96
集中定数回路	6	ソース	55	電流源	11
ジュール熱	20	素子のエネルギー	18	電流分布	1
縮小写像原理	101	素子モデル	6		
主要解行列	107	ソレノイド	16	【と】	
瞬時電力	18			動作点	67
小信号交流解析	195	【た】		導電率	6
定数変化法	107	ダイオード	53	特　解	111
状態方程式	97	ダイオード接続	69	トランジスタ	52
初期値への連続依存性	105	対角化可能	109	トランスリニア	95
ジョルダンの標準形	128	対角優位性	34	ドレーン	55
		多項式	223	ドレーン電圧	57
【す】		多重帰還		ドレーン電流	57
数式処理	125	RC能動フィルタ	174		
スーパーノード	36	多結晶シリコン	54	【に】	
スーパーメッシュ	32			ニュートン	62
スカラーポテンシャル	4	【ち】		ニュートン法	62
スタインメッツ	124	チャネル長変調			
ステファン	217	パラメータ	58	【ね】	
ストークスの定理	248	チャネル幅	56	熱電圧	53
		直流解析	195		
【せ】				【の】	
正規行列	125	【て】		能動素子	54
正規直交基底	244	低域通過フィルタ	130, 131	能動フィルタ	169
正弦波	117	抵　抗	7	能動負荷	70
正　孔	15, 54	ディジタルフィルタ	130	ノルム	242

ノルム空間	242	負性抵抗回路	96	【む】	
【は】		不動点	101	無限次元空間	241
		不動点定理	101		
パス	39	部分グラフ	39	**【め】**	
バナッハ空間	243	部分分数展開	144	メッシュ	26
ハミルトン	217	分数調波	194	メッシュ解析法	28
反転層	55			メッシュ電流	28
反転増幅回路	89	**【へ】**			
		閉集合	242	**【ゆ】**	
【ひ】		閉路	26, 39		
ピカール–リンデレフ		閉路法	29	有界	242
の定理	102	ベクトル	217	有界実関数	159
引き算回路	95	ベクトル空間	240	ユークリッドの互除法	145
非線形回路の状態方程式		ベクトル場	245, 246	有向閉路	39
の初期値問題	102	ベクトルポテンシャル	4	優対角行列	99
非線形方程式	62	ヘビサイド	118	有理関数	114, 223
非反転加算回路	96	——の演算子法	129		
非反転型		ベルヌーイ	218	**【ら】**	
RC能動フィルタ	171			ラグランジュ補間	128
非反転増幅回路	92	**【ほ】**		ラプラス変換	128
微分形式	244	ポインティングベクトル	18		
非飽和領域	56	飽和領域	57	**【り】**	
ピンチオフ	56, 67	補木	39	リアクタンス	118
		補償の定理	51	理想導体	5
【ふ】		ホモロジー群	43	リプシッツ連続	104
ファラデーの		ポリシリコン	8	リンク	39
電磁誘導の法則	247	ポリシリコンキャパシタ	15		
不安定	112	ボルツマン定数	53	**【れ】**	
ファンデルモンド行列	127	本質的枝	26	連結	39
フーリエ級数	194	本質的節点	25	連分数展開	145
ブール代数	94				
フェーザ形式	116	**【ま】**		**【ろ】**	
フェーザ図	118	マクスウェルの方程式		ローレンツ力	17
フェーザ法	116		1, 249	論理回路	81
フェルミ準位	54	マクスウェルの		論理関数	94
複素 KVL, KCL	115	ループ電流法	28	論理ゲート	79, 94
複素指数関数励起	114			論理変数	94
複素数	116	**【み】**			
——の極形式	116	ミクシンスキーの		**【わ】**	
——の直交形式	116	演算子法	128	ワイドラー電流源回路	94
複素テレヘンの定理	115				

索引

【数字】

2 酸化シリコン	54
2 端子素子	7
2 端子非線形抵抗	52
3 端子非線形抵抗	53

【A】

AND	94

【C】

$C^1[a,b]$	249
$C[a,b]$	249
CMOS インバータ	76

【E】

eig(MATLAB)	126
expm(MATLAB)	125

【F】

FDNR	185

【I】

INTLAB	30

【M】

MATLAB	29
\(MATLAB)	30
MOSFET	52, 54
——のダイオード接続	68
MOSFET 回路	63
MOSFET ソース共通回路	64
MOS 集積回路	8

【N】

NAND ゲート	81
nMOS	55
nMOSFET の出力抵抗	67
nMOSFET の線形化モデル	68
NOR ゲート	81
NOT	94
n 型反転層	54

【O】

OR	94
OTA	86, 180

【P】

pMOS	55
pMOSFET	60
pn 接合ダイオード	52
p 型半導体	55

【Q】

Q(動作点)	67
Q (quality factor)	120

【R】

RC 能動フィルタ	171

【S】

syms(MATLAB)	125

【V】

VCCS	180
verifylss(INTLAB)	30

【W】

W/L	58

【ギリシャ】

Δ–Y 変換	50
π 型回路	127

―― 著者略歴 ――

1976 年 早稲田大学理工学部電子通信学科卒業
1981 年 早稲田大学大学院博士後期課程修了（電子通信学専攻）
　　　　工学博士（早稲田大学）
1984 年 早稲田大学助教授
1989 年 早稲田大学教授
　　　　現在に至る

回　路　理　論
Circuit Theory　　　　　　　　　　　　　　　　　　　　　　Ⓒ Shin'ichi Oishi 2013
2013 年 5 月 9 日　初版第 1 刷発行
2019 年 2 月 25 日　初版第 2 刷発行

	著　者	大　石　進　一
検印省略	発行者	株式会社　コロナ社
		代表者　牛来真也
	印刷所	三美印刷株式会社
	製本所	牧製本印刷株式会社

112-0011　東京都文京区千石 4-46-10
発 行 所　株式会社　コ ロ ナ 社
CORONA PUBLISHING CO., LTD.
Tokyo Japan
振替 00140-8-14844・電話(03)3941-3131(代)
ホームページ　http://www.coronasha.co.jp

ISBN 978-4-339-00849-4　C3054　Printed in Japan　　　　　　　　　　（新宅）

〈出版者著作権管理機構　委託出版物〉
本書の無断複製は著作権法上での例外を除き禁じられています。複製される場合は、そのつど事前に、
出版者著作権管理機構（電話 03-5244-5088，FAX 03-5244-5089，e-mail: info@jcopy.or.jp）の許諾を
得てください。

本書のコピー，スキャン，デジタル化等の無断複製・転載は著作権法上での例外を除き禁じられています。
購入者以外の第三者による本書の電子データ化及び電子書籍化は，いかなる場合も認めていません。
落丁・乱丁はお取替えいたします。

技術英語・学術論文書き方関連書籍

理工系の技術文書作成ガイド
白井　宏 著
A5／136頁／本体1,700円／並製

ネイティブスピーカーも納得する技術英語表現
福岡俊道・Matthew Rooks 共著
A5／240頁／本体3,100円／並製

科学英語の書き方とプレゼンテーション（増補）
日本機械学会 編／石田幸男 編著
A5／208頁／本体2,300円／並製

続 科学英語の書き方とプレゼンテーション
－スライド・スピーチ・メールの実際－
日本機械学会 編／石田幸男 編著
A5／176頁／本体2,200円／並製

マスターしておきたい　技術英語の基本
－決定版－
Richard Cowell・佘　錦華 共著
A5／220頁／本体2,500円／並製

いざ国際舞台へ！　理工系英語論文と口頭発表の実際
富山真知子・富山　健 共著
A5／176頁／本体2,200円／並製

科学技術英語論文の徹底添削
－ライティングレベルに対応した添削指導－
絹川麻理・塚本真也 共著
A5／200頁／本体2,400円／並製

技術レポート作成と発表の基礎技法（改訂版）
野中謙一郎・渡邉力夫・島野健仁郎・京相雅樹・白木尚人 共著
A5／166頁／本体2,000円／並製

Wordによる論文・技術文書・レポート作成術
－Word 2013/2010/2007 対応－
神谷幸宏 著
A5／138頁／本体1,800円／並製

知的な科学・技術文章の書き方
－実験リポート作成から学術論文構築まで－
中島利勝・塚本真也 共著
A5／244頁／本体1,900円／並製
日本工学教育協会賞（著作賞）受賞

知的な科学・技術文章の徹底演習
塚本真也 著
A5／206頁／本体1,800円／並製
工学教育賞（日本工学教育協会）受賞

定価は本体価格＋税です。
定価は変更されることがありますのでご了承下さい。

図書目録進呈◆

電子情報通信レクチャーシリーズ

■電子情報通信学会編　　　（各巻B5判）

共通

	配本順			頁	本体
A-1	(第30回)	電子情報通信と産業	西村吉雄著	272	4700円
A-2	(第14回)	電子情報通信技術史 —おもに日本を中心としたマイルストーン—	「技術と歴史」研究会編	276	4700円
A-3	(第26回)	情報社会・セキュリティ・倫理	辻井重男著	172	3000円
A-4		メディアと人間	原島博 北川高嗣 共著		
A-5	(第6回)	情報リテラシーとプレゼンテーション	青木由直著	216	3400円
A-6	(第29回)	コンピュータの基礎	村岡洋一著	160	2800円
A-7	(第19回)	情報通信ネットワーク	水澤純一著	192	3000円
A-8		マイクロエレクトロニクス	亀山充隆著		
A-9		電子物性とデバイス	益一哉 天川修平 共著		

基礎

B-1		電気電子基礎数学	大石進一著		
B-2		基礎電気回路	篠田庄司著		
B-3		信号とシステム	荒川薫著		
B-5	(第33回)	論理回路	安浦寛人著	140	2400円
B-6	(第9回)	オートマトン・言語と計算理論	岩間一雄著	186	3000円
B-7		コンピュータプログラミング	富樫敦著		
B-8	(第35回)	データ構造とアルゴリズム	岩沼宏治他著	208	3300円
B-9		ネットワーク工学	仙田正和 石村裕 田中敬介 共著		
B-10	(第1回)	電磁気学	後藤尚久著	186	2900円
B-11	(第20回)	基礎電子物性工学 —量子力学の基本と応用—	阿部正紀著	154	2700円
B-12	(第4回)	波動解析基礎	小柴正則著	162	2600円
B-13	(第2回)	電磁気計測	岩﨑俊著	182	2900円

基盤

C-1	(第13回)	情報・符号・暗号の理論	今井秀樹著	220	3500円
C-2		ディジタル信号処理	西原明法著		
C-3	(第25回)	電子回路	関根慶太郎著	190	3300円
C-4	(第21回)	数理計画法	山下信雄 福島雅夫 共著	192	3000円
C-5		通信システム工学	三木哲也著		
C-6	(第17回)	インターネット工学	後藤滋樹 外山勝保 共著	162	2800円
C-7	(第3回)	画像・メディア工学	吹抜敬彦著	182	2900円

	配本順				頁	本体
C-8	(第32回)	音声・言語処理	広瀬啓吉著		140	2400円
C-9	(第11回)	コンピュータアーキテクチャ	坂井修一著		158	2700円
C-10		オペレーティングシステム				
C-11		ソフトウェア基礎				
C-12		データベース				
C-13	(第31回)	集積回路設計	浅田邦博著		208	3600円
C-14	(第27回)	電子デバイス	和保孝夫著		198	3200円
C-15	(第8回)	光・電磁波工学	鹿子嶋憲一著		200	3300円
C-16	(第28回)	電子物性工学	奥村次徳著		160	2800円

【展開】

	配本順				頁	本体
D-1		量子情報工学				
D-2		複雑性科学				
D-3	(第22回)	非線形理論	香田徹著		208	3600円
D-4		ソフトコンピューティング				
D-5	(第23回)	モバイルコミュニケーション	中川正雄／大槻知明 共著		176	3000円
D-6		モバイルコンピューティング				
D-7		データ圧縮	谷本正幸著			
D-8	(第12回)	現代暗号の基礎数理	黒澤馨／尾形わかは 共著		198	3100円
D-10		ヒューマンインタフェース				
D-11	(第18回)	結像光学の基礎	本田捷夫著		174	3000円
D-12		コンピュータグラフィックス				
D-13		自然言語処理				
D-14	(第5回)	並列分散処理	谷口秀夫著		148	2300円
D-15		電波システム工学	唐沢好男／藤井威生 共著			
D-16		電磁環境工学	徳田正満著			
D-17	(第16回)	VLSI工学 ―基礎・設計編―	岩田穆著		182	3100円
D-18	(第10回)	超高速エレクトロニクス	中村徹／三島友義 共著		158	2600円
D-19		量子効果エレクトロニクス	荒川泰彦著			
D-20		先端光エレクトロニクス				
D-21		先端マイクロエレクトロニクス				
D-22		ゲノム情報処理				
D-23	(第24回)	バイオ情報学 ―パーソナルゲノム解析から生体シミュレーションまで―	小長谷明彦著		172	3000円
D-24	(第7回)	脳工学	武田常広著		240	3800円
D-25	(第34回)	福祉工学の基礎	伊福部達著		236	4100円
D-26		医用工学				
D-27	(第15回)	VLSI工学 ―製造プロセス編―	角南英夫著		204	3300円

定価は本体価格+税です。
定価は変更されることがありますのでご了承下さい。

図書目録進呈◆

現代非線形科学シリーズ

(各巻A5判，欠番は品切です)

■編集委員長　大石進一
■編集委員　合原一幸・香田　徹・田中　衞

			頁	本体
1.	非線形解析入門	大石進一 著	254	2800円
4.	神経システムの非線形現象	林　初男 著	202	2300円
6.	精度保証付き数値計算	大石進一 著	198	2200円
7.	電子回路シミュレーション	牛田明夫・田中　衞 共著	284	3400円
8.	フラクタルと画像処理 ―差分力学系の基礎と応用―	徳永隆治 著	166	2000円
9.	非線形制御	平井一正 著	232	2800円
10.	非線形回路	遠藤哲郎 著	220	2800円
11.	2点境界値問題の数理	山本哲朗 著	254	2800円
12.	カオス現象論	上田睆亮 著	232	3000円

以下続刊

ニューロダイナミックス	吉澤修治・寺田和子 共著	カオスニューラルネットワーク	合原一幸他著
非線形経済理論	大和瀬達二他著	ソリトン	大石進一著
非線形の回路解析	西　哲生著	複雑系の科学	西村和雄他著
カオスと情報通信	西尾芳文著		

定価は本体価格+税です。
定価は変更されることがありますのでご了承下さい。

図書目録進呈◆